元華文創

卓越文庫 EB024

中華書局

雜誌出版與近代中國

（1912 - 1937）

徐
蒙
——
著

本書探討了中華書局前期雜誌出版與近代中國的關係，是觀察、理解中國近現代歷史進程的一個窗口。

序 言

　　徐蒙是在2009年通過博士生入學考試成為北京大學信息管理系的一名博士生，我是他的指導教師。在攻讀博士學位的幾年裡，他勤奮好學，也發表了不少學術成果。對出版史領域研究有很濃的興趣，並以民國時期中華書局雜誌出版研究作為博士論文的選題。

　　中華書局是推動近代中國現代化進程的一支重要力量，在民國時期已經發展成為一家大型綜合性出版機構，其出版物百科兼收，享譽海內外。圍繞著中華書局的研究，學術界已有較豐富的學術成果。但遺憾的是，學術界對於這家機構出版物的研究主要側重於圖書，對於雜誌關注比較有限。民國時期，中華書局出版了大批品質上乘、影響力深遠的雜誌，非常值得深入的研究。本書梳理了中華書局雜誌出版歷程，並將不同類型的雜誌納入時代背景之中進行分析，關注雜誌內容和與雜誌相關的人物，探討了雜誌出版與民國教育、政治、經濟、文化等方面的關係。為了完成相關研究，作者注重查閱一手資料，做了很多紮實的工作，挖掘了許多被以往研究忽略的部分。這本書是對於抗戰爆發之前中華書局雜誌出版的一次系統總結，豐富了期刊史的研究，有助於學術界對於中華書局和中國近代文化的重新認識。

　　取得博士學位後，徐蒙來到環境優美的蘇州大學傳媒學院工作，工作很努力，聽說學生們也比較認可他。我對徐蒙抱有很多期許，希望他能夠持之以恆，在學術研究上取很更豐碩的成果。

王余光

目次

表目次

摘　要

以一家出版機構為單位，從社會史的角度探索其雜誌出版活動是一個非常有趣的研究視角。中華書局創辦的雜誌和圖書一樣，都是中國現代化進程中重要的文化產品。這些類型豐富的雜誌影響了社會的方方面面，而雜誌的命運與中華書局同時經歷沉浮。遺憾的是，對於中華書局的雜誌出版以往研究很不充分。本研究以中華書局的經營發展為脈絡，以中華書局出版的雜誌——「中華雜誌」為研究物件，分析了這家企業的雜誌出版情況，雜誌的內容和思想內涵、重要人物以及社會影響，並探討了出版機構經營雜誌的特色，系統分析了中華書局雜誌出版與近代中國的關係。

本書首先探討了民國時期的法制、教育、經濟、文化環境，雜誌在種種有利條件下迎來了繁榮局面，而出版機構也積極投身雜誌建設。然後，以 1917 年「民六危機」為界，本書分兩個時間段梳理了中華書局在 1937 年之前的發展和雜誌建設，並分析了其代辦的重點雜誌。

在主體部分，本書通過對《中華教育界》、《大中華》、《新中華》和《中華實業界》這四本代表性雜誌的分析，依次討論了中華書局出版的雜誌對於民國教育、政治、社會、實業的影響，分析了這些雜誌所涵蓋的主要社會思潮和議題，以及體現的立場和思想傾向。本書接著探討了女性雜誌《中華婦女界》和小說類雜誌《中華小說界》對於民國時期平民文化生活的促進，以及少兒類雜誌的佈局和編輯特色。人物研究歷來是出版史的重點，本研究選取了幾位代表性人物，對他們與中華書局雜誌建設的關係和貢獻展開分析。在經營方面則分別討論了中華雜誌的時代魅力、雜誌營銷策略與雜誌廣告、雜誌與企業戰略這樣三個方面，並在最後總結了中華書局雜誌建設的歷史價值、傳播影響和對於當今出版業的啟示。

本研究的主要成果是對中華書局 1937 年之前的雜誌出版活動進行了一次系統梳理和總結，採用多學科的研究視角，分析了中華雜誌的時代特色、內容和歷史價值，並分析了這家出版機構雜誌經營的策略和特色。本

研究從一個出版機構整體出發研究其雜誌出版活動，豐富了出版史研究，爲今後分析出版機構雜誌出版活動打下了基礎。

關鍵字：中華書局 雜誌 期刊 出版 陸費逵

Magazine Publishing in the Early Stages of Zhonghua Book Company and Modern China (1912-1937)

Abstract

It's a very interesting study to explore the publishing press activities from the perspective of social history. Like books，the magazines published by Zhonghua Book Company were valuable cultural products in the process of the modernization of China. Those diverse magazines influenced all aspects of society, and the fate of the magazine experienced ups and downs with Zhonghua Book Company. Unfortunately, Zhonghua's magazine publishing has not been fully investigated. Taking magazines published by Zhonghua as the research object, this book analyzed the magazines' activities, magazines' content, key figures relating to magazines, and explored the operating characteristics of Zhonghua Book Company with its development.

Firstly, the research explored the media environment with respect of legal system, education, and economy in the early period of the Republic of China. The favorable development environment promoted the publish industry booming and publishers were committed to magazine's publishing actively. However, a crisis which was called minliu-crisis flared up in 1917 that almost ruined the Zhonghua. This study therefore divided the period from 1912 to 1937 by 1917, analyzing Zhonghua's development and its magazine publishing activities and some key magazines which agented by Zhonghua.

This book then discussed how Zhonghua had affected the education, society and industry by analyzing a series of representative magazines such as *Chung Hwa Educational Magazine*, *Big Chung Hwa*, *New Chung Hwa* and *Chung Hwa Industrial Magazine* successively. Those magazines covered principal social thoughts and issues, along which reflecting Zhonghua's attitudes and ideological tendencies. The book further discussed how *Chung Hwa Women* (a women's magazine) and *Chung Hwa Fiction* (a fiction magazine) had impacted on cultural life of the civilians in the Republic of China. Besides, children's magazines had been the key products for Zhonghua, the book concluded children magazines distribution and their editorial features in the two periods before and after the year 1917. Given that figures have always been the focus of the history of publishing research, the book selected several representatives with Zhonghua and analyzed their contributions to magazines' development. This book then discussed magazine's characteristics，marketing strategy, advertising, and products and corporate strategy. Finally, the paper summarized the historical value of the Zhonghua's magazines, their communicational effects and enlightenment for today's publishing industry.

In conclusion, this book conducts a comprehensive analysis of Zhonghua Book Company's magazine in the period of 1912-1937, including its development process, related figures, content, characteristics and historical value with multidisciplinary perspectives. Besides, taking Zhonghua Book Company as an example, this book figures out the magazine strategies, enriching current studies and lighting on future research in publishing history.

Keywords： Zhonghua Book Company; magazine; journal; publishing; Lu Bikui

第一章 緒論

一、研究緣起

　　1912 年，中華書局誕生於上海，迄今已經走過了 101 年的風雨歷程。2012 年，書局舉辦了慶祝創局一百周年的活動，引起了強烈社會反響。一百餘年來，中華書局歷經風雨，幾經困頓而百折不撓，始終堅持爲社會各界呈現優質出版物，成爲時代的文化符號。在民國時期，中華書局作爲一家民營出版社，規模在民國時期穩居全國第二，其出版的書刊對於近代社會產生了重要影響，體現在傳播東西方文化、促進學術繁榮、開啓民智和推動社會進步等方面。以「中華」這樣一個響亮的名字命名的出版機構和中華民族的命運也息息相關，不僅其出版物的內容和時代主題緊密契合，其企業的發展和變化也和社會大環境不可分割。

　　回顧中華書局這一百年來的歷史，大體上可以分爲以下幾個時段：1912 創立至 1917 年「民六危機」是中華書局的擴張期，表現爲企業飛速發展並在 1917 年突現危機；1918 年至 1937 年是中華書局從危機中恢復並穩步發展的階段，中華書局的各項業務在 1936 年左右發展到了頂峰；1937 年抗戰爆發至 1954 年公私合營是第三個時段，在抗日戰爭和國共內戰的衝擊下，中華書局亦不能倖免，再也沒有恢復抗戰前的輝煌；第四個時段是 1954 年之後，中華書局逐漸走向公私合營和國有化的道路，其出版理念和經營模式和以往有著很大的不同。1912 年至 1937 年這段時間是中華書局最爲

輝煌的時段，也是民國出版業的標誌性時期。作爲一家重要的出版機構，
學術界對於中華書局在民國期間段的研究是非常豐富的，關注點往往是中
華書局的經營發展、人物還有其出版物。在出版物方面，以往的研究比較
集中於圖書，包括教科書方面，而對於其雜誌出版則明顯研究不足。本研
究選取中華書局從創立的 1912 至 1937 年抗戰爆發這一時間段，將這一段
時間特指中華書局的「前期」，改變以往研究著重圖書的研究視角，以中華
書局前期出版的雜誌爲研究物件，分析其出版情況並以此爲線索來探討雜
誌出版與書局經營發展的關係，以及中華書局出版的雜誌對於民國歷史進
程的影響。爲了行文的方便，本書將中華書局前期出版的雜誌簡稱爲「中
華雜誌」。值得注意的是，曾有學者對於期刊和雜誌的概念進行過討論，傾
向於不做區分。比如陳仁鳳認爲：「雜誌又名期刊，這兩個術語所指的應是
同一種事物。[1]」 龔維忠則指出目前學界對於期刊和雜誌的區別並沒有統
一的結論，而將二者視爲統一形式出版物的觀點比較普遍[2]。本研究將雜誌
和期刊混同使用。中華書局出版了大量發行時間長，影響範圍廣的雜誌，
目前還沒有得到應有的重視和挖掘，針對這個方面開展研究是非常有意義
的：

　　首先，對中華書局雜誌出版活動研究不足。在民國時期，中華書局在
規模上僅次於商務印書館，是一支非常重要的出版力量。中華書局自成立
以來不斷發展，出版了大批市場銷路好、有價值的好書，尤其以古籍、學
術類圖書、教科書、工具書而聞名。除了圖書之外，中華書局的雜誌也非
常有特色和影響力。在中華書局前期 26 年中，中華書局或由自己編印，或
代他人發行的雜誌種數約有 46 種左右[3]。其中聞名一時的「八大雜誌」至

---

[1] 陳仁鳳：<現代雜誌編輯學>，北京：中國人民大學出版社，1995：1。

[2] 龔維忠：《現代期刊編輯學》，北京：北京大學出版社，2007：20-22。

[3] 參考中華書局編輯部：《中華書局百年圖書總書目(1912-2011)》，北京：中華書局，2012：395-398。
　　本研究關注 1912-1937 年的中華書局前期雜誌出版，中華書局在 1954 年公私合營之前所出版
　　的雜誌大都集中在這個時段，從 1938 年到 1954 年只有 4 本雜誌創刊。

今仍爲後人所津津樂道，在經過「民六危機」之後，由於財政緊張「八大雜誌」只剩下《中華教育界》一種。此後中華書局還出版了《中華英文週報》、《小朋友》、《新中華》等有影響力的雜誌。在上個世紀 30 年代，中華書局的「四大雜誌」是《新中華》、《小朋友》、《中華教育界》、《中華英文週報》。[4]中華書局的雜誌品種多，部分雜誌存續時間長，在社會上影響力很大。雖然中華書局是出版史和新聞史的重點研究物件，研究成果很多，但對其出版的雜誌則研究較少。經過檢索，發現中華書局出版的雜誌中，比較而言《中華教育界》、《小朋友》、《大中華》得到的關注較多，而其他雜誌則少有人涉及。比如《新中華》是一份時事政治類刊物，半月刊，自 1933 年創刊一直出版到 1949 年之後，而這樣一份刊物，在今天卻鮮有研究提及，只有兩篇論文簡單涉及到這本雜誌[5]。在這「八大期刊」之中，除了《中華教育界》、《大中華》、《中華小說界》、《小朋友》之外，其他期刊碩博士論文在大陸地區都沒有相關的選題。本研究以中華書局爲研究單位，以其出版的刊物爲研究物件探索其出版情況，也是對中華書局局史建設的一次補充。

其次，出版機構雜誌出版現象需要引起研究者的關注。圖書出版機構創辦雜誌的現象在民國時期極爲普遍，許多出版機構都有幾本雜誌，比如商務印書館就有自辦的 21 種雜誌，形成了非常有特色的期刊群[6]，其中以《東方雜誌》、《教育雜誌》、《小說月報》、《婦女雜誌》爲著名，而開明有《中學生》，而中華書局自辦的雜誌就有二十多種，其中以「八大雜誌」爲盛極一時，這八本雜誌中的《中華教育界》和《大中華》最爲出名，其後出版的《小朋友》和《新中華》雜誌也是民國時期的知名雜誌。作爲一家優秀的出版機構，中華書局屹立百年而不倒，創辦人陸費逵作爲一名有遠

---

[4] 1933 年 1 月《新中華》創刊號書頁廣告將這四本雜誌並列，稱之爲「四大雜誌」。

[5] 分別見陳江：<從<大中華>到<新中華>——漫談中華書局的兩本雜誌>，《編輯學刊》，1994，2：83-85。史偉：<民國初期中華書局的「八大雜誌」>，《圖書情報工作》，2011，55(19)：26-29，96。

[6] 劉蘭：<商務印書館的期刊群>，《出版史料》，2012（3）：105-108。

見的出版家、教育家，對整個書局的創立、前期發展起到了非常重要的作用。此外，舒新城、黎錦暉、陳啓天、左舜生等中華人也對書局做出了重要貢獻。很多中華人在中華書局供職多年，參與數份雜誌的編輯工作。一些重點人物，例如陸費逵對於多份的雜誌的產生和發展均做出了貢獻。陸費逵十分重視雜誌的作用，早在商務工作時就創辦了《教育雜誌》。中華書局成立不久他便創刊了《中華教育界》，他還聘請梁啓超擔任《大中華》的撰述主任，並陸續出版了一系列雜誌對外號稱「八大雜誌」。「九一八」事變後，他又積極籌畫《新中華》的出版，《小朋友》雜誌最初也是由陸費逵聘請兒童文學家黎錦暉於 1922 年創刊的[7]。此外，一些雜誌也有著承先啓後的聯繫，比如《新中華》和《大中華》雜誌，如果割裂開來進行分析，則使得研究缺少聯繫而不夠完整。臺灣學者潘家慶評價新聞學教科書曾經這樣說過：「媒體的歷史， 其實就是一部社會活動史， 任一媒介的興廢，皆有它的政經文教和社會背景，作者若無多元理解， 深入剖析， 結果只有一途， 乏味異常，不忍卒讀。[8]」在時代變局下，結合書局的經營發展狀況從整體上把握和審視中華人的出版意願，是更合理的研究視角。在這種情況下，以中華書局爲中心，審視其雜誌的流變，對貫穿民國的區間進行敘事，是一個更爲合理的研究視角。民國時期，出版機構出版雜誌成爲一種普遍的文化現象，其中一些出版機構還出版了一系列雜誌構成了期刊群。可惜的是，目前還很缺乏對於一個出版機構雜誌出版的整體性研究。河南大學劉蘭的碩士論文《商務印書館館辦期刊研究》[9]是爲數不多的針對一個出版機構雜誌出版現象的專題研究。

　　再次，研究中華書局雜誌出版對於中國期刊史研究也具有特別的意義。雜誌作爲一種媒介形式在中國近現代史上發揮過重要的作用，尤其體現在開啓民智、傳播訊息、普及現代科學文化知識、動員社會力量和促進

---

[7] 王益：<序言>，俞筱堯，劉彥捷，《陸費逵與中華書局》，北京：中華書局，2002：2。

[8] 潘家慶：<新聞史研究的困境>，《國際新聞界》，2009（4）：9-11。

[9] 劉蘭：《商務印書館館辦期刊研究》，開封：河南大學，2003。

思想交流等方面。近代以來，隨著時代的動盪和變遷，思想界也掀起了巨大的浪潮，西學的引進帶來了新學舊學的衝突和中學西學的辯論。隨著印刷出版技術的發展和文化的需求，以民營爲主的出版業在清末民國迅速發展壯大，見證和親歷了這場時代的變局。期刊雜誌作爲一種媒體，承載著記錄時代和傳播思想的歷史使命，促成了當時的中華文化在中西會通的過程中整合、發展。相比於日報，雜誌的言論更容易留下時代的印記。孫中山曾經指出：「求其移風易俗，感人之深者，日報之過目易忘，不如雜誌之足資玩索也。[10]」在晚清民國時期，湧現出了一大批有影響力的雜誌。知名的出版機構，比如中華書局和商務印書館，都出版了門類多樣、形成系列、部分生命力旺盛存續時間極長的雜誌。然而，作爲一種媒體形式，雜誌在新聞史上地位是比較尷尬的，相比於報紙和圖書，雜誌在以往研究中得到的關注明顯不夠。在研究專著方面，大部分關於期刊雜誌史的研究都是散見於「出版史」、「編輯出版史」和「新聞史」之中，而專門以「期刊史」爲書名的圖書極少，現有的專著有《中國期刊發展史》、《中國近現代文化期刊史》、《山西期刊史》、《遼寧期刊史》等。其中的《山西期刊史》作爲中國大陸地區第一部地方期刊史，直到 2010 年才由山西人民出版社出版發行。值得欣慰的是，關於某一專門雜誌的專題研究在近幾年已經逐漸開始成爲新聞學、出版學、歷史學、文學、教育學等學科的研究熱點，圍繞著雜誌各種力量採用不同視角介入了研究。在近幾年湧現了一批著作和研究文章。比如對於商務印書館的《東方雜誌》，已經出版的學術著作有《寬容與理性：東方雜誌的公共輿論研究(1904-1932)》和《「選報」時期《東方雜誌》研究(1904-1908)》。關於《新青年》雜誌的研究也是熱點，在研究論著方面大陸就有：《《新青年》翻譯與現代中國知識分子的身份認同》、《在歷史語境中審視：《新青年》同人反「傳統」問題研究》、《出版傳媒視角下的《新青年》》、《多維視野下的《新青年》研究》、《民初進步報刊與五四新思潮——對《甲寅》、《新青年》等的考察》、《文學革命與《新青年》》、《文

---

[10] 孫中山：《孫中山全集(第 2 卷)》，北京：中華書局，1983：382。

學與啓蒙 《新青年》與新文學研究》、《無政府主義與五四新文化 圍繞《新青年》》等十餘種著作。

在民國期間，中華書局出版的雜誌種類多樣，有兒童雜誌、女性雜誌、教育雜誌、文學雜誌等，可以通過多重研究視角進行分析。本研究使用編輯出版學的研究視角和相關研究方法對中華書局出版的雜誌開展研究，可以添補和充實期刊史的內容，爲後人認識這一段歷史留下資料。

二、中華書局雜誌出版活動

中華書局自創辦之始就很重視雜誌的建設。縱覽從成立到抗戰前，中華書局出版的雜誌有：

表 1-1 中華書局出版的雜誌列表(1912-1937)[11]

刊名	發刊時間及週期	備註
中華教育界	1912 年 1 月 30 日創刊，月刊	「民六危機」時期曾經短暫變為雙月刊，1937 年 8 月停刊，1947 年 1 月復刊，1950 年 12 月停刊，共出版 33 卷 382 期。
中華小說界	1914 年 1 月創刊，月刊	32 開本，1916 年 6 月停刊。
中華實業界	1914 年 1 月創刊，月刊	1916 年 6 月停刊，共出版 30 期。
學生雜誌	1914 年 2 月出刊，不定期	石印本，當年 12 月停刊。
中華圖書界	1914 年 6 月創刊	出刊一期
中華兒童畫報	1914 年 7 月創刊，月刊	1916 年 6 月(1917 年 2 月？)停刊
中華童子界	1914 年 7 月創刊，月刊	1917 年 5 月(10 月？)停刊

---

[11] 參考中華書局編輯部：《中華書局百年圖書總書目(1912-2011)》，北京：中華書局，2012：395-398。本表筆者根據搜集到的資料，進行了一定的修改和補充。需要指出的是，本表中很多雜誌僅限於記錄，並沒有材料留下。

刊名	發刊時間及週期	備註
大中華	1915 年 1 月創刊，月刊	1916 年 12 月(1917.1)停刊，共出 2 卷 24 期。
中華婦女界	1915 年 1 月創刊，月刊	1916 年 6 月停刊，共出版 18 期。
中華學生界	1915 年 1 月創刊，月刊	1916 年 6 月停刊，共出版 18 期。
圖書月刊	1915 年 2 月-5 月，共出版 4 期	1906 年上海書業商會曾創辦《圖書月報》，陸費達任主編，共出版 3 期。
文星雜誌	1915 年 8 月創刊，月刊	1919 年 4 月停刊
政治學報	1919 年 12 月創刊，1920 年 8 月出版第 2 卷	
中華英文週報	1919 年 4 月創刊，週刊	1928 年出版至 413 期暫停，1929 年 3 月復刊，分為初、高級兩種，由馬潤卿主編，至 1937 年 8 月停刊。
進德季刊	1921 年創刊，季刊	中華書局編輯所同人進德會會刊。
中華書局月報	1921 創刊，月報	
史地叢刊	1922 年 2 月創刊，季刊	1923 年 4 月(？)停刊
國語月刊	1922 年 2 月創刊，月刊	
小朋友	1922 年 4 月創刊，週刊	1937 年 10 月停刊，1945 年 1 月在重慶復刊，1946 年遷回上海，自 1950 年其，改為以小學低年級讀者為對象，1952 年由少年兒童出版社出版，變為半月刊，此後文革時期停刊，1978 年再次復刊改為月刊並延續至今。
小弟弟	1922 年 4 月(5 月？)出刊，旬刊	
聶氏家言旬刊		
小妹妹	1922 年 4 月(5 月？)出刊，旬刊	
兒童文學	1924 年 4 月創刊，月刊	當年 12 月停刊，以 10-15、16 歲兒童為讀者對象。

刊名	發刊時間及週期	備註
國貨彙刊	1925 年 7 月出刊	為提倡國貨，抵抗洋貨，一次印製 5 萬份，分贈全國。
小朋友畫報	1926 年 8 月創刊，半月刊	1930 年停刊，1934 年 7 月復刊。
生物科學	第一集於 1926 年 9 月出刊印行	
《圖書月刊》，又名《中華書局圖書月刊》	1931 年 8 月 10 日出刊，月刊	
心理雜誌選存	1932 年 8 月出版	上、下冊
新中華	1933 年 1 月創刊	1937 年 5 卷 15 期後停刊，1943 年在重慶復刊，改為月刊，1946 年遷回上海又改為半月刊，1951 年 12 月終刊。
民族學研究集刊	1936 年 5 月由商務印書館，（一說是中華書局）印行，1948 年 8 月停刊。	
少年週報	1937 年 4 月創刊	當年 8 月停刊，11 月復刊。
出版月刊	1937 年 4 月創刊	當年 8 月停刊。

　　1937 年之前中華書局局辦的雜誌見上表，此外還有代為印刷、發行的很多雜誌，比如《學衡》、《改造》雜誌等(見：表 3-1)。在中華書局前期，以「民六危機」爆發的 1917 年為界其雜誌出版又可以分為兩段，兩個時間段各有特點。中華書局的雜誌，品種豐富，部分雜誌存續時間長，影響範圍廣，而這些雜誌的編輯往往是名家，其教育類、時政類、小說類、實業類雜誌所登載文章也多出自知名人士。這些名人名篇對各自學科的發展、對思想的傳播與社會的進步都產生過重大的影響。商務印書館作為中華書局最大的競爭對手和模仿追趕的對象，兩個書局的競爭從圖書到雜誌都存

在著。商務印書館出版的《東方雜誌》、《教育雜誌》等雜誌產生過非常重大的影響，中華書局作爲後來者，在制定經營方針是常常抱著與商務一較短長，在各個領域內都不放鬆的策略與之競爭。在雜誌門類上往往與商業印書館存在對應，但在內容上又有創新，擁有自己的特色。

出版雜誌，可以實現以陸費逵爲代表的中華人的文化情懷，又可以在雜誌裡面爲圖書做廣告，促進圖書的銷售。而中華書局很多編輯也是身兼多職，在公司內和社會上保持著角色多元化。他們既負責編輯圖書，也負責雜誌。往往而雜誌辦得好，本身亦能賺錢。從中華書局辦雜誌的經歷來看，他們對於雜誌是很重視的。中華書局出版的雜誌，比如《中華教育界》、《大中華》社會影響力很大，在中國期刊史上佔有重要地位。

中華書局的雜誌，帶有鮮明的時代特色，折射出社會的文化需求。結合社會發展看待媒體，把媒體放到一個更爲寬泛的交流過程中加以考慮是一個更爲合理的研究視角。本研究結合歷史背景和社會環境考察中華書局出版的雜誌和其社會影響力。對於這樣一家擁有悠久歷史、對中國近現代文化事業做出重要貢獻的出版機構，重新審視和挖掘其雜誌出版活動是一件非常有意義的研究。

三、研究綜述和研究資料

（一）中華書局局史資料和局史研究

中華書局非常重視局史的建設，和 1937 年抗戰前雜誌出版相關的局史資料有：

錢炳寰的《中華書局大事紀要：1912—1954》[12]採用年譜的編排方法，對中華書局局史上發生的重大事件進行了系統彙編。該書的資料來源有

---

12 錢炳寰：《中華書局大事紀要：1912—1954》，北京：中華書局，2002。

三：一是自 1912 年來的檔案材料；二是以《申報》所刊載的中華書局公開發佈的啟事、聲明，有關中華書局的重要新聞，有關中華書局出版書刊的宣傳廣告；三是結合了近現代出版史料和舒新城的《狂顧錄》。該書對 1912-1954 年之間中華書局的大事進行了一次編年體的梳理和總結，是一部研究中華書局發展歷程的寶貴一手資料。這裡面記載了許多關於雜誌的信息。2012 年時值中華書局誕生一百周年，中華書局爲局慶出版了《中華書局百年大事記(1912-2012)》[13]，分上、下兩編，其中上編參考《中華書局大事紀要 1912—1954 私營時期》的資料，有修正。

《回憶中華書局 1912-1987 上下編》[14]。上編是 1982 年爲紀念中華書局成立七十周年出版的，所收錄的 42 篇文章從各個側面勾勒了中華書局自 1912 年成立到 1949 年前夕的概況。下編是爲紀念書局成立七十五周年而出版的，收文 37 篇，著重回顧 1949 年後到 1987 年這一時期中華書局的工作。

《我與中華書局》[15]。中華書局 2002 年編輯出版。爲紀念中華成立九十周年，中華出版了一系列資料，該書即爲其中一種。收錄文章分爲四類：一是專家學者與中華書局的密切交往；二是作者與中華版圖書的文字因緣；三是一般讀者與中華書局的書緣；四是懷念逝去的中華書局同仁。

《守正出新——中華書局》[16]收錄了近三十年來中華書局出版的古籍、學術及大眾普及類精品著作的書評、編輯體會，以及具有代表性的作者和編輯的回憶與訪談文章。

《陸費逵與中華書局》[17]是一部研究陸費逵和中華書局的重要資料，本書的內容主要爲四部分：第一部分記敘陸費逵生平思想和創辦中華書局

---

[13] 中華書局編輯部：《中華書局百年大事記(1912-2012)》，北京：中華書局，2012。

[14] 中華書局編輯部：《回憶中華書局》，北京：中華書局，2001。

[15] 中華書局編輯部：《我與中華書局》，北京：中華書局，2002。

[16] 中華書局編輯部：《守正出新——中華書局》，北京：中華書局，2008。

[17] 俞筱堯、劉彥捷：《陸費逵與中華書局》，北京：中華書局，2002。

的經歷，以及敘述陸費逵主持工作期間，中華書局重要書刊的編輯出版情況和其他業務經營方面的重大措施。作者多數是早年在中華書局和陸費逵先生一起工作過的人員，在組稿時也選錄了近年來書刊上發表的文章，彙編成「懷念與研究」。第二部分是陸費逵逝世時的悼念文章或傳略，彙編成為「六十年前的悼文」。第三部分選擇了陸費逵的代表著作，彙編成「陸費逵著作選載」，書末附錄了《陸費伯鴻先生行年紀略》。這本資料有很多關於中華雜誌的記敘和論述。

《陸費伯鴻先生年譜》[18]由鄭子展編輯，全書的體例是在前部分刊載舒新城等人回憶陸費逵的文章，後半部分是陸費逵的年譜。

《狂顧錄》[19]是舒新城的雜文集，內容多與個人生活有關，是研究舒新城同時也是研究中華書局的重要資料。

《中華書局收藏現代名人書信手跡》[20]。本書從中華書局檔案中選取1949年前近400件來信，每家信函按來信時間排序，包括了梁啟超，張元濟等名人，這些信函皆是近現代文化、出版史上的珍貴資料。

《歲月書香——百年中華的書人書事》[21]分為四冊，包含了百年來的人和事，在內容上整合了以往的回憶性質文章。

《中華書局圖書總目 1912-1949》[22]收錄了中華書局從 1912-1949 年出版的圖書目錄。2012 年，《中華書局百年總書目(1912-2011)》[23]出版，和前者相比不僅在時間上有了延長，在內容上還增加了雜誌出版的情況。

《小朋友》是一本歷時悠久並延續至今的雜誌，在其創刊七十年之際，小朋友編輯部編輯了《長長的列車——<小朋友>七十年》[24]，書中內容包

---

[18] 鄭子展：《陸費伯鴻先生年譜》，臺北：文海出版社有限公司，1973。

[19] 舒新城：《狂顧錄》，上海：中華書局，1936。

[20] 中華書局編輯部：《中華書局收藏現代名人書信手跡》，北京：中華書局，1992。

[21] 中華書局編輯部：《歲月書香——百年中華的書人書事》，北京：中華書局，2012。

[22] 中華書局編輯部：《中華書局圖書總目(1912-1949)》，北京：中華書局，1987。

[23] 中華書局編輯部．《中華書局圖書總目(1912-2012)》，北京：中華書局，2012。

[24] 小朋友編輯部．《長長的列車——《小朋友》七十年》，上海：少年兒童出版社，1992。

括精選作品、老讀者、老編輯的回憶等內容，書中還附有一份「大事記」，是研究《小朋友》雜誌難得的資料。

除了第一手研究資料之外，學術界對中華書局的研究成果很多。《中華書局與近代文化》[25]是一部在這方面很有影響力的著作，作者周其厚。這本書是作者在北京師範大學攻讀歷史學博士時，在博士畢業論文基礎上完成的一部著作。全書共分爲四章，第一章從中華書局的創立與發展講起，在此基礎上第二、三章分別從「近代教育思潮」、「教育叢書」、「國語運動」、「教科書現代化」、「與商務的教科書競爭」、「工具書」六個方面討論了中華書局與近代教育文化的關係，在最後一章討論了中華書局與中西文化的繼承和傳播。這本專著中部分章節涉及到雜誌。

除了著作，涉及中華書局的研究在研究論文和學位論文方面都非常豐富，有的分析中華書局相關人物，有的分析中華書局經營狀況，還有分析其圖書、詞典、雜誌等出版物，也有選擇幾個方面作爲一個整體研究。需要指出的是，陸費逵是中華書局早期的靈魂人物，對於中華書局的研究往往和陸費逵是聯繫在一起的。在研究中華書局企業發展和經營方面，周其厚除了《中華書局與近代文化》一書及其從書中析出的論文外，還對中華書局創立早期的歷史做了認真的考證。他的<陸費逵與商務印書館>[26]一文研究了陸費逵早年供職於商務印書館的經歷，辨析了學者們對於陸費逵與商務關係的誤讀，反駁對其進行的道義指責。而<陸費逵與中華書局史實辨析>[27]則對陸費逵的早期活動、創辦中華書局的動機，以及中華書局的經營狀況做了辨析。此外，汪家熔的論文<陸費逵人品和創辦中華書局動機考辨>[28]也是對陸費逵創立書局動機進行了分析，反駁對其人品的誤判。許

[25] 周其厚：《中華書局與近代文化》，北京：中華書局，2007。

[26] 周其厚：<陸費逵與中華書局史實辨析>，《首都師範大學學報》，2010（3）：131-136。

[27] 周其厚：<陸費逵與商務印書館>，《山東科技大學學報(社會科學版)》，2007（3）：78-82。

[28] 汪家熔：<陸費逵人品和創辦中華書局動機考辨>.《中國編輯》，2006（1）：67-70。

靜波的論文<儒耶？商耶？陸費逵的人文理想與職業行為>[29]則通過考察其商業決策與管理方式，勾勒出一個性格更加多面複雜的陸費逵。

　　和周其厚一樣，吳永貴對中華書局局史致力頗多，吳永貴的博士論文是《中華書局與中國近代教育：1912-1949》[30]，該博士論文以中華書局作個案，分別從它的教科書出版、教育圖書出版、教育期刊出版、教具經營、教育實踐活動這五個方面討論中華書局和近代教育的關係。吳永貴關於中華書局在經營方面的研究論文有：<一舉成名天下知——中華書局創業經過及成功因素分析>[31]和<中華書局的成功經營之道>[32]。這兩篇論文討論了中華書局創立歷程、經營特點。張彩霞和吳燕通的<從解放前的中華書局看上海現代出版制度>[33]一文以中華書局線索分析其企業制度變遷，指出股份制是民國出版企業走向現代化的必由之路。而章雪峰<供給足而呼應靈——概說中華書局的分局>一文則通過現有史料，分析了中華書局分局創立的經過、發展歷程以及管理制度[34]。

　　一些碩博士也會選擇陸費逵作為畢業論文選題，在中國知網上檢索到的相關碩士論文有五篇，分別是《陸費逵的出版思想及其實踐》[35]、《陸費逵出版經營思想研究》[36]、《陸費逵編輯出版思想研究》[37]、《陸費逵出版經營理念與策略研究》[38]。這些論文從不同角度回顧了陸費逵和中華書局的

---

[29] 許靜波：<儒耶?，商耶?，陸費逵的人文理想與職業行為>，《出版科學》，2018, 26(3)：124-130。

[30] 吳永貴：《中華書局與中國近代教育：1912-1949》，武漢：武漢大學，2002。

[31] 吳永貴：<一舉成名天下知——中華書局創業經過及成功因素分析>，《出版科學》，2002 (3)：65-67。

[32] 吳永貴：<中華書局的成功經營之道>，《編輯學刊》，2002 (3)：59-62。

[33] 張彩霞、吳燕通：<從解放前的中華書局看上海現代出版制度>，《編輯之友》，2011(6)：116-118。

[34] 章雪峰：<供給足而呼應靈——概說中華書局的分局>，《出版史料》，2005 (3)：88-95。

[35] 夏慧夷：《陸費逵的出版思想及其實踐》，長沙：湖南師範大學，2008。

[36] 陳莉：《陸費逵出版經營思想研究》，蘭州：蘭州大學，2008。

[37] 安靜：《陸費逵編輯出版思想研究》，開封：河南大學，2007。

[38] 劉相美：《陸費逵出版經營理念與策略研究》，保定：河北大學，2009。

關係，並指出其經營策略和編輯思想。在研究論文方面，關於陸費逵的研究更是豐富。《傳奇人生的不平凡開章——中華書局創始人陸費逵早歲經歷》[39]回顧了陸費逵青少年經歷，<陸費逵創辦中華書局一百周年>梳理和總結了陸費逵以及中華書局的發展經歷和時代影響[40]，而<陸費逵的書刊廣告藝術>[41]、<陸費逵的同業競爭策略>[42]、<陸費逵的出版人才觀及其踐履>[43]、<陸費逵的公關理念及其踐履>[44]、<陸費逵的選題跟蹤超越策略研究——以《辭海》《四部備要》的出版為例>[45]則是對陸費逵經營思想不同方面的總結和梳理。

（二）涉及中華書局雜誌出版的研究

中華書局前期所創辦的雜誌以「八大雜誌」而聞名。<中華書局的「八大雜誌」>[46]一文簡單的提到這幾本雜誌，而<民國初期中華書局的「八大雜誌」>[47]則較為系統的論述了中華書局這八本雜誌的出版信息，提供了一些基礎性的資料和線索，是對中華書局成立初期「期刊群」的一次總結。

《中華教育界》是中華書局的旗幟性期刊，凝聚了以陸費逵為代表的中華人的心血。中華書局對於中國教育界的貢獻，除了出版教科書之外，在教育思想上集中體現在《中華教育界》這本雜誌之中。在「民六危機」

---

[39] 吳燕：<傳奇人生的不平凡開章——中華書局創始人陸費逵早歲經歷>，《出版科學》，2008（4）：86-90。

[40] 俞筱堯、沈芝盈：<陸費逵創辦中華書局一百周年>，《出版史料》，2011（4）：4-10。

[41] 范軍：<陸費逵的書刊廣告藝術>，《編輯學刊》，2003（4）：32-36。

[42] 申作宏：<陸費逵的同業競爭策略>，《出版發行研究》，2005（4）：69-74。

[43] 周國清、夏慧夷：<陸費逵的出版人才觀及其踐履>，《出版發行研究》，2007（9）：9-12。

[44] 夏慧夷：<陸費逵的公關理念及其踐履>.湖北廣播電視大學學報，2009（11）：78-79。

[45] 莊藝真：<陸費逵的選題跟蹤超越策略研究——以《辭海》《四部備要》的出版為例>，《中國出版》，2015（23）：59-61。

[46] 左克己：<中華書局的「八大雜誌>.《鐘山風雨》，2007（1）：39。

[47] 史偉：<民國初期中華書局的「八大雜誌」，《圖書情報工作》，2011（19）：26-29，96。

之時,「八大雜誌」除了《中華教育界》之外都遭到了停刊,足可以看出「中華教育界」的重要程度。對於這本期刊,教育學和編輯出版學的研究者都做了研究,多數論文討論是教育相關問題。華中師範大學的喻永慶在其博士畢業論文《<中華教育界>與民國時期教育改革》[48]中進行了專題研究。該博士論文主要是從教育學的視角出發,通過梳理這本雜誌,再現了中國近代辦刊人的生存狀況與教育活動場景,探討了近代教育期刊在教育思想、教育內容、教育方法與教育技術方面的歷史功績。喻永慶還將其博士論文中的部分章節修改整理,發表了論文<《中華教育界》創刊日期考辨>[49],考證了該的創刊時間。肖郎和陸秀清的<舒新城與《中華教育界》新探>[50]一文則是梳理了舒新城和《中華教育界》的關係,還有研究將《中華教育界》和《教育雜誌》兩本雜誌做比較研究。楊建華的著作《20世紀中國教育期刊史論》[51]分為三篇,分別為中國20世紀教育期刊史之變遷、專題研究和個案研究。在個案研究中有兩個案例是關於這兩本雜誌,討論了它們對於西方教育理論傳播和西方新式教學法傳播的貢獻。汪楚雄的著作《啓新或拓域:中國新教育運動研究(1912-1930)》[52]也有章節討論了「新老教育期刊的作用」,其中就有《中華教育界》和《教育雜誌》的比較。還有<《教育雜誌》與《中華教育界》——教育媒體與教育發展的個案研究>一文也是通過個案研究的方法分析這兩本雜誌和民國教育發展的關係[53]。以上這些著作和論文都是由教育學背景的研究者完成的,討論的大部分是教育相關問題。從事編輯出版學研究的吳永貴也有一篇論文<《中華教育界》

[48] 喻永慶:《中華教育界》與民國時期教育改革》,武漢:華中師範大學,2011。

[49] 喻永慶:<《中華教育界》創刊日期考辨>,《大學教育科學》,2010(1):77-80。

[50] 肖朗,陸秀清:<舒新城與《中華教育界》新探>,天津師範大學學報(社會科學版),2019,(2):43-53。

[51] 楊建華:《20世紀中國教育期刊史論》,杭州:浙江工商大學出版社,2012。

[52] 汪楚雄:啟新或拓域:中國新教育運動研究(1912-1930).濟南:山東教育出版社,2010。

[53] 李本友:<《教育雜誌》與《中華教育界》——教育媒體與教育發展的個案研究>,《集美大學教育學報》,2000(4):9-13。

對我國近代教育科研的貢獻>[54]，其出發點也是該雜誌對於民國教育的貢獻和成績。除了出版圖書雜誌外，中華書局還附設了函授學校。丁偉的<從《中華教育界》廣告看中華書局附設函授學校的英文科>[55]以《中華教育界》刊登的招生廣告為線索回顧了這樣一段歷史。

　　《大中華》和《新中華》雜誌在時間上承前啓後，後者可以看做是前者的延續，都屬於時政類雜誌。陳江的<從《大中華》到《新中華》>[56]梳理了兩本雜誌的出版歷程和相關信息。關於《大中華》雜誌，碩士論文《《大中華》雜誌研究》對其進行了系統的梳理，詳細論述了《大中華》雜誌的發展和內容，以及梁啓超和《大中華》雜誌的淵源。[57]此外還有碩士論文《《大中華》雜誌與民初的政治文化思潮》[58]分析了雜誌與幾種社會主要思潮的關係。《小朋友》是黎錦暉於 1922 年 4 月創辦的一本兒童文藝週刊，其發行量居當時全國定期刊物之冠，是中華書局的代表性雜誌。關於這本雜誌，碩士論文有吳芳芳的《《小朋友》1922-1937》[59]，這篇碩士論文對於《小朋友》雜誌從出版情況、編輯特點、欄目特色、重要作者這幾個方面做了研究，並分析了雜誌與「兒童文學運動」的關係。研究該雜誌的論文還有：<《小朋友》創刊七十年的回顧>[60]、<《小朋友》的編輯特點>[61]、<《小朋友》發展簡歷>[62]等。其中<《小朋友》創刊七十年的回顧>對於該雜誌七十年的出版情況做了歷史性的回顧，是一份非常基礎的資料。黎錦暉在中華

---

[54] 吳永貴：<《中華教育界》對我國近代教育科研的貢獻>，《中國編輯》，2003（2）：64-67。

[55] 丁偉：<從《中華教育界》廣告看中華書局附設函授學校的英文科>，《煤炭高等教育》，2009（6）：48-53。

[56] 陳江：<從《大中華》到《新中華》——漫談中華書局的兩本雜誌.編輯學刊，1994（2）：83-85。

[57] 劉偉：《大中華》雜誌研究》，開封：河南大學，2008。

[58] 孔祥東：《《大中華》雜誌與民初的政治文化思潮》，長沙：湖南師範大學碩士論文，2007。

[59] 吳芳芳：《《小朋友》1922-1937》，上海：上海師範大學，2010。

[60] 聖野：<《小朋友》創刊七十年的回顧>，《浙江師大學報》，1993（2）：67-72。

[61] 吳永貴：<《小朋友》的編輯特點>，《編輯之友》，2002（6）：77-79。

[62] 肖友：<《小朋友》發展簡歷，《編輯學刊》，1987（1）：61-62。

書局期間，主編過兒童讀物《小朋友》，爲刊物後續發展打下了堅實的基礎，<黎錦暉與《小朋友》週刊>[63]對這一段歷史進行了總結。《中華小說界》是一本小說類雜誌，關於這本雜誌的研究有一篇碩士論文，張爲剛的《<中華小說界>研究》[64]分析了《中華小說界》的編輯特色和其文學價值。《中華實業界》也有一篇研究論文，<《中華實業界》實業救國思想的傳播初探>[65]總結了這本雜誌的出版情況和其實業救國思想內涵。除此之外，《中華書局圖書月刊》和《出版月刊》是中華書局的兩本出版類期刊，<民國時期中華書局的出版類期刊研究>一文分析了兩本期刊的內容和功能[66]。

　　中國的出版史、新聞史類的研究十分豐富，出版了多部著作，關注晚清民國期間的研究尤多。作爲一家在民國期間影響力僅次於商務印書館的出版機構，中華書局歷來是中國出版史研究尤其是民國出版史重點研究區域，在這些研究中往往都會涉及到雜誌研究。王余光、吳永貴編輯的《中國出版通史.民國卷》[67]是近年來研究民國出版業的集大成者。這本書對中華書局做了全面的梳理和研究，並分析了其出版的雜誌。除此之外，吳永貴的《中國出版史(下冊)》[68]，王余光、吳永貴、阮陽的《中國新圖書出版業的文化貢獻》[69]，吳永貴的《民國出版史》[70]，這幾部專著都是研究民國出版業的重要書目，均把中華書局作爲重點研究物件並專門探討了中華書局的雜誌出版。

---

[63] 肖陽：<黎錦暉與《小朋友》週刊>，《上海音樂學院學報》，2009 (4)：89-93，5。

[64] 張爲剛：《《中華小說界》研究》，上海：華東師範大學，2010。

[65] 徐躍、姚遠. <《中華實業界》實業救國思想的傳播初探>>，《西北大學學報(自然科學版)》，2012，42(1)：163-168。

[66] 張志強、肖超：<民國時期中華書局的出版類期刊研究>，《河南大學學報(社會科學版)》，2013，53(5)：144-149。

[67] 王余光、吳永貴：《中國出版通史.民國卷》，北京：中國書籍出版社，2008。

[68] 吳永貴：中國出版史(下冊).長沙：湖南大學出版社，2008。

[69] 王余光、吳永貴、阮陽：《中國新圖書出版業的文化貢獻》，武漢：武漢大學出版社，1998。

[70] 吳永貴：《民國出版史》，福州：福建人民出版社，2011。

四、研究進展和研究難點

（一）研究進展

　　雜誌是一種重要的媒體。本書第一次對於中華書局前期(1912-1937 年)出版的雜誌開展整體研究。研究結合書局的發展歷程，以編輯出版學的視角從整體上把握中華雜誌自身特點和社會功能，分析其思想內涵，評估其社會效益和經濟效益。本書是瞭解近代出版文化的一個切入點，對中國期刊史建設也有重要意義。

　　對於中華書局的研究，以往文獻大多側重於圖書出版方面，而對於雜誌出版則關注不足。對於中華書局的人物，其雜誌方面的貢獻也未得到普遍的認同。重新發掘這一史料，對於全方位認識民國出版史，認識中華書局的文化貢獻有著重要的意義，是一次對近現代編輯出版史研究的完善。

　　出版機構出版雜誌推動了近現代出版業的整體發展。作為以圖書為主業的中華書局，它的雜誌出版包含了近現代出版人對於開啟民智和文人議政的理想訴求，同時也是出版機構除了圖書之外獲取商業利潤的另外一項重要業務。研究出版機構參與雜誌出版的歷史背景、社會因素、參與方式、成績和教訓等，對於回顧這一段社會、文化和商業歷史有十分重要的意義。中華書局雜誌分類繁多而且品質過硬，這些雜誌有其自身的鮮明特點，在欄目建設、內容選擇、發行和經營等方面都有很強的特色。另外，雜誌和圖書出版之間形成了良好互動，在社會上產生了很強的傳播效果。這些出版實踐對當今出版業的發展具有一定的參照意義。

（二）研究難點

　　雖然研究很有意義，但是困難也是明顯的。

　　首先，資料分散，閱讀量大。從表 1-1 中可以看到列入本研究範疇的雜誌有 32 種(有些資料僅僅限於記錄，沒有文本留存，是否存在成疑)，其中需要重點研究的雜誌也有十幾種，部分雜誌比如《中華教育界》、《小朋友》跨越時間很長，這就造成了研究任務的沉重。種類繁多的雜誌還導致研究涉及龐大的研究人物，而面對複雜的時代，還要從政治、文化、經濟等各個層面去瞭解中華書局的外部環境和內在發展。這無形中對研究者的閱讀量產生了很大的挑戰。中華書局出版的雜誌，大部分原始資料可以通過圖書館和網路獲得，但還有部分雜誌缺損不齊，也會對研究產生很大的困擾。

　　其次，涉及學科知識較多，不易把握。中華書局出版的雜誌門類龐雜，涉及到的背景知識也很多。對於立志于振興中國教育事業的中華書局，從教育學的角度認識中華書局的雜誌，尤其是專業教育類的《中華教育界》是十分必要的，這就需要教育學的背景知識，《中華實業界》需要經濟史的知識，《中華小說界》則需要文學類的相關知識，對於時政類的《新中華》、《大中華》的分析還要瞭解特定時代的社會背景和社會思潮。這些無疑對研究者提出了很大的挑戰。

五、研究方法和主要內容

（一）研究方法

　　本研究涉及的研究方法包括：

　　文獻研究是本研究主要的一種研究方法，通過對以往資料、研究的梳理，勾勒出中華書局和其雜誌發展的方方面面。

　　文本研究是本研究經常使用的方法，對中華書局在 1912-1937 年出版的雜誌進行文本內容的分析和文本形式的考察，從內容、形式上分析雜誌

的方方面面，探討雜誌內容意涵及其與文化、歷史、哲學、社會、政治、教育等等的關係。

個案研究是對單一研究物件進行深入具體研究的方法。本研究選擇中華書局爲個案，研究其在抗戰爆發前的雜誌出版。除此之外，中華書局出版的雜誌極大地影響了民國歷史的進程，一些實例的探討，譬如研究《中華教育界》與民國國家主義教育思潮的關係，同樣需要展開個案研究。

比較研究和多學科的研究也是必不可少的。本研究以中華書局出版的雜誌爲研究物件，而中華書局的主要對手——商務印書館則往往有對應的雜誌。從整體上看，商務印書館是中華書局的模仿和競爭物件，比較兩家出版社出版的雜誌，能更好地理解時代變局中的中國出版業，使得研究更加有立體感，更爲豐富。本研究所涉及的雜誌和參與人物跨越多個領域，以往的研究也是從多個維度展開的研究。本研究的研究物件與新聞學、傳播學、教育學、歷史學、文獻學等存在著密切的關係，有必要使用多學科的研究方法。

（二）主要内容

本研究首先總結以往的資料和研究，引出研究的意義和價值，其次，討論清末至民國的出版環境、雜誌發展概況和出版機構雜誌出版現象，爲分析中華書局雜誌出版做出鋪墊，之後分析了中華書局的發展和其雜誌出版歷程，包括自辦雜誌和代辦雜誌。隨後，本研究結合時代背景和社會思潮，以一些重點刊物爲線索，分析了中華雜誌與民國時期教育發展、社會與政治議題、實業思潮、普通民眾文化娛樂和兒童生活的關係。本研究接著討論了中華書局雜誌建設的重點人物，並探討了中華雜誌特色和書局的經營策略，最後是結語，總結中華雜誌的歷史價值、傳播影響並指出其對於當今出版業的啓示。

本書共分十一章。

　　第一章爲緒論，主要說明研究背景、現有研究狀況、研究進展、研究難點、研究方法等，並介紹本書的整體框架和主要研究內容。

　　第二章是結合時代背景分析民國時期報刊出版環境、報刊出版概況、雜誌的多元化發展和雜誌成爲出版機構重要文化產品這四個方面。在報刊出版環境的分析中，本研究評述了民國時期的法律環境、教育情況、經濟與社會基礎設施，還有社會文化，以這些背景爲線索透視民國時期的出版環境。

　　第三章是對中華書局雜誌出版的情況進行總結和梳理，中華書局雜誌業務是其整體業務的有機組成部分，和圖書一樣都是中華書局重要的文化產品。本章分爲三節。第一節總結了中華書局從創立到「民六危機」期間的雜誌出版概況；第二節梳理了「民六危機」後到 1937 年時期的雜誌出版輪廓；而第三節則是選取中華書局代辦的重要雜誌，分析了這些雜誌和中華書局的關係。

　　第四章探討了中華雜誌對於民國教育發展的影響。以《中華教育界》爲代表的教育類雜誌在引進西方教育思潮、參與教學法改革、促進教科書發展和參與國語運動方面做出了重要的貢獻。本研究對於這些方面進行了分析。

　　第五章分析了中華雜誌對於民國政治、社會影響，時政類刊物代表性的有《新中華》和《大中華》，本研究通過分析內容洞悉其思想傾向、政治主張和社會訴求，討論了雜誌對於民國歷史的影響。

　　第六章是關於中華雜誌與民國實業思想的探討。民初初年，實業救國思潮在社會上產生了巨大的影響，《中華實業界》正是這種思潮下的產物。本研究討論了雜誌中所蘊含的實業思想，並分析了其給出的拯救民族實業藥方。

　　第七章討論了中華雜誌對於民國平民文化娛樂的貢獻，其中女性雜誌和小說類雜誌給普通民眾的生活帶來了很多色彩。誕生在特殊時代的《中華婦女界》本著賢妻良母主義，提供給民國女性以一個精神家園，而《中

華小說界》則為一些知名的作家提供了發表作品的舞臺，為普通市民營造了一個休閒空間。

第八章探討了中華書局所創辦的幾種代表性少兒雜誌。中華書局的少兒雜誌覆蓋了少兒的所有年齡段，雜誌品種多、品質優、特色鮮明、社會影響大，其中不乏精品。本研究選取了三個年齡段的代表性刊物進行分析，指出其特色。

第九章是對參與中華書局雜誌出版的重點人物的分析，他們主要是中華的管理者、編輯和重要作者。這些人物包括中華書局的靈魂人物陸費逵，在編輯、作者中有梁啓超、舒新城、陳啓天、余家菊、左舜生、李璜、黎錦暉、包天笑、劉半農、錢歌川。本章對這些人的歷史貢獻進行總結，探討他們和雜誌出版的關係，以及在具體出版活動中擔當的角色等方面。

第十章探討了雜誌特色與中華雜誌經營策略。內容包括雜誌的時代魅力、廣告與營銷、中華書局的經營管理特色、與商務印書館的雜誌競爭這四個方面。

第十一章是結語，從媒介功能角度解讀中華書局雜誌出版對於民國歷史進程的作用，分析其傳播影響以及對當今出版業的借鑒意義。

第二章 民國時期出版環境和雜誌發展

一、報刊出版環境

　　在紙媒的發展初期，報紙和期刊常常難以區分，被合稱為報刊。許正林的《中國新聞史》[1]認為，早期的報刊直到戊戌變法左右才逐漸開始區格，出現了專業期刊。1915 年《新青年》雜誌出現標誌著中國期刊開始獨立發展，而「五四」時期是期刊業在辦刊意識上逐漸覺醒的年代，期刊業開始走向繁榮。在華人地區，期刊從無到有，其產生和發展離不開時代的背景和民眾的參與。總體來講，清末之後的出版環境在不斷放開，民眾知識水準的提高與政治意識的覺醒促進了報刊業的高速發展，而報刊業的發展對於開啟民智和國民意識的培養也起到了重要作用。市場上出現了大批影響深遠、帶有鮮明時代特色的報刊，於此同時多種力量介入了中國近代史的報刊事業。在清末和民國時期，很多圖書出版機構都有雜誌同時在經營，這也成為當時的一種獨特出版現象。李炳炎在臺灣中華書局版的《中國新聞史》[2]中指出在作用和傳統上，我國雜誌的傳統體現在四點：表現政治智慧、發揮道德勇氣，領導學術思想和明辨忠奸利弊。我國的近代報刊，隨著大時代的變革而曲折發展，在中國近代史上發揮了重要作用。

---

[1] 許正林：《中國新聞史》，上海：上海交通大學出版社，2008：164-171。

[2] 李炳炎：《中國新聞史》，臺北：臺北中華書局，1984：206。

關於報紙和雜誌的區別，一系列學者做了分析。出版於 1927 年的《中國報學史》是民國時期著名新聞記者、新聞學家戈公振先生的著作，被認爲是中國第一部報刊史著作，具有開創性的意義。《中國報刊史》[3]第一章「緒論」中的第二節「報紙之定義」對報刊區分問題做了探討，指出兩者在外觀和刊行數量上有所差別，另外在功能上報紙以報導新聞爲主，而雜誌刊載評論爲主，且以材料之選擇，報紙是比較一般的，而雜誌是比較特殊的。當時報刊分野並不明顯，戈公振也對此標準在介紹之餘還是表示了懷疑：「報紙與雜誌之區別，如上所言，自以從內容乃至原質之特色而決定爲最適當。但一方面有偏重某點之機關報，另一方面則報紙之雜誌的色彩又漸濃厚，此種現象，殊使吾人對於二者之區別，從客觀上引起懷疑。」進入現代，隨著新聞出版實踐的進行，相關理論也開始成熟和豐滿。童兵的《理論新聞學》[4]總結馬克思和恩格斯在<《新萊茵報.政治經濟評論》出版啓事》>的議論，從報紙和期刊的功能和特徵兩個角度展開論述，指出報紙和雜誌的不同在於三點：一是出版週期一長一短；二是出版速度一快一慢；三是在內容上報紙側重與傳播新聞。但是主要的區別在於各自刊載的內容不同，報紙以刊載新聞和評論爲主，而期刊則以刊載時事性文章和評論爲主。龔維忠的《現代期刊編輯學》[5]指出報紙和期刊的區別主要有四點，一是報紙的出版週期短；二是報紙的時效性大大強於期刊；三是兩者功能不同，報紙以報導各類消息、快捷傳播新聞爲功能主體，在新聞事件和資訊方面只是重視事實陳述，不作深層次研究；四是出版形式不同。李炳炎在臺灣中華書局版的《中國新聞史》[6]中認爲報紙的主要功用在記事，記言次之，雜誌的主要功用在記言，記事次之。縱覽以上學者的論述，應該說觀點是比較相似的。梳理他們對於報紙和雜誌的區別認識，主要集中

---

[3] 戈公振.中國報學史.北京：生活.讀書.新知三聯書店，2011：6-7

[4] 童兵：《理論新聞傳播學導論》，北京：中國人民大學出版社，2007：99-100。

[5] 龔維忠：《現代期刊編輯學》，北京：北京大學出版社，2007：23-24。

[6] 李炳炎：《中國新聞史》，臺北：臺北中華書局，1984：206。

在兩個方面：一是形式方面的差別，體現在載體形式、出版週期、等方面；另一個在於內容和功能方面的差別，報紙更側重時效性，側重新聞，而雜誌則更加重視評論。實際上，在很多時候兩者之間差別也不是很明顯。總的來說，報紙和期刊在早期沒有明確的區分，此後隨著時代的發展，社會節奏的加快，新聞手段與生產能力不斷更新而開始分離，兩者在功能上也開始有所區別。

（一）法律環境

報刊發展狀況與政府的限制息息相關。清王朝始終重視言論的控制，在 20 世紀前對於報刊問題的處罰主要依據的是《大清律例》中的「造妖書妖言」條目，屬於「十惡」之一，一旦被認定，處罰極其殘忍：「凡造讖緯妖言妖書，及傳用惑眾者，皆斬。」「各省抄房，在京探聽事件，捏造言語，錄報各處者，系官革職，軍民杖一百，流三千里。[7]」這個罪名一直保留到清末，甚至在晚清頒佈一系列新聞法律法規之後仍然得以存續。發生在 1903 年的「蘇報案」充分印證了清代關於言論控制的殘暴：躲在租界內的《蘇報》因為鼓吹革命，辱罵皇上之後被清政府勾結上海租界當局查封，當事人被判刑，緊接著在 1905 年又發生了更為殘暴的卞小吾案，卞被虐殺。

甲午戰爭之後，以康有為和梁啟超為代表的維新派不僅創辦了《萬國公報》、《強學報》等報刊，康有為還上書光緒皇帝，要求政府允許辦報，並認為此是變法自強的重要內容。「百日維新」期間，光緒皇帝的許多改革措施涉及辦報和言論自由，開始允許開辦報館。雖然這些措施隨著新政的迅速失敗而終結，但是具有歷史性的意義。

最後十年的清政府迫於種種壓力開始實施「新政」，「報禁」被放開，出版環境開始寬鬆化。1905 年，在「預備立憲」的背景下，出使各國考察歸來的載澤等大臣在呈上的《奏請以五年為期改行立憲政體折》中指出：「定集會、言論、出版之律。集會、言論、出版三者，諸國所許民間之自由，

---

[7] 轉引自蕭榕：《世界著名法典選編(中國古代法卷)》，北京：中國民主法制出版社，1984：981。

而民間亦以得自由爲幸福。[8]」預備立憲期間，清政府意識到了出版和言論的作用，於此相關的諸種法律法規迅速出臺，有限度地放開了媒體和言論。從 1906 年到 1911 年，清政府一共頒佈了五個關於新聞出版方面的法律法規：1906 年，《大清印刷物件專律》和《報章應守章程》頒佈，第二年還制訂了《報館暫行條例》。1908 年《大清報律》奉旨頒佈實施，此報律在 1911 年被修訂爲《欽定報律》，內容改動不大。

《大清印刷物專律》是中國歷史上第一部調整新聞出版的專門法律，該法律由清政府商部、巡警部和學部共同制訂，在很大程度上參考了日本的相關法律和做法，分爲大綱、印刷人等、記載事件等、譭謗、教唆、時限共 6 章 41 條，對印刷物採取註冊登記制度[9]。其法律調整的物件爲一般出版物，並未正式實施。隨後，爲了專門管理報刊，《報章應守規則》由當時的巡警部同年制訂，其目的是爲了方便對於報刊的控制。此規則共有 9 條，內容 150 字左右，在內容上主要是對報紙刊載的內容規定，主要的精神是「禁止」，在處罰條款上卻沒有明確規定。《報館暫行條規》(1907 年頒行)是清末另一部新聞類暫行法規，其產生背景是報刊業的迅速發展而政府管理乏力，內容上和《報章應守規則》相差無幾。1908 年 3 月頒佈的《大清報律》經過一個較長時間的醞釀過程，清政府擔心制定的法律會影響到在華外國人，所以未敢輕易出臺。這部法律是晚清關於報業規定的集大成者，由商部、巡警部、民政部和法部共同制定，規定報刊的創辦由批准制度改爲註冊登記加保證金制度。《大清報律》明確規定了對於報紙的審查，其中規定：「每日發行之報紙，應于發行前一日晚十二點以前，其月報、旬報、星期報等類，均應于發行前一日午十二點以前，送由該管巡警官署或地方官署，隨時查核，按律辦理。」這其實是事先審查制。但在實際執行時，因爲種種原因實際上往往是事後審查[10]。1908 年 8 月，作爲新政的憲

---

[8] 中國史學會：《辛亥革命(第四冊)》，上海：上海人民出版社，1957：26。

[9] 劉哲民：《近現代出版新聞法規彙編》，上海：學林出版社，1992：2。

[10] 王學珍：<清末報律的實施>，《近代史研究》，1995（3）：78-91。

法性檔，也是中國歷史上第一部具有憲法意義的法律，《欽定憲法大綱》在內容上確立了君主立憲政體，限制君權並確立了公民的一些基本權利，明確了「臣民於法律範圍以內，所有言論、著作、出版及集會、結社等事均准其自由。」很明顯這部憲法性檔並不是真的保證國民的言論自由。面對《大清報律》頒行後出現的各種問題，清政府也進行了修正。1910 年頒佈的《欽定報律》是《大清報律》的修訂版，38 章另有 4 個附件。在內容上與《大清報律》大同小異。新聞出版類法律法規在清末逐漸形成了現代體系，除了上述五個專門法律法規和一個憲法性檔外，還有《電報總局傳遞電報減價章程》、《重訂收發電報辦法及減價章程》，此外，著作權類的法律如《著作權章程》(1910)也開始出現。還有關於新聞出版懲罰性的條款散見於其他法律法規中，比如《大清違警律》、《大清現行刑律》和《大清新刑律》。

　　清末的新聞出版立法活動對於促進言論自由和新聞出版事業發展起到了很大的促進作用，但是這本質上是爲了維護滿清王朝的統治，在立法內容上極其重視新聞和言論的管理控制，這一點隨著國人興辦報刊的興盛而愈發明顯。在管理上規定報刊樣品的核查，在言論上，面對晚清蓬勃發展的革命呼聲，「朝廷」和「時政」始終是政府控制的言論禁區，法律中規定了禁止刊載的內容和處罰措施，報刊中稍有對政府不敬的言論，即可輕易成爲受到懲罰的藉口。對於在言論上觸犯王朝的報刊人和報刊機構，清廷也做了很多粗暴和嚴厲的處罰，根據不完全統計，從 1899 年到 1911 年，至少 53 家報刊被查封。有兩位報人被殺、17 人被監禁、100 多人受到傳訊、拘捕、警告等處分[11]。于此同時，由於滿清末年國家半封建半殖民地的性質，導致外國人享有權利不受中國法律節制，再加之清廷法律無權管轄境內存在的租界地區，導致很多在華報刊無法得到有效控制。

　　武昌起義後，各地紛紛獨立，眾多臨時政府頒佈的臨時約法中都含有保障言論自由的內容，比如《中華民國鄂州臨時約法》、《浙江軍政府臨時

---

[11] 丁淦林：《中國新聞事業史》，北京：高等教育出版社，2007：98。

約法》等。1912 年，中華民國南京臨時政府成立，當年 3 月 4 日由南京臨時政府內務部制定了《暫行報律》，正式宣告了滿清報律的廢止，在內容上做了三個方面的規定：一是相關從業人員人員註冊；二是明確規定對於言論的限制——「流言煽惑，關於共和國體有破壞避害者，除停止其出版外，其發行人，編輯人坐以應得之罪」；三是對於「失實汙毀行為」的處罰。該報律一經頒佈，立即遭到了新聞界的一致抵制，迫於壓力，孫中山於 3 天後迅速將其撤銷。1912 年 3 月 8 日由臨時參議院通過，3 月 11 日公佈實施的《中華民國臨時約法》是具有劃時代意義的憲法性檔，其中明確規定：「人民有言論、著作、刊行及集會、結社之自由[12]」。

　　辛亥革命之後不久，國家政權落入袁世凱手中。袁世凱時期頒佈了一系列關於新聞出版的法規法規，對於報刊新聞媒體採取了嚴格的控制態度，奠定了北洋政府時期的新聞出版法律法規的基本框架。為了配合其稱帝的野心，當時政府更是對報刊採取了各種手段以圖控制輿論，代表性的有 1914 年頒佈《報紙條例》35 條，內容與《大清報律》非常相似，同年又頒佈了《出版法》。《出版法》是北洋政府時期最有代表性的新聞法律，其使用範圍廣泛，幾乎涵蓋了所有出版物和印刷品，同時又擴大了禁止刊載的內容，該法律在 1926 年遭到廢止。民國之後各屆軍閥政府對新聞自由採取抽象肯定、具體否定的辦法，在新聞事業管理上，表面法治，實際人治。在結果上往往是被查禁的出版物反而更加流行[13]。

　　1927 年後國家在形式上得到了統一，國民政府掌握了政權後開始了各項治理國家的活動，其中包括對於新聞出版事業的立法和管理。蔣介石非常重視思想輿論的管理控制，在全國範圍內開始黨化宣傳和教育，尤其是三民主義。南京國民政府成立後，建立和發展了以中央日報、中央通訊社、中央廣播電臺為主幹的「三位一體」的新聞宣傳體系，同時還建立了官辦

---

[12] 轉引自高山冰：<妥協的自由：民國南京臨時政府新聞事業管理體制研究>，《現代傳播》，2016，5：61-68。

[13] 胡正強：<中國現代媒介批評視閣中的新聞檢查制度批評>，《淮北師範大學學報(哲學社會科學版)》，2011，32(4)：28-34。

書局，它們也大都很注重黨義的灌輸[14]。國民政府時期頒佈的《出版法》是最爲重要的新聞法律，也是南京國民政府出版法律體系的核心，其宗旨是鉗制輿論。這部法律首次在 1930 年 12 月頒佈，共計 6 章 44 條，此後又頒佈《出版法實施細則》作爲配套法律。《出版法》在頒佈後，一直受到新聞出版界人士的抵制，而政府對其也不盡滿意並進行了多次修改。此後新的《出版法》於 1937 年出臺，1947 年 10 月公佈了《修正出版法草案》[15]。隨著抗日形式的發展，新聞管制也在不斷加強。表現爲在《出版法》中報刊准入由註冊登記改爲申請批准制，並將新聞管理權力進一步向下級機構下放，在禁載內容上範圍不斷擴大，此後更在 1943 年頒佈了專門針對新聞工作者的《新聞記者法》，其法律內容的核心是對記者的控制[16]。

　　總體來講，從 19 世紀末到 20 世紀前半頁，雖然有政府的各種查禁和干預行爲，國內的報刊事業仍然在不斷地發展壯大。這一方面是政府迫於形勢的變化，開放了對於媒體和言論的限制，另一方面則是與政府的控制能力不夠強大有關。滿清末年，政府加速了潰敗，尤其是在末代皇帝溥儀上臺之後破敗形勢更加明顯，而辛亥革命是一個不夠徹底的資產階級革命，沒有充分成熟發展的民族資產階級並沒有建立一個統一強大的政權，造成中央權力頻繁更迭和各級、各派政治力量自行其是。在民國時期頭十年，總體政治環境的情況是專制清政府政府的垮臺而新的大一統的強力政府尙未建立，中央和地方各級政權對於社會的控制能力也較爲薄弱，此後又經歷了頻繁的國內外戰爭，而國內租界的存在進一步造成了報刊環境的複雜化，在文化環境上則是東西方思想的激烈交鋒和現代科學文化知識的大規模普及。獨特的政治和文化環境對於報刊和報刊所承載的思想多元化發展是個積極的條件。

---

[14] 劉娜：<淺析南京國民政府時期(1927-1937)的出版政策>，《山東省農業管理幹部學院學報》，2009，23(1)：107-109。

[15] 劉國強：<民國時期《出版法》述評>，《中國出版》，2011 (21)：66-70。

[16] 馬光仁：<舊中國新聞立法概述>，《上海社會科學院學術季刊》，1990(3)：89-95。

（二）近代教育

　　中國的教育在時代變局下也取得了長足的發展。近代史上的中國教育嚴重滯後，成爲阻礙民族復興的重大阻礙。自乾嘉以來，清代教育基本爲理學與漢學所左右，理學佔據著教學依據和考試準則的地位[17]。這種傳統迂腐的封建教育方式在時代的衝擊下顯得越發不合時宜。面對從鴉片戰爭以來不斷加劇的民族危機，中國開始求變。1861 年「總理各國實務衙門」建立，標誌著洋務運動的展開。洋務運動的重要內容就是學習西方的科學技術，在人才培養措施上表現爲開辦新式學堂、翻譯西方著作介紹西方科學文化知識和派遣留學生。在近代中國，現代教育方式體現在洋務學堂、教會學校和派遣留學生三個方面，它們培養的人才都爲當時的中國社會、經濟、軍事發展起到了重要的推動作用，此時的教育指導原則是「中體西用」。此後，中日甲午戰爭進一步加劇了國家危機，維新派勢力開始抬頭，維新派認爲教育必須改革，才能順應形勢的變化，梁啓超總結康有爲的思想曾經言道：「先生以爲欲任天下之事，開中國之新世界，莫亟於教育。[18]」在他們的政治綱領中包含了一系列發展教育的措施，包括改革科舉以適應西學，建立新學制和興辦女子教育等，並開設了京師大學堂。一時間新式學堂在神州大地四處開花，各類學會也如雨後春筍中出現，和洋務派相比，維新派的教育思想更進一步，更符合現代的精神。可惜的是，「百日維新」失敗後各項構想並沒有實踐下去[19]。

　　雖然有新式學堂，但當時讀書做官的出路還在科舉，這就導致了教育的分裂。在張之洞和袁世凱的《奏請遞減科舉折》尖銳地指出：「其患之深切著明，足以爲學校之的而阻礙之者，實莫甚於科舉。」奏摺奏請逐步取

---

[17] 張惠芬、金忠明：《中國教育簡史》，上海：華東師範大學出版社，2001：376。

[18] 梁啟超：《梁啟超全集》，北京：北京出版社，1999：754。

[19] 轉引自張傳遫：《中國教育史》，北京：高等教育史，2010：337-351。

消科舉取士[20]。」而後八國聯軍打入北京，清政府迫於壓力開始籌畫頒佈「新政」，在社會各個階層的呼籲和努力下，教育制度出現了重大的變革。新的學制開始出現，教育機構和教育理念開始改革。更爲重要的是，存續了上千年的科舉制度終於畫上了句號，壬寅、癸卯學制登上了歷史舞臺。1902，管學大臣張百熙擬定了一系列學校章程，統稱爲《欽定學堂章程》，此章程被稱爲「壬寅學制」，乃是近代教育史中第一次法定學制，由於種種原因此學制並未執行。直到 1904 年，由一系列學堂章程組成的《奏定學堂章程》終於頒佈實行，此章程又被稱爲「癸卯學制」，成爲我國近代教育史上第一部正式實施的學制。1905 年學部成立，管理體制上進一步有了發展。民國成立後，臨時政府著重對於舊的教育進行改革，而新的教育制度和思想帶來了國民的啓蒙和思想解放。在近代中國教育史上，比較普遍的看法是近代教育產生於 1861-1862 年前後，而從教育制度方面判斷，1922年「壬戌學制」的頒佈則是現代教育體制確立的重要標誌。在這 60 年(1840-1922 年)左右的時間裡，中國的近代教育從無到有，建立了基本的雛形[21]。在統計資料上也能看到中國教育的蓬勃發展。對於最爲初級的小學教育，民國元年，小學學校數爲 86，318 所，學生 2，795，475 人，而到了民國十一年，發展到 177，751 所，學生 31，449，963 人。中學學校數目從民國五年的 653 所發展到民國十四年的 687 所，學生增加了將近一倍[22]。

　　現代教育的發展，對出版業有這樣幾種影響和互動。首先，教育的發展爲出版業讀者群體的擴大提供了支援，作爲文化產品，消費者只有掌握相應的科學文化知識才能進行閱讀。而且，教育的發展對與圖書業，尤其是教科書的出版提供了巨大的商機，學校的蓬勃發展勢必需要教材。正是因爲有巨大的市場需求，民國出版業才能不斷發展。同時，教育的發展也爲文化事業，尤其是出版業培養了人才，出版社的編輯、經營、印刷力量

---

[20] 璩鑫圭、唐良炎：《中國近代教育史料彙編.學制演變》，上海：上海教育出版社，1991：523-527。

[21] 宋建軍：〈中國近代教育史的分期與發展新論〉，合肥師範學院學報，2009（2）：50-54。

[22] 熊培安：《中華民國教育史》，重慶：重慶出版社，1997：68-69。

都需要懂得文化和技術的人員參與，正是由於作者和經營者力量的不斷壯大，民國出版業才能創造文化上的輝煌。而文化人通過圖書、雜誌和報紙等方式參與出版也同時在開啓民智，影響和教育了普通民眾。

（三）經濟和社會基礎設施建設

1. 近代經濟發展

　　領先世界文明幾千年的中華文明在近代陷入困境。隨著列強的入侵，中國逐漸淪爲半封建、半殖民地社會，經濟命脈逐漸爲國外勢力所掌控，自有的傳統小農經濟解體，而新興民族資產階級始終沒有發展壯大。中國的經濟雖然也有過短暫的高速增長，但從整體上看發展是緩慢甚至停滯的。關於中國經濟的分期，學者們有著不同的認識。楊德才將其分爲四個階段：制度環境變化與早期工業化發動時期(1840-1894)、制度的劇烈變遷與工業化初步發展時期(1895-1926 年)、強制性制度變遷與工業化的繼續推進時期(1927-1936 年)、戰火動亂與經濟增長的嚴重衰退時期(1937-1949 年)。在第二和第三階段，隨著制度變遷中國的經濟取得了比較不錯的發展，表現爲民族私營企業的壯大，工業化水準不斷提高[23]。在民國成立之後，中國更是迎來了兩個「黃金時期」，一個是 1913-1926 年，一個是 1927-1936 年。在本研究涉及的民初至抗戰前期，經濟總量和各項產業還是取得了很大的發展。

表 2-1 中國國民收入和人均國民收入(1887-1949)[24]

年份	工礦交通業(億元)	國民收入總計(億元)	年平均增長率(%)	人口(億)
1887	14.49	143.64	-0.64	4.00
1914	24.80	187.64	1.00	4.55
1936	40.60	257.98	1.45	5.11

---

[23] 楊德才：《中國經濟史新論(1840-1949)》，北京：經濟科學出版社，2004：21-24。

[24] 轉引自趙津：《中國近代經濟史》，天津：南開大學出版社，2006：17-23。

年份	工礦交通業(億元)	國民收入總計(億元)	年平均增長率(%)	人口(億)
1949	23.20	189.48	-2.40	5.42

2. 城市化

　　近代史上中國的城市化進程與現代化腳步同步展開，從人口城市化角度來看總體上發展速度緩慢，其中傳統城市顯得缺乏生機，而從「租界」和「商埠」發展而成的城市則發展迅速，另外一些由於鐵路和資本主義工商業興盛的發展而成的城鎮也是快速增長[25]。隨著經濟和社會的發展，整體上中國的城市數量在增加，城市規模在擴大，城市人口在增多。從1912年到1937年， 南京市人口由不足27萬增加到100萬人；上海市由百萬左右增至30 萬人以上，北京市由80 萬左右增至160 萬；天津市由75 萬增至110 萬；廣州市由80 萬增至100 餘萬[26]。在當時社會，城市和農村之間差異是十分巨大的，城市中都市人口的增加帶來了出版業目標讀者群的擴大，同時隨著西方文化的感染和現代生活方式的建立，現代城市也孕育了不同於以往的都市文化，新興的文化精英階層也開始出現，他們是文化的提供者也是文化的消費者，他們和其他平民大眾為報刊的產生和發展提供了豐厚的生存土壤。

3. 印刷業的發展

　　出版業的現代化離不開印刷技術的發達。中國現代的印刷和出版事業都是由傳教士開創的。他們為了傳教，在印刷工藝上做了很多努力，結合西方技術研製適合中文印刷的技術，其中早期的中文鉛活字就是馬禮遜和米憐研製的，此後姜別利創造出電鍍漢文字模。19 世紀30 年代，石印術進入中國並在19 世紀70 年代末開始興盛，取代了中國數千年來的雕版印刷術的壟斷局面。清末民初，對於鉛活字的研製和使用有也了新的發展，這種熱潮一直持續到20 世紀30 年代。商務印書館的徐錫祥研製出二號楷

---

[25] 行龍: <略論中國近代的人口城市化問題>,《近代史研究》, 1989 (1): 27-42。

[26] 宮玉松: <中國近代人口城市化研究>,《中國人口科學》, 1989 (6): 10-15。

書鉛活字，此後又不斷有人研發出了「古體活字」、「聚真仿宋字」、「仿古活字」等等。除了活字，20 世紀 20 年代前後各種印刷技術大量湧現，在排字架上由舊式的「元寶式字架」發展演化，1920 年申報館開發出了「統長架」，1923 年商務印書館又有了新的創新[27]。這些創新都極大地促進了清末民初的出版業發展。

　　在清末和民國時期，出版機構如報館和圖書出版社也往往兼營印刷業務，通過不同業務之間互相補充共同支撐企業的發展。在 19 世紀下半葉，作為民國出版業的核心地帶，上海的報社和圖書出版社大多擁有自己的印刷設備。發展到 20 世紀初，在股份制的推動下，一些印刷出版機構不斷擴大印刷部門並加強印刷力量，大型出版機構在組織上初步具備了編、印、發三位一體的局面[28]。比如和早期的商務印書館就是以印刷為主業，而中華書局的印刷業務一度成為盈利的主業。

4. 交通和郵政

　　伴隨著經濟的增長，各項交通事業都在清末民國得到了較快的發展，並在民國時期保持了持續的增長直至抗戰爆發。列強對於中國的入侵導致中國的交通事業不斷被外國勢力所把持，在鐵路方面清政府直至甲午戰爭後才在各種壓力下開放路權，允許華人修築鐵路，此後又掀起了全國範圍的收回路權運動。1901-1911 年間中國新建鐵路 8200 公里，外商直接建設的 3700 公里，在北洋政府時期，雖然鐵路建設里程有限，但是運輸能力有了很大增強，而從 1912 年到 1925 年，國有鐵路擁有的機車從 600 輛提到到 1131 輛，客車從 1067 輛增加到 1803 輛[29]。航運方面， 20 世紀初期航運業還主要掌握在外國人手中，民族民營航運業在 20 世紀初期也開始了騰飛。1901-1910 年，新增規模較大的輪船公司就有 29 家，平均每年增加 2.9

---

[27] 肖東發：《中國編輯出版史》，瀋陽：遼寧教育出版社，1996：442-445。

[28] 陳鳴：<上海印刷出版產業的近代化>，《上海大學學報(社科版)》，1993（1）：44-50。

[29] 杜恂誠：《中國近代經濟史概論》，上海：上海財經大學出版社，2011：63、85。

家[30]。而中國的公路建設是從辛亥革命之後開始的，公路里程和汽車數量在民國時期迅速增長。

　　中國近代史的郵政事業是由列強強行設立的，當時稱之爲「客郵」，後來海關開始兼辦郵政，直到 1896 年光緒皇帝批准開辦大清郵政官局，郵政業獲得了較快的發展。民國成立之後，郵政總局設立在交通部之下，而郵政事業除了自己的營收外，還受到國家的資助扶持，很長時間裡郵資平穩而且低廉。以報紙雜誌的重量，計算其在內地各省的投遞，1910 年由原來的 2 分錢改爲 3 分錢， 1925 年由 3 分錢改爲 4 分錢， 1932 年由 4 分錢改爲 5 分錢，直到 1940 年後郵資才開始飛漲[31]。低廉的郵資極大地促進了報刊的發行工作，擴大報刊流通範圍。

（四）西學東漸下的中國文化

　　鴉片戰爭的炮聲迫使中國人開始開眼看世界。中國人對於西方的認識，在 18 世紀中葉是懵懂而無知的，面對西方的船堅礮利，中國人認爲是妖邪作怪，更不知道列強所在何方，連地理上對於世界都沒有基本的概念。作爲「開眼看世界的第一人」，林則徐編譯了一系列著作對於西方開始介紹，此後魏源又提出了「師夷長技以制夷」的著名論斷。可以說，近代史上的每次對外戰爭都加深了中國傳統文化的解體和改進，中國的精英分子開始不斷地思考出路並做出了各種努力。在文化觀點上，從 19 世紀 60 年代到 90 年代，主流的士大夫堅持「中體西用」的觀點，這種觀點不斷演化並成熟，並被實踐於中國的現代化建設。此後甲午戰爭帶來的戊戌變法，孕育了中國具有近代意義的一批人才，他們成爲後來中國歷史進程的重要推動力量。20 世紀初期歐美思想文化開始廣泛進入中國，在哲學和文化方面都產生了重大的影響，其中電影和新劇開始引入中國，中國的小說也開啓了革命。此後科舉制也退出了歷史舞臺，宣告了傳統人才培養模式的終

---

[30] 許滌新、吳承明：《中國資本主義發展史(第二卷)》，北京：人民出版社，2003：686-687。

[31] 呂平：〈民國時期的郵資〉，《上海檔案》，1999（2）：57-58。

結，社會上對於人才培養問題日益重視。辛亥革命之後，雖然國家仍然混亂，但是社會面貌也煥然一新，一些陳規陋習如纏足得到了廢除。在民國成立初期，社會上關於尊孔和廢孔的爭論一直不休，而袁世凱則提倡尊孔復古。此後的新文化運動，白話文和新文體開始出現。這場運動是中國知識分子在探索振興民族的道路中在文化方面思考的結果。伴隨著對舊文化的揚棄，知識分子們把民主和科學奉為價值構建的終極目標。從一定意義上說，一部中國的近代文化史，就是一部傳統文化與西方文化衝突交匯的歷史，就是傳統文化在西方近代文化的衝擊和影響下向近代文化過渡轉變的歷史，也就是傳統與西化相斥相納的歷史[32]。

經過長時間的文化衝突和融合，民國時期的中華大地，尤其是上海這樣的摩登大城市，對於西方文化和西方生活方式抱著歡迎和崇尚的態度，社會上普遍視西方的一切為科學、進步、時尚的符號。傳統的中華文化，在歐風美雨的吹沐下，與世界不斷地融合和適應，並在民國時期走向繁榮。整個民國期間，東西方文化水乳交融，社會精英輩出，新舊思想和事物並行不悖在衝突中曲折地前進和彌合，開啟獨特的文化景觀。

二、近代各種報刊發展概況

1815 年，第一份近代化中文報刊《察世俗每月統計傳》在麻六甲創刊，標誌著中國近代報刊業的開端。此後的一百多年，中國的報刊業伴隨著技術和文化的進步，在風波詭譎、波瀾壯闊的近代史裡面飛速發展。最早期的華文報刊帶有明顯的宗教意味。隨著 1840 年的鴉片戰爭導致近代中國被西方力量打開國門，中國迎來了「數千年未有之大變局」，報刊由於各種需求在華人地區取得了飛速的發展，比如香港和上海地區。除了西方力量創辦的華文報刊外，早期接觸過西方世界的林則徐、魏源深刻意識到報刊的

---

[32] 陳旭麓：《近代中國的新陳代謝》，上海：上海人民出版社，2006：355。

作用，進入 19 世紀 70 年代之後，中國人終於開始登上被在華外國人所壟斷的報壇，創辦了一批國人自辦的報刊[33]。這期間代表人物是王韜。

近代史上的報刊，其發展和時代的脈搏息息相關。清末民初，隨著民族危機的加劇和對外交流的不斷增加，中國在政治、經濟、文化層面都發生了劇烈的變化，影響到了社會的方方面面。政治需求的上升與各種思想的激烈碰撞迎來了報刊業的繁榮，兩者互相促進和互動。通過和世界的接觸，西方的科技、思想和制度不斷爲國人所認識。于此同時，中國的傳統文化也在調整和適應。維新與革命是 19 世紀末至 20 世紀初政治生活的主題，19 世紀末至辛亥革命政黨類報紙也成爲新聞業發展的重要特徵，而 1897 年戊戌變法前後和 20 世紀初「報禁」開放是中國歷史上的兩次辦報繁榮期。出於政治目的，清末維新派和革命派都熱衷於報刊事業，各種政治性報刊如雨後春筍般出現，革命派和改良派關於中國的政治前途問題通過報刊展開了激烈的辯論。發生於《民報》和《新民叢報》的論戰，焦點集中於是革命還是保皇，這場辯論使得資產階級民主思想和孫中山的三民主義思想得到了廣泛的傳播，爲即將到來的辛亥革命做好了輿論宣傳。當時在一些清王朝控制鞭長莫及的地區，比如在海外，以及國內的各國租界都成了各種政治報紙的避風港，同盟會成立之後，革命黨人更是在國內積極辦報。民國成立之初，報刊業出現了又一次蓬勃發展。袁世凱稱帝之後，爲了消滅反對聲音加大了報刊控制，報刊業又一次面臨災難。而於此同時，「鴛鴦蝴蝶派」等文藝副刊開始大量湧現，一些不正規的出版物也大行其道。北洋軍閥時期，時局動盪，快速發展的經濟、寬鬆的環境和思想界的繁榮催生了報刊業的發展。尤其是以「五四運動」爲標誌的新文化運動更是中國社會文化的一次大洗禮，帶動了報刊業的大繁榮。新聞團體開始出現，新聞理論開始成熟。整體來講，民國時期是中國報刊的快速發展期，

[33] 方漢奇：《中國新聞傳播史》，北京：中國人民大學出版社，2002：82。

1916 年報刊數量為 286 種，1921 年全國報刊數 1134 種[34]。直至抗戰爆發前期，整個民國期間出版業始終得到了穩定的發展，即便受到大環境上世界經濟危機的影響，仍然在全面抗戰正式爆發前的 1935-1936 年達到了頂峰[35]。

　　從清末民初開始，除了政黨性報刊成為那個時代的特殊符號之外，報刊在功能上的多元化趨勢也逐漸加強。隨著報刊種類和發行份數的飛速增長，各門類報刊對於讀者在政治參與、科學文化知識的普及、信息的溝通和交流、滿足普通民眾的休閒文化生活等方面都發揮了巨大的作用。可以說，報刊始終是時代進步和民智開啟的重要力量，每一次政治、社會和思想界的異動勢必帶動報刊業的蓬勃。隨著民眾受教育的普及和文化程度的提高，其文化需求也在不斷加大，這又帶動了報刊業的蓬勃發展。身處於時代頻繁變局的背景下，中國的報刊事業頑強地成長壯大。

三、雜誌的多元化發展

　　清末民初，社會影響最大的是政治類報刊。實際上，多種門類的雜誌開已經始起步和發展壯大，其中的一些種類取得了十分矚目的成就，比如小說類和女性雜誌。在民國時期，雜誌類型不斷豐富、發行量顯著增長、編輯水準不斷提高，雜誌業在整體上呈現不斷成熟化的特點，出現了在全國範圍百花齊放的局面。這一時期湧現了一批有影響力的雜誌，它們名家彙集、特點鮮明、生命力頑強。

　　明清時期是小說的黃金時期，但是小說雜誌卻姍姍來遲。中國最早的一本文藝雜誌是創刊於 1872 年的《瀛寰瑣記》，第一部專門小說雜誌《海上奇書》創刊於 1892 年。在《海上奇書》之後，小說類雜誌卻又一次沉寂，

[34] 王潤澤：《北洋政府時期的新聞業及其現代化(1916-1928)》，北京：中國人民大學出版社，2010：26-27。

[35] 王建輝：《1935-1936：中國出版的高峰年代.出版與近代文明》，鄭州：河南大學出版社，2006：145-158。

直到 1902 年梁啓超在日本橫濱創辦《新小說》，這份雜誌產生了巨大的社會影響，引發了所謂的「小說界革命」，一舉帶動了小說類和文藝類報刊以及報刊中文藝類欄目的繁榮。小說從此被賦予了政治使命，引起了全社會知識分子的關注和投身於小說的熱情。在梁啓超的影響下，1903 年李伯元在國內創辦了《繡像小說》。此後，上海又湧現了一大批雜誌，其中《新小說》、《繡像小說》、《月月小說》、《小說林》影響最大，被列爲清末四大小說雜誌，興盛一時。關於清代小說類刊物的數量，郭浩帆先生的研究得出的結論是 24 種，截止到 1919 年又出版了 34 種[36]。總的來說，小說類雜誌在民國始終是各個出版機構的寵兒，商務和中華分別出版了《小說月報》和《中華小說界》。

女性雜誌的興盛也是中國近代報刊史上的一道獨特景觀。傳統的封建社會對於女性壓迫極深，隨著啓蒙運動的發展，婦女解放思想開始生根發芽，這種思潮也體現在報刊上。1898 年第一份女性報刊《女學報》創刊於上海，這份報紙在宗旨上主張男女平等，呼籲婦女解放，革新社會文化。受資產階級革命的影響，一大批婦女報刊開始不斷湧現。比較知名的有：陳撷芬創辦的《女報》(後改名爲《女學報》)、丁初我創辦的《女子世界》、秋瑾主編的《中國女報》。辛亥革命之後，受革命形勢影響，在民國初年又出現了一次女性雜誌創辦高峰。

縱覽清末民國，女性報刊出現了幾次辦刊高潮。可以說，女性報刊的繁榮是社會發展的必然趨勢，女性地位的提高、自我意識的崛起與女性教育相輔相成，女性解放的道路是與整個社會的發展進步融爲一體的。

清末民初之後文化市場不斷繁榮，除了小說類和婦女類雜誌，時政類、兒童類、教輔類等雜誌也在清末民國都迎來發展高峰，這種勢頭一直持續到 1937 年抗戰正式爆發。可以說，清末以來中國社會中的文化空間不斷膨脹，民眾的需求持續增長。無論是從數量、品質還是影響範圍來考察，民國雜誌業都是處在不斷上升的階段。各種類型期刊的興盛極大地帶動了民

---

[36] 郭浩帆：<中國近代小說雜誌界說>，《濟南大學學報》，2003，13(1)：36-41。

眾文化水準的提高，促進了文化事業和思想的繁榮，誕生了一批作者群，在民國形成了燦爛的文化現象。

四、雜誌成為出版機構的重要文化產品

民國時期的知名出版機構，往往都有幾本著名的雜誌。據三聯書店的陳原說：「從前，大出版社都擁有一份或幾份代表性雜誌。例如生活書店有《生活週刊》，新知書店有《中國農村》，讀書出版社有《讀書生活》，正如商務印書館的《東方雜誌》，中華書局的《新中華》，開明書店的《中學生》一樣，都表達和宣傳了出版社的辦社宗旨，同時也起著傳播資訊、擴大影響、招徠讀者、培養作家的多種作用。[37]」事實上，書刊齊發的出版策略是當時出版社的常用招數。

以民國時期出版規模排名第一的商務印書館為例，商務除了出版大量品質優、影響範圍廣的圖書外，其在各個領域刊行的雜誌也獨領風騷，其中尤以《東方雜誌》、《教育雜誌》為代表，還有《婦女雜誌》、《少兒雜誌》、《小說月報》這些在同類型刊物中的佼佼者。商務印書館創辦於 1897年，最初承接印刷業務，後來逐步壯大。1902 年張元濟應邀加入商務，開始了商務印書館的現代化，成為真正意義上的出版企業，此後商務除了受到戰爭影響之外，始終穩步發展。關於商務從成立到 1950 年期間編印刊行的期刊數目，鄭逸梅的統計是對外發行的有 16 種，內部發行刊物 4 種，在包括商務為其他團體、機關、代理、發行的雜誌，每個月最多能刊行 20種以上[38]。其中《東方雜誌》為中國近代史中存續時間最久的大型綜合性雜誌，創刊於 1904 年 3 月，開始為月刊，每年 12 號為一卷，在 17 卷後改為半月刊，第 44 卷又改為月刊，中間幾度休刊，在大陸終刊於 1948 年 12

---

[37] 陳原：<三家書店的雜誌和我>，《中國出版》，1992（10）：25-27。

[38] 鄭逸梅：<商務印書館編印的幾種期刊>，《書報話舊》，北京：中華書局，2005：163-169。

月。從 1904 年到 1948 年，在這 44 年中《東方雜誌》歷經波折共出版 44 卷 816 號，其創刊宗旨幾度改變，曾經四度搬遷辦刊地點，四次停刊，在波瀾變化的時代裡體現了頑強的生命力[39]。1915 年，在中華書局陸續推出「八大雜誌」的同時期，商務一口氣出版《婦女雜誌》、《英文雜誌》、《英語週刊》、《科學雜誌》。形成了中華「八大雜誌」對局商務「十大雜誌」的出版佳話。

在民國出版機構中排名第三的世界書局也不能免俗，該書局于 1921 年成立，1922 年就推出了四種雜誌。在世界書局存續期間，陸續刊行了《快活》、《家庭雜誌》、《良辰》、《紅》、《紅玫瑰》、《偵探世界》、《詩與散文》等一系列雜誌，這些雜誌大部分是文藝類雜誌，其中《紅雜誌》、《紅玫瑰》和《偵探世界》風靡一時，尤其是《紅玫瑰》雜誌一共刊行了 7 年，是 19 世紀 20 年代最有影響力的文學期刊之一。排名第四的大東書局則有《遊戲世界》、《半月》、《紫火藍》、《紫羅花片》、《現代學生》、《社會科學雜誌》、《新家庭》、《現代女學生》等。其他出版機構也紛紛跟進，比如文化生活出版社有《文叢》月刊、《少年讀物》，開明書店有《中學生》等。一些從事教材出版的出版機構，尤其鍾情於教育類相關雜誌和少兒類雜誌，教育類的雜誌比如商務有《教育雜誌》，中華有《中華教育界》，這兩本雜誌以傳播教育思想為主，同時兩個出版機構也編發了數種少兒類讀物和教輔類讀物。

出版機構致力於雜誌出版，可以起到一舉多得的作用：雜誌相比于報紙經營成本小，容易在當時市場下盈利；編輯兼顧書刊，有利於充分利用人力資源；雜誌以議論為主更容易產生社會影響力，有利於塑造市場口碑，擴大品牌影響力。這一獨特的文化現象在整個民國時期得到了發展和保留，作為一種多元化戰略而為出版機構所紛紛採納。

---

[39] 邱沛篁等：《新聞傳播百科全書》，成都：四川人民出版社，1998：360-361。

第三章 中華書局發展與雜誌建設

　　中華書局創立于民國元年。1911 年 10 月 10 日，革命黨人於武漢發動辛亥革命，隨即各省相應。當年 12 月 29 日時，清政府設立的 22 個行省中的 17 省已經宣佈獨立。1912 年元旦，中華民國成立，乃是亞洲第一個實行共和立憲制度的國家。同年 2 月，中華書局發佈「中華教科書」，正式進軍出版業。在《申報》上刊登的廣告中，中華書局喊出了重視教育，致力於教科書的口號。中華書局創辦初期，企業規模飛速膨脹，業務領域也不斷擴大，同時在各地加緊建設分局。但與此同時書局的隱患也在悄然產生：企業制度建設不夠完善，投機心理嚴重盲目擴張，加之各種大環境的變化。種種原因導致在 1917 年即是民國六年，出現了差點讓企業倒閉的「民六危機」，使得中華書局各項業務大受影響。在挺過這場危機之後，中華書局加強了管理體制，企業也取得了進一步發展，在規模上穩居民國時期的第二大書局。直到抗戰爆發前的 1937 年前後，和整體出版環境一樣，中華書局發展到了民國時期的頂峰。抗戰正式爆發之後，受大環境影響，中華雜誌紛紛停刊，圖書紛紛減產，中華書局遇到前所未有的困難，企業被迫轉戰重慶勉力支撐，直至光復後遷回上海。中華書局從創局開始，除了「民六危機」的幾年困頓之外始終穩步發展直到抗戰全面爆發。可以說，從 1912 年到 1937 年這個時間段，是中華書局最爲輝煌的時代，這段時間也是民國文化和民國出版業的黃金時代。中華書局的雜誌建設分爲兩部分，一部分是自辦的雜誌，一部分是代爲其他機構印刷發行的雜誌。本章分別予以論述。

一、擴張期的中華書局與雜誌出版(1912-1917)

　　中華書局能夠在民國早期脫穎而出，教科書業務起到了決定性的作用。中華書局自創立以來就確立了教科書的核心地位，其刊登在《申報》的《中華書局宣言書》中就曾表明心跡：「立國根本，在於教育；教育根本，實在教科書；教育不革命，國基終無由鞏固；教科書不革命，教育目的終不能達也。[1]」清末時商務出版的教科書暢銷全國，內容不免含有皇權思想成分。隨著局勢變化，面對洶湧澎湃的革命浪潮，滿清政府日益風雨飄搖，一旦形勢有變，舊式教科書勢必成為廢紙。在市場上已經做大的商務印書館方面很是躊躇，如果私自編撰新式教科書會有重大的政治問題，如果不做預案遵循舊制又唯恐失去市場。胸有大志的陸費逵此時擔任商務要職，私自組織力量編寫印刷符合革命觀念和立場的教科書，並處處保密以待時機，而商務方面則拘謹保守，始終不敢放手一搏。

　　果然，國民政府成立之後立即頒發了《普通教育暫行辦法》，對於滿清舊式教科書做了嚴格規定：「凡各種教科書，務合共和國民宗旨，清學部頒行之教科書，一律禁用。[2]」在市場處於真空的時候，《中華教科書》憑藉著適應革命潮流的內容適時地填補了缺口，取得了極好的業績，從此中華書局一炮打響，為今後在市場中立足奠定了基礎。而商務則一時應對不及，在競爭中暫時吃了虧，此後才逐漸挽回形勢。中華書局的成立，其初始創辦人有陸費逵、戴克敦、陳寅、沈頤、沈繼芳。1913 年 2 月，中華書局的資本由 7.5 萬元準備增至 100 萬元，並正式改為股份有限公司[3]。中華書局曾經先後三次增加資本，除了 1913 年的第一次之外，1925 年 12 月 19 日又

---

[1] <中華書局宣言書>：《申報》，1912-2-23。

[2] 轉引自王余光、吳永貴：《中國出版通史.民國卷》，北京：中國書籍出版社，2008：390。

[3] 錢炳寰：<談談中華書局的創辦人>，《出版史料》，1992 (4)：128-129。

一次增資 40 萬元，總額達到了 200 萬元。1936 年 12 月 1 日第三次增加資本，在原來 200 萬元的基礎上增加 200 萬元，達到了 400 萬元。事實上，股份制是民國時期出版機構現代化的標誌之一，正是股份制使得企業做大做強，20 世紀之後的上海知名出版機構如商務、中華、世界、大東等幾乎都採用了股份制，並通常經歷了從業主制或合作制向股份制企業轉變的過渡過程[4]。

從成立到 1916 年，中華書局始終處於瘋狂擴張的時期。這段時間中華書局看起來風光無限，各項業績迅速增長。除了圖書的繁榮外，從 1912 年到 1915 年，先後有八種雜誌問世，在廣告中稱之為「八大雜誌」名噪一時。陸費逵大刀闊斧積極開拓業務，表現為廣開分局並設立印刷所，先後建成了上海靜安路的印刷廠和棋盤街的總店，並開展企業兼併，先後併入了文明書局、中興科學器械館、民力圖書公司等機構。中華書局始終堅持多種業務的開拓，在成立之初就開始經辦印刷業務，事實上，印刷對於出版機構不僅是印刷品生產的必要環節，而且自身也可以作為兼營獲利，印刷業務之後一度成為中華最主要盈利業務。此外，和教育息息相關的文具儀器也為中華所重視，從 1914 年開始，在營業所設立儀器文具部，在發行所設立文具儀器課，從此開始儀器文具的銷售，1929 年還開設了中華教育用品製造廠，製造各種儀器文具、標本、應用藥品等。除此之外，中華書局甚至製造人丹，投資藥品生意。1915 年，書局與中法藥房投資成立中華製藥公司，設廠製造龍虎牌人丹，在銷售上中華與中法藥房同為經售店，在發行所內甚至設立了人丹部，總分局同時行銷，後來因為業績不佳於 1920 年併入中法藥房[5]。

在各項業務中，早期的中華書局除了圖書就是以雜誌而聞名。事實上，最先問世的《中華教育界》創刊於 1912 年，月刊，每年 12 期，在「民六

---

[4] 張彩霞、吳燕：〈從解放前的中華書局看上海現代化出版企業制度〉，《編輯之友》，2011（6）：116-118。

[5] 錢炳寰：〈中華書局史料叢抄〉，俞筱堯、劉彥：《陸費逵與中華書局》，北京：中華書局，2002：318。

危機」時曾短暫停刊並一度縮減爲一年六期，後來才恢復了月刊。在辦刊宗旨上，《教育界》自創辦以來就以「研究教育，促進文化」爲雜誌的辦刊宗旨，在內容上著眼海內外，側重於教育理論和教育實際的介紹和討論，尤其側重中小學相關內容，這和中華書局以教科書爲主營業務的特點是有直接關聯的。雜誌主要編輯人員有顧樹森、沈頤、彭德初、余家菊、陳啓天、倪文宙等，其目標讀者是中小學教員和教育研究者，作爲近代史上歷史最悠久、影響最大的教育刊物之一，《中華教育界》爲民國教育做出了重要的歷史貢獻，作者隊伍幾乎囊括了所有的知名民國教育精英，其內容更是包含了民國期間幾乎所有的教育改革動向和思想思潮。在《中華教育界》之後，中華書局又在 1914 年 1 月推出了《中華小說界》和《中華實業界》兩本雜誌。其中《中華小說界》是一本以小說爲主要內容的文藝類期刊，其欄目設置豐富，徵集了一批名作家的作品，比如包天笑、林紓、周瘦鵑、劉半農、徐卓呆等人。而《中華實業界》的內容，從宏觀到微觀，涉及到了實業的方方面面，除了理論文章，還有商情信息，在文末還附有當月的匯率、金價銀價和常見商品的行情。雜誌長於言論，而報紙長於記事，《中華實業界》這本雜誌對於商務信息刊載內容不多，更多專注於議論。在作者上，《中華實業界》也爭取到了社會上的一些知名人士刊載文章，除了陸費逵連載的《論實業家的修養》，《實業政見宣言書》則是清末著名狀元實業家張謇的文章，而著名民初實業家穆湘玥也有兩篇文章。1914 年 6 月和 7 月，《中華童子界》和《中華兒童畫報》又先後問世，讀者對象是十歲左右兒童和兒童，至此中華書局就擁有了五本雜誌。

推出了五本雜誌後，市場反響還算不錯，因此陸費逵準備繼續努力。在 1914 年的第五次股東會議上，陸費逵提到：「除教科書外，希望較大者爲字書及雜誌……前歲歸自日本，即以盡力雜誌爲懷，《教育界》、《小說界》、《童子界》、《兒童畫報》，均已出版，銷路尚佳，評價頗好。明正出者更有《大中華》、《學生界》、《婦女界》三種。[6]」中華以商務爲模範對象，

---

[6] 錢炳寰：《中華書局大事紀要：1912-1954》，中華書局，2002：17。

參考市場需求,又一口氣在 1915 年 1 月推出了三本雜誌《大中華》、《中華婦女界》和《中華學生界》,對外號稱「八大雜誌」,幾乎包羅了當時雜誌的所有類型,這些雜誌都是月刊。中華書局民初出版的雜誌,名稱中都含有「中華」二字,在製作上印刷精美、特點鮮明、插圖豐富。對於中華書局八大雜誌,中華廣告中表明是「教育部批」,在廣告語中引用教育部的批語作為宣傳:「稟及雜誌閱悉該局以輔導文明為己任,於教科用書之外編有《大中華》等雜誌數種及兒童書報,其秉筆者皆系一時才俊。期於社會青年在父師教訓而外,多獲閱醇正平易可以進德、修業、開發神智之書,用意甚盛。[7]」

其中《大中華》尤為精心打造,中華書局特地聘請了梁啟超為撰述主任。此時的梁啟超已經積累了豐富的辦報經驗而對政治開始厭倦,他決意離開政壇把改良社會和開啟民智作為人生目標。在這種背景下梁啟超與中華書局一拍即合,雙方合作。書局對於梁啟超特別尊重,在廣告中言明:「梁先生文用三號字,餘用四號字,注意處用二號字。[8]」《大中華》為 16 開本,頁碼為 200 左右,篇幅更大,定價上比同類雜誌更高,每冊四角,全年四元。之所以能有這種開本和定價策略,也表明了中華書局對於梁啟超個人魅力的信心。《大中華》雜誌以政論為主,兼有學術、文藝、時事新聞的內容。《大中華》雜誌共出版了 2 卷 24 期,梁啟超在前期貢獻很大,每期都有他激昂的文字,此後梁啟超參加護國運動,於中華書局漸行漸遠,而此後《大中華》雜誌在「民六危機」的衝擊下終於還是未能保全。

《中華婦女界》是一份女性雜誌,其目標受眾是接受過文化教育的青少年女性,或為學生和職場女性,或為家庭主婦。其雜誌定位是:「本誌仿東西洋家庭雜誌、婦女雜誌辦法,為女學生徒、家庭婦女增進知識,培養性靈。凡昔閑學說、女界美德,無不殫述而表章之。而立身處世之道,裁縫烹飪之法,教養兒童之方以及中外婦女之技術、職業、情形悉為搜輯,

---

[7] <廣告>,《中華婦女界》,1915,1(8)。

[8] <廣告>,《中華實業界》,1916,2(2)。

以資模範，而供研究。[9]」雜誌標榜「賢妻良母」主義，內容偏於保守，尤其注重生活問題和技藝。《中華學生界》以學生為讀者對象，其廣告宣傳語為：「吾國學生，課外閱讀之書報至為缺乏。本界之刊，專為彌此缺憾，期裨學生之身心，補助教科之不及，以為學生之良師益友。其注意特點如左：（1）涵濡道德 、（2）增進常識、（3）發揮國粹、（4）獎勵尚武、（5）闡明新理、（6）纂述學說、（7）擴充見聞、（8）補助修養、（9）注重生活。其餘文藝、問答、記載、成績、附錄五門。附刊編末不分分類。[10]」

　　時局不穩，書業競爭慘烈，陸費逵的激進擴張性策略不免帶有冒險性。在看似繁華的背後，各種危機也逐漸浮出水面。民國六年，中華書局終於迎來了麻煩的爆發，被稱為「民六危機」。自創立以來，陸費逵一直不停地為中華擴大規模而努力，包括購地建廠，興建發行所大樓、發行所新樓並添購各項設備，這些花費就達到 80 萬元。當年受到國內政局波動的影響，書局業績下滑。西南各省停業達到半年之久，場所搬遷又會造成停工和停業導致收入減少，而中華自身資本有限，資金出現困難，只能依靠吸收外來資金來維持經營，而此後又發現董事兼副局長沈知方和湘局王衡甫挪用公款。1917 年年初，沈知方辭職，直接誘發了危機的出現。關於此次危機的原因，陸費逵後來回憶道：

　　恐慌之原因。第一由於預算不精密，而此不精密之預算，復因內戰而減少收入，因歐戰而增加支出。二由於同業競爭猛烈，售價幾不敷成本。三則副局長某君個人破產，公私均受其累。迨後出租收回，訟事紛擾，情形尤為複雜。當此之時，危機間不容髮。最困難之時代，凡三年餘，此三年中之含垢忍辱，殆非人之意想所能料[11]。

　　此次危機使得中華書局瀕臨倒閉，陸費逵也被迫辭去局長改為司理，為了生存中華書局]還一度與商務印書館商談合併，這場談判持續了兩個月

---

[9] <廣告>，《中華婦女界》，1915，1(1)。

[10] <廣告>，《中華婦女界》，1915，1(1)。

[11] 陸費逵：<中華書局二十年之回顧>，《中華圖書月刊》，1931（1）。

之久，後來因種種原因而未能達成協議。在陷入困境的情況下，中華上下開始了積極的自救，措施包括改革機構審核財務，收縮業務節省開支，除此之外，引入財團緩解資金壓力，有了決定性的作用。一場「民六危機」震盪持續了半年，待局勢稍定而 120 萬元的欠款壓力仍然存在。

這場危機帶來的一個後果是雜誌紛紛停刊，「八大雜誌」除了《中華教育界》得到延續外，其他都沒有得到保全，《教育界》也受到影響，出版時間一度不規律，由月刊改爲雙月刊，後來才恢復了月刊。然而，一些以論說爲主的雜誌被中華再次利用以圖書的形式出版：《大中華》雜誌改編爲「大中華叢書」，《中華婦女界》改編爲「婦女叢書」，《中華小說界》改編爲「新小說界叢書」，《中華實業界》改編爲「實業叢書」，《中華學生界》改編爲「學生叢書」，分集出版。

二、「民六危機」後的中華書局與雜誌出版(1918-1937)

經歷了「民六危機」的中華書局改革機構，加強制度建設並調整業務，在多方努力下逐漸恢復了生機。在震盪了幾年之後，中華書局於 1919 年推出《中華英文週報》，此後《小朋友》于 1922 年問世，同年還創立了《小弟弟》和《小妹妹》雜誌，後兩本雜誌很快就銷聲匿跡，而《小朋友》雜誌則成長爲中國兒童類雜誌的里程碑。

爲了輔助青少年英語學習，灌輸科學文化知識，增補課堂不足，中華書局創辦了專門的教輔類雜誌——《中華英文週報》，對應著商務的《英語週刊》，主要讀者對象是學生和學習英文的青少年。根據錢炳寰《中華書局大事紀要：1912-1954》的記錄，這份刊物創刊於 1919 年 4 月 5 日，週刊，全年 52 期，雜誌先後由馬潤卿、桂紹盱、王翼廷主持。1928 年出至 413 期因改組而暫停，1929 年 3 月復刊，由馬潤卿主編，聘顧執中爲局外編輯，

開始分初、高級兩種，對應不同英語水準的讀者，至「八一三」停刊[12]。
而事實上，根據《全國中文期刊聯合目錄 1833-1949 增訂本》的記載，這
份刊物改版於 1931 年第 18 卷，從這一卷開始分爲《初級中華英文週報》
和《高級中華英文週報》兩種，卷期各續前[13]。1927 年刊登在《中華教育
界》第 1 期的廣告中對其介紹爲：「本報分爲初級、中級、高級，文字淺顯，
注釋詳明，尤注重文法之變化，語句之構造，實爲讀者最良之師友；於練
習讀書、閱報、翻譯、會話，極有裨益。」特色爲：「文字淺顯、注釋詳確、
趣味濃厚、材料豐富。[14]」雜誌的主要欄目有：文壇、新聞、科學、名人
文選、會話、婦女叢談、衛生談、商函。這份「週報」在紙張和裝幀上更
像報紙，早期的報紙爲 16 開，每期 30 頁左右。

　　1921 年，中華書局進德學會成立。作爲職工性的組織，《進德季刊》
是該協會的會刊。《進德季刊》於 1922 年 4 月在上海創刊，由上海中華書
局同人進德會編輯發行，闢有論說、演講、調查、紀事、藝苑、會務紀聞
等欄目，主要內容是學會動態、社會倫理道德研討和社會文化建設等，標
榜改造社會風俗、促進道德進步。1926 年 7 月出至第 4 卷第 2 期停刊[15]。
有趣的是，《進德季刊》是橫版，文字方向從左到右，一年四期，出版時間
是 1、4、7、10 月。歐美各國也有該刊的蹤跡。

　　《小朋友》雜誌創刊於 1922 年 4 月 6 日，週刊，是民國時期刊期最爲
重要的兒童類刊物之一。雜誌最開始的主編是黎錦暉，《小朋友》在他主持
時期側重鄉土化，黎錦暉本人在雜誌發表的兒童歌舞劇、歌謠、童話也很
有特色。黎錦暉離開後由吳翰雲主持，由於刊物品質上乘，內容符合兒童
心理，深受兒童喜愛，並一度成爲民國期刊發行量的冠軍。總的來說，《小

[12] 錢炳寰：《中華書局大事紀要：1912-1954》，中華書局，2002：45。

[13] 全國圖書聯合目錄編輯組：《全國中文期刊聯合目錄(1833-1949 增訂本)》，北京：書目文獻出版社，1981：117。

[14] <廣告>：《中華教育界》，1927，16(1)。

[15] 王檜林、朱汗國：《中國報刊辭典(1815-1949)》，太原：書海出版社，1992：107。

朋友》在抗戰前的風格是通俗易懂、趣味性強，有一定的知識性，同時雜誌關注兒童人格塑造和愛國主義教育。抗戰期間，《小朋友》停刊，經過多方努力於八年之後的 1945 年在重慶復刊，陳伯吹擔任主編，1946 年又遷回上海。1952 年少年兒童出版社成立，《小朋友》正式併入該社並存續至今，成為中國大陸地區刊齡最長的期刊[16]。

1931 年「一二八」事變爆發，這個事件沒有從根本上影響中華書局的發展，中華書局在抗戰正式爆發前的 20 世紀 30 年代業績穩定，並在戰前達到了出版的高峰。但是這場衝突給了陸費逵等人提醒，中華書局的決策者們意識到了戰爭的來臨，他們為公司籌備了戰時的應急預案，這也為後來抗戰時期的存續保全打下了基礎。

進入 20 世紀 30 年代之後，中國的期刊業掀起了一輪建設高潮，尤其是在期刊的中心上海，各種期刊雜誌如雨後春筍般出現。當時很多文章也對於這種現象進行了討論，從 1933 年起，就有文章介紹這樣的一股「期刊熱」，而 1934 年期刊業增長更為明顯，很多人稱這一年為「期刊年」[17]。而中華書局也不甘寂寞，在 30 年代推出了多種有影響力的雜誌。

1933 年，經過漫長的等待和籌備，中華書局另一本精心打造的大型綜合類雜誌《新中華》終於得以問世，該雜誌與民初停刊的《大中華》雜誌在定位上保持了一貫性，兩者存在諸多相似之處，都偏重時政類內容，雜誌的宗旨為「灌輸時代知識，發揚民族精神」。《新中華》是半月刊，最初由周憲文、錢歌川和倪文宙主編，後來周憲文辭職，雜誌對外以倪文宙為代表人。《新中華》辦得有聲有色，評論時事，探討經濟、社會等問題，還刊載了大量的文藝作品，一年兩個「特大號」(新年特大號和夏季特大號)主題緊扣時代主題，兩個專號(文學專號和學術專號)。

---

[16] 聖野：<《小朋友》創刊七十年的回顧>，《浙江師大學報(社會科學版)》，1993（2）：67-72。

[17] 陳江、李治家.<三十年代的「雜誌年」──中國近現代期刊史劄記之四>，《編輯之友》，1991（3）：77-79。

畢樹棠在《中國的雜誌界》一文中對 1933 年前後上海市的雜誌業和文化環境做了點評：「書店的雜誌，當然以上海為中心。書店的組織都以漁利為目標，以趨時為能事。出的雜誌大半都是空倡主義的社會文字和描寫青年心理的文學作品。《東方雜誌》、《新中華》、《申報月刊》、《現代》算是標準最高的，出版最好的。餘如大東、世界、北新、光華、黎明、神州國光社等書店，每家必有一種以上的雜誌，東西好壞無定，出版是極隨便的。再次一般野雞式的書店，不足置論。海上的文人學者，作他們的食客，互相利用，精神方面是極不堪的。可是單就這類雜誌的本身而論，卻也有幾個好的特點，第一成分雖雜，而主持的多半是青年，生氣十足，很能接受外來的新思想。第二作品雖亂，而很大膽，放筆創作，常有天才出現。第三上海是中國都市生活的代表，情形本是蕪雜，而在整個的表面上，卻是時代的前幕，因之在這背景裡產生的刊物也現出同樣的魔力來[18]。」

畢樹棠是清華大學的圖書管理員，從 1921 年起就為清華大學圖書館服務，在《清華週刊》的正刊和副刊了發表了大量的文章向國內讀者介紹書報，對於書報非常有研究，他的判斷是非常可信和準確的[19]。從他的這段話可以看出《新中華》雜誌的位置。

應該說，自從 1922 年開始，中華書局又開始了一輪雜誌建設的高潮，從這一年到 1937 年淞滬戰爭爆發，中華書局的雜誌品種日益豐富，創辦的雜誌生命力明顯變強。這一期間少兒類雜誌尤其辦得有聲有色，雜誌逐漸覆蓋了少兒各個年齡段，在內容上符合兒童心理特點，除了《小朋友》聞名於世之外，《小朋友畫報》、《少年週報》分別對應著學齡前兒童和少年，也取得了很好的市場效果。

除了少兒類期刊，中華書局結合以往的經驗，對於自辦的廣告類刊物十分重視。這些刊物專門刊載中華的書刊出版信息，具有廣告作用，讓讀者和業內人士能夠瞭解書局的出版動向，比較有代表性的雜誌有：《中華書

---

[18] 畢樹棠：〈中國的雜誌界〉，《獨立評論》，1933（64）。

[19] 鄭錦懷：〈略談畢樹棠的圖書館生涯〉，《農業圖書情報學刊》，2009（11）：154-156。

局圖書月刊》和《出版月刊》。《中華書局圖書月刊》,創刊於民國二十年(1931年)8月10日,終止於1932年12月,標明年出十冊(一月和七月停刊),每冊三分,訂閱全年只收郵資一角。但是實際上,由於「一·二八」事變的影響,該雜誌出版至第五期之後開始不按時出版,第六七期是合刊,出版時間是1932年的5月10日,第八九期出版於1932年8月10日,從第10期開始恢復正常,出版到年底12月告終,共計13期。而每期雜誌十幾到二十幾頁不等,雜誌每月10號出版。《出版月刊》創刊於1937年4月5日,當年8月停刊,在欄目上比《中華書局圖書月刊》更為豐富。

身逢亂世,作為一家民營企業,中華書局的發展受到了政治局勢的巨大影響,尤其是屬於不可抗力的戰爭。透過中華對於戰爭的應急預案和應對措施,可以看到以陸費逵為首的中華人的堅持和精明。1937年,淞滬抗戰爆發後的上海成為戰區。面對日軍攻擊,陸費逵毅然決定業務調整,在短時間內大量裁減工作人員,公司的《辭海》部全部、雜誌部全部、新書部全部、古書部全部都裁撤了,教科書部減少了一半[20]。陸費逵同時要求工作人員加印教科書發往內地,靜安寺路老廠印刷部的設備和人員遷往香港,陸費逵則奔赴香港主持業務。在這一時期受到時局的影響,中華書局所有的雜誌全部停刊,中華書局大批員工撤到成都、重慶在當地設場印刷,所有業務都受到影響。在各種不利的情況下,中華書局在抗戰勝利勉力維持,堅持出版和印刷事業,直至抗戰勝利回到上海。

本研究結合雜誌的分類方法,從分類的角度來審視中華書局出版的雜誌,從中梳理中華書局對於雜誌產品的致力方向和企業的戰略規劃。龔維忠《現代期刊編輯學》總結了以往的期刊分類法,肯定了類別分類法,所謂類別分類法,即是按照不同門類,採取不同衡量標準所做的區分,這也是最為廣泛的期刊分類方法。在類別分類法中又可以從內容和外在形式上討論期刊的分類。雜誌在形式上可以分為週刊、半月刊、月刊、雙月刊、

---

[20] 吳中:〈近代出版業的開拓者陸費逵〉,俞筱堯、劉彥:《陸費逵與中華書局》,北京:中華書局,2002:119。

季刊、半年刊、年刊等，在內容的性質分類上，又可以分為是自然科學類期刊和社會科學類期刊。中華書局出版的雜誌，沒有自然科學類期刊，完全是社會科學類的期刊。在社會科學類期刊中，又可以分為五種：學術類期刊、文學性期刊、教輔類期刊、時政類期刊和綜合類期刊。按照讀者類型又有幾種標準，年齡上可以分為少兒期刊、青年期刊和老年期刊，性別上可以分為男性和女性兩種[21]。按刊期區分標準，中華所創辦雜誌多為月刊，少數如《新中華》為半月刊，《進德季刊》為季刊，《小朋友》、《少年週報》、《中華英文週報》是週刊。內容分類中的社會科學類期刊五分法本身就存在概念界定不清，在分類上會導致重合的局面。這個標準對於中華書局的雜誌群分類上也會產生一些問題，比如內容的交叉，其中《中華教育界》是學術類，《中華小說界》是文學類，《新中華》和《大中華》既是時政類也是綜合類。按讀者類型上中華期刊只有一本《中華婦女界》是典型的女性雜誌，《小妹妹》雜誌針對的是女性小朋友，《小弟弟》雜誌是針對的男性小朋友，其他雜誌則很難在讀者的性別定位上做出清晰的區分。在讀者年齡層次上，需要指出的是中華書局非常重視少兒期刊的建設，根據筆者的考察，1937 年有據可循的少兒類雜誌就有《中華兒童畫報》、《中華童子界》、《中華學生界》、《小朋友》、《小弟弟》、《小弟弟》、《兒童文學》、《小朋友畫報》、《少年週報》這九種。從數量上來講，少兒類雜誌是種類最多的一種。

在民初的出版界，中華書局的雜誌出版以「八大雜誌」為標誌，盛極一時。「八大雜誌」的提法在一定程度上也代表了中華書局雜誌出版的高峰，成為里程碑式的符號。事實上，「八大雜誌」的提法最早見於《中華女子界》第 1 卷第 4 期的廣告，其刊行時間為 1915 年的 4 月。在中華雜誌中的雜誌宣傳廣告，對於雜誌的宣傳有兩種方式，一種是將某一雜誌，尤其是正準備上市或剛剛問世的雜誌單獨推廣，廣告的內容是雜誌定位、欄目介紹等相關信息；還有一種是將幾種雜誌置於一頁統一宣傳。「八大雜誌」

---

[21] 龔維忠：《現代期刊編輯學》，北京：北京大學出版社，2007: 90-96。

也是隨著中國書局對於雜誌的投入而陸續發行的，一頁之中的這種整合宣傳中的雜誌數量從三個(《中華教育界》、《中華實業界》、《中華小說界》)到五個(多了《中華童子界》和《中華兒童畫報》)，最後到了八個。到了20世紀30年代，在1933年1月創刊號的《新中華》的廣告中列出了「四大雜誌」的旗號，分別是：《新中華》、《小朋友》、《中華教育界》、《中華英文週報》。到了1937年第1期，《新中華》又打出了「五大雜誌」，和「四大雜誌」相比，多了一個《小朋友畫報》雜誌，同年《少年週刊》問世，廣告口號又變成「六大雜誌」。中華書局很善於利用這種數字形式的營銷口號，將各類雜誌統一集合與一個品牌之下，充分發揮品牌的影響力。一份雜誌能夠位列「某大雜誌」之中，也就表明了它是中華書局所重點建設的雜誌。

三、中華書局代為印行的雜誌

中華書局擁有著完整的產業系統，具有強大的編、印、發能力。除了本局出版雜誌外，中華還外接其他雜誌的印刷發行業務，以自己的平臺優勢為其他雜誌提供服務。1914年，在美國編輯的《留美學生季報》由中華代為印行。從此之後，陸續有多本局外雜誌從中華書局產生和推廣並傳播到神州大地，為近代中國的新聞出版事業做出了另一份貢獻。中華書局前期代為印行的雜誌有：

表 3-1 中華書局代辦的雜誌列表(1912-1937)[22]

刊　名	中華發行時間及週期	備　　註

---

[22] 參考中華書局編輯部：《中華書局百年圖書總書目(1912-2011)》，北京，中華書局，2012：395-398。根據筆者搜集的資料，有修改和補充。

刊　名	中華發行時間及週期	備　　註
留美學生季刊	1914 年 3 月由中華書局出版，季刊。	留美學生會會刊，本名爲《美國留學報告》，1911 年秋改名爲《留美學生年報》，1917 年由中華改爲商務印行，1928 年停刊。
博物雜誌	1914 年創刊，季刊。	中華博物學會研究會編，自當年第 2 期開始由中華書局印行。
小說大觀	1915 年 8 月創刊，季刊。	主編包天笑，1915 年歸併中華書局出版。
改造	1919 年 9 月創刊。	創刊時名爲《解放與改造》，半月刊，北平新學會編，1 卷出 8 期，2 卷出 16 期。自 1920 年 9 月第 3 卷改名爲《改造》由中華書局發行，1922 年 9 月出版第 4 卷 10 期後停刊。
教育彙刊	1921 年 3 月創刊。	南京高師教育研究會編，1922 年 9 月停刊。
戲劇	1921 年 5 月創刊，月刊。	1922 年 4 月出版第 2 卷第 4 期後停刊。
中等教育	南京大學附中等編，1921 年 12 月創刊，中華書局印行。	
心理	1922 年 1 月創刊，季刊。	中華心理學會編。1927 年 1 月停刊，共出 4 卷 14 期。
學衡	1922 年 1 月創刊，月刊，由中華書局印行。	南京學衡雜誌社編。

刊　名	中華發行時間及週期	備　　　　註
詩	1922 年 1 月創刊。	中國新詩社編，1923 年 5 月停刊，共出版 2 卷 7 期。
數學雜誌	1922 年 2 月 3 卷 2 號起由中華書局印行。	北京高師編。
理化雜誌	1922 年 2 月 2 卷 1 號起由中華書局印行。	北京高師編。
文哲學報	1922 年 3 月創刊，由中華書局印行。	南京高師文學研究會與哲學研究會合編。
少年中國	1917 年 7 月創刊，月刊。	少年中國學會機關刊物，自 1923 年 3 月第 4 卷第 1 期起由中華書局印行，1924 年 5 月停刊。

這些代為印行的雜誌中，比較知名有：

（一）《留美學生季報》

19 世紀 70 年代，中國先後派出了四批留美幼童。進入 20 世紀，在庚子賠款的資助下，中國開始通過選拔的方式向美國派遣留學生，掀起了第二次赴美留學的高潮，此次派遣第一批始於 1919 年。隨著留美學生的增加，留美學生會和一些出版物應運而生，《留美學生季報》是這些出版物中影響比較大的一種。《留美學生季報》最初於 1909 年創刊，當時刊名是《美國留學報告》，此後於 1911 年 6 月改名為《留美學生年報》，一年只出版一期，共出版了 1911 年、1913 年、1914 年三期。雜誌於 1914 年 3 月改版為《留美學生季報》，是為中國留美學生會會刊。《留美學生季報》顧名思義，

一年出版四期，分別為春季號、夏季號、秋季號和冬季號，出版地點在上
海，共出版了 50 期。其中從 1914 年到 1917 年 2 月由中華書局印行，此後
由商務接手直至 1928 年停刊。事實上，《留美學生年報》在 1914 年就由金
山中西時報印刷，中華書局負責發行。應該說，該雜誌改為《季報》之後
才迎來了真正意義上的繁榮。《留美學生季報》在美國編輯，在國內出版，
在美國由編輯部和幹事部兩個部門負責，其人員都是留學生。兩方採用的
聯合辦法是：徵集的稿件如果得到總編輯採用，編輯加工後寄送中華書局，
由中華印刷出版後再行寄回，然後再行分發。據記載，1914 年總幹事賀懋
慶和中華書局議定其版權歸中華書局，中華印刷發行後，須贈送編輯部 500
冊雜誌，這 500 冊先分發給學生會眾幹事，多餘的再行出售。在和中華合
作期間，1916 年因虧損又減少為 400 冊。1917 年由商務接手後由上海直接
寄送到訂閱人處不再轉交[23]。該報有編輯部總編輯一名和數名編輯(亦稱撰
述)、幹事部主幹一名和數名幹事，其編輯的人員都是近代史上大名鼎鼎的
人物，擔任過總編輯的有朱起蟄、任鴻雋、張貽志、胡適、張宏祥、蔡正、
陳達、沈鵬飛、傅葆琛、羅隆基(潘光旦代理)、邱昌渭、梁朝威等。擔任
過編輯的還有陳衡哲、劉樹杞、江紹原、侯德榜、汪懋祖、湯用彤、查良
釗、錢端升、謝婉瑩、瞿世英、熊佛西、雷海宗、吳文藻等人[24]。留學生
創辦這份雜誌的初衷是將西方世界的思想、知識和生活方式介紹到中國，
給國人以啓迪。

　　《留美學生季報》對於近代文化的貢獻主要體現在兩個方面，其一是
以此為媒介將西方先進思想向國內的輸送，《季報》致力於科學思想和科學
精神的介紹，其中尤為突出的是科學救國思想的宣傳。作為創辦於五四運
動之前的刊物，《季報》為五四運動時期掀起的民主與科學高潮做出了前期
鋪墊，它與《科學》雜誌之間相輔相成，堪稱姊妹刊，並比《科學》更早

---

[23] 毛為勤：＜《留美學生季報》及其相關情狀——解讀民國時期留美學生創辦的刊物＞，《嘉興學
院學報》，2006，18(S1)：243-244。

[24] 丁守和：《辛亥革命時期期刊介紹(4)》，北京：人民出版社，1986：571-572。

地系統介紹了科學救國思想。《季報》與《科學》之間在編者、作者、讀者各層面有著眾多的聯繫。1915 年藍兆乾的《科學救國論》，是第一篇以「科學救國」為題的文章，也是發于《季報》。除此之外，《季報》還與《科學》《新青年》《學藝》形成了美國、中國本土、日本對於傳播科學救國思想的犄角之勢[25]。其二是在五四文學革命方面，發表在《季報》的文字對於文化改良起到了重要的促進作用，主張文字改良和文體革新，支持白話文運動。胡適的《文學改良芻議》一文同時抄了兩份，一份送《留美學生季報》，另一份送《新青年》發表。在 1921 年，《季報》增設了「思潮」欄目，邱昌渭與吳宓以欄目為平臺此展開了「新文化運動論爭」，一方支持另一方反對，非常熱鬧。

（二）《改造》

《改造》雜誌創刊於「五四」事件後的 1919 年 9 月，創刊時的刊名是《解放與改造》，1920 年 9 月第 3 卷時改為《改造》，該雜誌前後出版 4 卷共 46 期，後因經濟等原因停刊於 1922 年 9 月。雜誌剛開始是半月刊，以北京新學會的名義出版，張東蓀和俞頌華主編，刊名為《改造》時由梁啟超主編，其前後主要撰稿人有：梁啟超、張東蓀、張君勱、蔣百里、周佛海等人，其欄目有：社論、評壇、論說、讀書錄、思潮、世界觀、社會實況、譯述、文藝、雜載、附錄等。雜誌主張社會革新、反對封建文化和軍閥統治，並大量刊載討論社會主義的文章和譯文[26]。總體來講在思想路線上堅持溫和漸進的社會改良。在 1919 年 9 月至 1922 年 9 月的三年時間裡，它對空想社會主義、無政府主義、俄國社會主義、德國社會民主主義以及基爾特社會主義等社會主義思想進行了譯介，同時，它還成為五四時期社會主義論戰的主要陣地之一，對社會主義思想在五四時期的傳播起到

---

[25] 陳嘯，姚遠.<《留美學生季報》及其初期科學救國思想再探>，《西北大學學報》，2010，41(4): 747-752。

[26] 邱沛篁等，《新聞傳播百科全書》，成都：四川人民出版社，1998: 469-470。

了重要的作用[27]。《改造》月刊始終是委託中華書局發行，正是憑藉中華書局強大的發行能力，在民國時期《改造》才能引起社會的關注。

（三）《學衡》

　　《學衡》雜誌是 20 世紀 20、30 年代以文史哲學術論文爲主體， 並兼有文學創作與翻譯的綜合性文化研究期刊[28]。1922 年，《學衡》雜誌創刊于東南大學，在每期雜誌扉頁上印有<《學衡》雜誌簡章>，從中可以看出其宗旨爲：「論究學術、闡求真理、昌明國粹、融化新知，以中正之眼光，行批評之職事。無偏無黨，不激不隨。」作爲唯一的總編輯兼幹事，吳宓貫穿了這本雜誌從創刊到停辦的始終，爲這本雜誌做出了主要貢獻，在很多情況下都是他獨立支撐著雜誌的運營，而其他編輯人員有王國維、柳詒徵、陳寅恪、湯用彤、胡先驌、梅光迪等知名人士。有趣的是，從創刊開始，《學衡》的欄目就沒有改動過，始終保持了七個部分，分別是插畫、通論、述學、文苑、雜綴、書評、附錄。《學衡》前後刊行 79 期， 作者一百多人，除去文苑、雜綴、附錄三欄外， 曾在此刊載作品超過三篇者共 23 人。事實上，以《學衡》爲陣地的「學衡派」是一份以留學歐美的新知識分子爲中堅，並網羅了許多舊派學者，與五四前後的保守勢力還有一定聯繫的保守文化團體[29]。

　　《學衡》雜誌從一開始就交付中華書局印行，這期間出現了兩次波折。第一次是 1924 年，中華書局在此時猶豫是否放棄。爲了合作事宜，當年 7 月 28 日，吳宓親自去中華書局編輯所拜會了左舜生和戴克敦，當日下午又和柳詒徵會晤胡子靖，請胡致函范源廉請求中華續辦，並在當月 30 日和柳拜會陸費逵，最終說服陸費伯鴻同意繼續合作。1926 年到 1927 年，中華書局與吳宓就能否續辦的問題再起分歧，最後經過一年多的談判勉強

---

[27] 鄭大華、高娟：<《改造》與五四時期社會主義思想的傳播>，《求是學刊》，2009, 36(3): 124-131。

[28] 許軍娥：<略論《學衡》的辦刊特色>，《咸陽師範專科學校學報》，1998, 13(4, 5): 50-53。

[29] 轉引自李剛：<論《學衡》的作者群>，《南京曉莊學院學報》，2002 (1): 76-82。

達成共識，最後導致《學衡》60 期到 61 期之間延滯了一年。雖然《學衡》影響巨大，但是發行量不是很大，中華書局一方面組織發行，同時也要求《學衡》自己負責代售一部分[30]。事實上，1927 年之後，《學衡》的發行出版開始不規律，從這一年至 1933 年停刊一共出版了 19 期。而雜誌的停刊，也是因爲雜誌社員對於刊物交付於哪家出版社印刷意見分歧所致。吳宓堅持與中華書局繼續合作，但在南京的雜誌社員則建議改爲南京鐘山書局印行。最後的結果是吳宓被迫辭去了總編輯職務，而《學衡》從此也再也沒有出版過[31]。

（四）《少年中國》

《少年中國》雜誌由中國少年學會創立，月刊，作爲一份綜合類雜誌，其宗旨爲：「本科學的精神，爲文化運動，以創造少年中國。」少年中國學會議定月刊內容如下：(一) 關於青年修養之文字；(二) 關於討論學理之文字；(三) 關於批評社會之文字；(四) 少年中國學會消息。1919 年 7 月 15 日《少年中國》創刊，前 4 期由少年中國學會字形經營印刷發行，從第 5 期開始由亞東圖書館出版，從第 2 卷第 8 期開始，編輯部南遷至上海，由左舜生負責直至停刊。從第 3 卷第 12 期之後改由中華書局印行，共出版了 4 卷 48 期[32]。除了雜誌，「少年中國學會叢書」總計 30 餘種也是由中華書局出版的。

---

[30] 李剛、張厚生，<《學衡》雜誌初探>《東南大學學報(哲學社會科學版)》，2002 (3)：11-14，24。

[31] 朱守芬.<吳宓與《學衡》雜誌>，《史林》，2003 (3)：104-106。

[32] 轉引自汪曉莉：<《少年中國》：少年中國學會的機關刊物>，《中國社會科學報》，2010-10-12。

第四章 中華雜誌出版與民國教育發展

　　隨著中國國門被列強強行打開，民族精英就開始了救亡圖存的探討，思考的結果是從器物與科技的學習轉向制度和文化的革新。教育救國思潮應運而生，多股社會力量介入了這一問題的探索。民國時期的教育界，各種西方教育思想被大肆引入，外來的新式思想和實踐帶來了本土教育的變革性發展，中國的教育界也成為了各種新式教育思想和方法的試驗場。作為一種重要的社會思潮，「教育救國」得到了近現代開明官史和知識分子的積極提倡和回應。

　　教育對於中國的興衰有著極其重要的作用。曾任教育部次長的范源濂感慨：「吾國處新舊遷嬗之會，舊者已多破，新者未至完成。凡百事物，皆有風雨飄搖之感，而國人長此沈淪于危傾之境不能自即安定者，其最大原因，蓋莫甚於無學。今即斷言謂吾國必興學始能圖存。苟學不興，則終必亡。[1]」陸費逵作為中華書局的掌門人，對於教育問題極有見地，期待教育能夠培養國民，振興國家。早在<中華書局宣言書>中他就指出：「國立根本，在乎教育。」他在教育和國家關係方面的議論很多，涉及到的問題既有宏觀層面也有微觀層面，尤其以教育制度和教育改革的文字最有價值。比如<論人才教育、職業教育與國民教育並重>一文中，針對民國時期人才培養的窘境，陸費逵指出不能把高等教育或初等教育過分注重，而應該均衡發展，真正使得教育為國家強盛，社會進步所服務。所謂：「民國成立以來，國民教育、社會教育之說盛行，人才教育、職業教育幾在屏除之列。」當時有人認為：「民國貴平等，故教育當採水平線的，不當偏重人才以生階

---

[1] 范源濂：<教師之大任>，《中華教育界》，1914（14）。

級。人生貴有世界觀，故當重視美育，而不必孳孳於實利。」陸費逵指出
這是「國民自殺之道也」，正確的做法應該是「國民教育、人才教育、職業
教育三者並重」。這三者功能上也有所不同：「國民教育以水平線行之，所
以使全國之人具有人生必不可少之智識，以爲國家基礎也；人才教育，則
出類拔萃爲宗，所以使天才卓越之人，習高等專門學問，以爲國家社會之
中堅也；職業教育，則以一技之長，可謀生活爲主，所以使中人之資者，
各盡所長，以期地無棄利，國富民裕也。[2]」

　　教育業是中華書局從事出版活動關係最緊密的行業。中華書局出版的
圖書多是與教育相關的教科書和工具書，其推廣廣告更是廣泛見於各個雜
誌。中華雜誌中除了《中華教育界》這樣的專業教育雜誌外，在其他雜誌
中也常見與教育相關的內容：《中華婦女界》鼓吹女子教育並廣爲介紹國內
國外的成果經驗，《大中華》和《新中華》雜誌呼籲國民教育以增加國民智
識和凝聚力。比如《大中華》雜誌中的一篇<建設大學論>提出建設大學的
規劃方針：「愛國之士，不甘心其子孫爲第四等國家之國民，尤當以建設大
學爲己任哉。建設大學，不必盡文、法、工、理、農、醫、商諸科，叱蹉
之間，同時俱舉。法宜考察國家與人民之需要，然後確定建設之方針，愚
以吾國之所急者爲防務，吾民之所需者爲生計，故建設大學，首當建設工
科大學。[3]」《中華實業界》也把實業教育視爲振興實業的必由之路並做了
許多論述，而教育問題談論最爲集中的雜誌自然是《中華教育界》。

　　《中華教育界》創刊於 1912 年初，作爲中華書局創立之後興辦的第一
本雜誌，陸費逵這樣選擇是有深意的。陸費逵早年加盟商務時，創辦並擔
任了《教育雜誌》的主編，並發表了多篇知名的教育學文章，這樣的經歷
使得陸費逵對於教育類雜誌的功能和價值有了深刻的理解，同時也爲他開
辦雜誌提供了前期的經驗。作爲一本教育類雜誌，《中華教育界》寄託了中
華書局上下教育報國的情懷，也是實踐中華人教育抱負的重要平臺。這本

---

[2] 陸費逵：<論人才教育、職業教育與國民教育並重>，《中華教育界》，1914，3（1）。
[3] 曹慕管：<建設大學論>，《大中華》，1916，2(7)。

雜誌也提升了企業的形象,強化了品牌價值。通過《中華教育界》,中華書局聚集社會菁英智慧展開教育問題的探討,探索中國的教育改革,爲引進國內外先進的教育理念和教育知識提供宣傳動員的社會支持平臺。可以說,中華書局影響中國教育最主要的三個方面就是出版教科書、教育類圖書和《中華教育界》雜誌,而《中華教育界》中很多文章也是對於教科書和教育知識、教育理論的探討。事實上,《教育界》不僅爲中華書局徵集教科書教材和教授案,徵集教科書編寫意見,同時也展開教科書問題的探討。這種做法打開了中華書局教科書的銷路,贏得了在中華書局在教科書領域的話語權,使得中華成爲教科書機構的權威之一。而《教育雜誌》和《中華教育界》作爲兩大民營書局出版的兩本教育類雜誌,爲民國時期的教育做出了重大的貢獻。

一、《中華教育界》與民國教育思潮

(一)《中華教育界》與實用主義教育思潮

　　杜威的實用主義教育思想是民國時期最爲重要的思潮之一,在當時中國產生了重大的社會影響。這種學說最初由蔡元培介紹到中國,此後在杜威的學生胡適和陶行知等人的推廣下而興盛,並在杜威1919年訪華前後達到了高潮。《中華教育界》作爲當時中國知名的教育類雜誌之一,在傳播此理論方面發揮了極其重要的作用。1913年10月,《教育雜誌》刊登了莊俞的<採用實用主義>一文,一個月後,教育家黃炎培開始在《中華教育界》刊文<學校教育採用實用主義之商榷>,連載兩期(第2卷第11、12期)。在第3卷1到5期刊登了顧樹森的<實用主義生活教育設施法>,第4卷第3期刊載了翁長鐘翻譯的<根據事實之生活教育>(第5卷第3期)。1919年杜威攜夫人來到中國,先後逗留兩年,在多地發表教育方面的演講,引起了

社會的轟動，他的學說再次在中國掀起高潮。隔年在《中華教育界》中刊發了薛鐘泰的<杜威對於教育目的的批評>(第 10 卷第 1 期)、張鑄的<杜威的實驗學校>(第 10 卷第 4 期)、倪文宙的<杜威教育哲學演講大綱>(第 10 卷第 4 期)、張裕卿的<杜威論工業教育在德模克拉西的重要> (第 10 卷第 6 期)，此後還有一系列文章討論實用主義教育，包括：珏的<杜威之教育學說>(12 卷第 4 期)、林昭音的<讀杜威平民主義與教育後之幾個問題>(12 卷第 4 期)、鄭宗海的<杜威博士治學的精神及其教育學說的影響>(18 卷第 5 期)、杜威的<科學與民主>(18 卷第 9 期)和<環境與兒童的重要>(19 卷第 7 期)、梁漱溟的<杜威教育哲學之根本觀念>(22 卷第 7 期)、汪家正和孫邦正的<杜威論美國的社會與美國的教育>(23 卷第 4 期)、歐陽子祥的<心理問題在杜威教育思想上的地位>(23 卷第 10 期)[4]。

　　民國時期著名教育家黃炎培發表的<學校教育採用實用主義之商榷>[5](第 2 卷第 11、12 期)是《中華教育界》最早刊登的關於實用主義教育思想的文章(轉載於《教育雜誌》第 5 卷第 7 號)，在這篇文章中黃炎培針對當時的學校教育開展了尖銳的批評，他抨擊教育脫離實際，主張採用實用主義教育。黃對此寄託了很大的期待：「今觀吾國教育界之現狀，雖謂此主義為唯一之對病良藥，可也。」

　　<杜威對於教育目的的批評>[6]一文首先闡釋了杜威對於教育目的三種學說的批評，這三種廣泛流行的學說分別是：預備、發展、形式的訓練。杜威對於這三種學說做了深入的批判，在文章的結尾，杜威總結三種弊端進行了批評。杜威來到中國之後在各地發表演講，倪文宙的<杜威教育哲學演講大綱>[7]是對杜威在南京高等師範演講的記錄。在演講中，杜威用精煉的語言描繪了他的教育哲學。他指出：「教育就是生長，把教育當作生長

---

[4] 根據筆者的統計。

[5] 黃炎培：<學校教育採用實用主義之商榷>，《中華教育界》，1913，2(11、12)。

[6] 杜威作、薛鐘泰譯：<杜威對於教育目的的批評>，《中華教育界》，1921，10(1)。

[7] 杜威作、倪文宙譯：<杜威教育哲學演講大綱>，《中華教育界》，1921，10(4)。

看，有幾種好處是別種教育觀念所不能有的。」然後他又講述了對於學校教育的認識。這篇演講用簡短的綱領總結了其複雜深奧的思想，從哲學的角度重新在理念上審視教育。

關於杜威在教育界的地位，引用鄭宗海的話說：「我從多方面的觀察，敢說現代教育學說中握世界上最高權威的——即得到能夠努力于教育實業多數人或大多人信仰的，便是杜威博士的教育學說了。[8]」實用主義教育思想強調以學生爲本位，重視師生關係建設，在媒體的宣傳下，杜威的「兒童中心論」、「教育即生活」、「學校即社會」觀念深入人心，極大地改變了舊式的教育觀念，直接影響了 1922 年壬戌學制的形成，對於教材和課程設置、教學方法也產生了重要的影響[9]。從實用主義教育思想被引入中國起，《中華教育界》就開始都擔當著宣導者和領航者的角色，實用主義在近代中國能夠產生如此巨大的影響，《中華教育界》功不可沒。

（二）《中華教育界》與國家主義教育思潮

國家主義教育思潮的主要觀點是以愛國主義爲旗幟，主張以國家力量來改革當時中國教育的弊病，以養成健全人格，發展「共和精神」，提倡教育機會均等， 宣導普及義務教育， 將教育完全統一于國家集權控制之下。爲了維護教育主權的獨立與統一，反對任何黨派、私人、地方、教會的教育和外國殖民教育，將教育權收歸國家，使教育真正成爲一種國家辦理或監督的事業[10]。這種思想最初產生於 18 世紀末的歐洲，德國和法國相繼建立起了相應的教育制度，國家主義教育此後得到了日本的學習和模仿，而中國教育界在清末民初對此思想也有一定的反映。1922 年之後，沉寂一時的國家主義教育以新面目捲土重來，其代表人物多爲留學生，比如曾琦、

---

[8] 鄭宗海.：<杜威博士治學的精神及其教育學說的影響>，《中華教育界》，1930，18(5)。

[9] 張傳燧：《中國教育史》，北京：高等教育出版社，2010：374-375。

[10] 胡鵬：<余家菊與國家主義教育思潮>，政黨與近現代中國社會研究——「中國政黨與近現代社會的變遷」學術研討會，天津，2006：513-519。

左舜生、李璜、余家菊、陳啓天等人，並在五卅慘案之後得到了蓬勃發展，在 1924-1925 年達到極盛[11]。系統闡述國家主義教育理論最力者當推余家菊、李璜、陳啓天三人。與此同時，國家主義派爲爭奪青年師生對國家主義思想的支持，還四處演講宣傳其主張[12]。在這些代表人物中，左舜生、余家菊和陳啓天都是中華書局的編輯，陳啓天還是當時《中華教育界》的主編，李璜也在《教育界》中發表了許多論文。他們在中華書局出版相關圖書，刊發文章，陳啓天一度把《中華教育界》變成了國家主義教育的宣傳陣地，從而使得《中華教育界》對於傳播此思想做出了重要的貢獻。

作爲「醒獅派」的中國青年黨成員，選擇國家主義教育來實踐政治抱負其原因是多方面的。陳啓天曾經指出教育者要對政治負責，教育者對於目前政治問題要有兩重責任，一是教育者應直接或間接指示學生，特別是中學以上的學生一個解決目前政治問題的正路；二是教育者應有對教育問題有相當研究，並酌量參與實際政治運動[13]。

「國家不注意教育，則教育無由發展，教育不注意國家，則國家無由強盛[14]。」作爲國家主義教育思想的代表人物，當時身爲《中華教育界》總編陳啓天對國家主義教育在理念上有一權威的闡釋，強調其「真精神」，他認爲：「我們所謂國家的真精神，不外內求國家的統一，和外求國家的獨立兩大端。促進國家統一和獨立的方法自然很多，但我們相信利用教育以促進國家的統一和獨立，卻是一個很重要的根本方法。這種方法可以簡稱爲「國家主義的教育」。」而陳啓天所闡釋的國家教育宗旨尤應側重凝聚國民意識，發揚本國文化，以促進國家的統一和獨立[15]。

---

[11] 孫培青：《中國教育史》，上海：華東師範大學出版社，2010：391。

[12] 吳洪成：〈近代中國國家主義教育思潮〉，《河北大學學報(哲社版)》，2007(4)：59-65。

[13] 陳啟天：〈教育者對於目前政治問題的兩重責任〉，《中華教育界》，1925，15(10)。

[14] 楊效春：〈國家主義與中國中學宗旨問題〉，《中華教育界》，1925，15(2)。

[15] 陳啟天：〈刊行專號引端——國家主義的教育要義〉，《中華教育界》，1925，15(1)。

余家菊在<國家主義下之教育行政>[16]一文中明確地將國家主義教育的真髓概括為六個方面，算是對國家主義教育思想的最經典表述：(一)「教育應由國家辦理或監督。不受國家管理之教育事業，無論為教會經營、私人經營或外人經營，一律皆在禁止之列」；(二)「教育應保衛國權」，故「獨立國教育應教育其國民保衛國權之完整而不受外力之宰製」；(三)「教育應奠定國基。共和國以民為本，教育應使全民具有共和精神與公民習慣」；(四)「教育應發揚國風」，故「教育應養成國民泱泱大國之風，於媚外心、自棄之情、應竭力矯正。」(五)「教育應鼓鑄國魂」，國魂指的是「為數千年間所流傳的國民精神」；(六)「教育應融洽民情」，教育應提倡「五族一家」、「四民平權」、「諸教同等」之真精神，反對鼓吹宗教界限、階級界限、種族界限，以利國家統一。

在具體措施方面，陳啓天從積極和消極兩個方面來闡釋自己的關於國家主義教育的綱領。積極方面要求：第一明定國家教育宗旨——國家教育應有宗旨以明示教育的趨向，而完成建國的功用；其二是確立國家教育政策；第三是劃定國家教育經費；第四是厲行國家監督。在消極方面所反對者有三點：第一是反對外國教育，反對外國人在中國境內設學校教育中國人民培養外國的順民（如日本在滿洲和山東所設的學校）和教民（如歐美人在各省所設教會學校），以及以公款或私款設立的學校一意模範外國教育甚至特別傾向某外國，而忘卻國家宗旨和國家教育標準的教育；第二是反對教會教育——教育應與宗教分離以除宗教的紛爭，而保持信教的自由；第三反對黨化教育——一般教育的主要宗旨是為全國培養國民，不是為一黨造就黨員，所以想將任何公立學校變為一黨獨佔的機關，實施黨化教育，造就特殊黨員，應在反對之列[17]。而祝其樂指出：實施國家主義之教育方法有二：一是培養感情的愛國心，二是培養理智的愛國心。而對應在教育上可以體現為兩種：一是學科，讓學校科目均可作為培養愛國心之資料；

---

[16] 余家菊：<國家主義下之教育行政>，《中華教育界》，1925，15(1)。

[17] 陳啟天：<刊行專號引端——國家主義的教育要義，《中華教育界》，1925，15(1)。

二是作業，體現在學校中的工藝與運動，除職業陶冶與身心訓練之價值外，尚含有合作互助犧牲服務之美德[18]。

　　雖然國家主義教育聲勢浩大，然而在教育界，尤其是學校層面反應並不算積極。有鑑於此，潘之賡刊文<國家主義教育釋疑>專門解釋了對於國家主義教育的各種疑問，希望教育界能夠正確認識，踴躍採納。當時社會上對於此主義抱有的疑問有二：一是疑惑國家主義教育爲一種黨化教育；二是國家主義教育會束縛兒童思想。作者解釋道：其一，「國家主義教育是以一國爲前提，爲國家而辦教育，不是爲某黨部而辦教育，國家主義的教育是愛國」，「國家主義教育不但自身不是黨化，而且不容納一切黨化教育」；其二，「我們提倡的是相對的國家主義，不是絕對的國家主義，這種主義並不抹殺個人與世界。不過第一要使學生知道國家與人民有切膚的關係……第二要使學生知道國家的界限，現今尚不能打破，國家不自強，沒有資格去談世界，所以我們不能不把危弱萬分的中國先救強起來，然後再救世界(這種「先國家而後世界」的意見與孟子所謂「親親而仁民，仁民而愛物」相同)[19]。

1. 國家主義派對教育的改革

　　爲了配合國家主義教育，國家主義教育學派非常重視在教材中貫徹國家主義的思想內容，在各種類型教材中尤其重視語文教育和公民教育的作用。胡雲翼曾經在<國家主義的教育與文學>[20]一文對於什麼學科可以加上國家主義做了專門討論，作者認爲自然科學是少有能加上國家主義色彩的，「我們能夠找得到可以國家主義化的是歷史學、地理學、公民學和國文學，而最爲重要的是文學一科。」應該說，大部分國家主義教育派的人員都是將文科性質的國文、公民、歷史等科目視爲貫徹此項教育的重點，雖然也

---

[18] 祝其樂：<論教育上之國家主義>，《中華教育界》，1925，15(1)。

[19] 潘之賡：<國家主義教育釋疑>，《中華教育界》，1926，16(4)。

[20] 胡雲翼：<國家主義的教育與文學>，《中華教育界》，1926，16(5)。

有學者撰文提出包括英文、算術、體育、音樂的所有科目都要加入愛國主義的因素。為了實踐國家主義教育,《中華教育界》還搞了一個「小學愛國教材號」(第 16 卷第 1 期)。之所以討論小學,是因為「小學教育是國民陶冶的初步」。[21]在「引論」欄目中第一篇是余家菊的<愛國教材在小學教育上的地位>[22],作者指出了愛國教材對於培養學生愛國主義思想的作用。「愛國教材者,乃所以啓發學生之愛國知識,並培植其愛國習慣於理想,因以養成愛國國民者也。」。其愛國教材種類有:「一是教保衛國命者;二是教明曉國恥者;三是教敵愾同仇者;四是教關切國是者;五是教憂慮國危者;六是教樂服國役者;七是教喜聞國光者。」於此類似的是,馬客談在<小學國語科中應有的愛國教材>[23]同樣提出了指導小學生愛國的原則包括:「要使小學生知道我國歷史之久長,而尊重之;要使小學生知道我國土地之廣大,而愛護之;要使小學生知道我國人民之眾多,而團結之;要使小學生知道我國物產之豐富,而寶貴之;要使小學生知道我國文化之源深,而光大之;要使小學生知道我國往哲之偉大,而則效之;要使小學生知道我國民德——如北方之慷慨任俠南方之溫柔敦厚——之高尚,而珍保之;要使小學生知道我國現狀之危急,而挽救之;要使小學生知道我國前途之遠大,而發展之;要使小學生知道世界潮流之變遷而,適應之。」這兩人都是強調學生強化接受對於國家歷史和現狀的瞭解,增強民族自尊心自信心,培養民族認同感,從而培養愛國的情懷。馬客談接著指出可以使用的文體有 11 種,包括童話、故事、寓言、小說、劇本、童話、詩歌、說明文、傳記文、議論文和應用文。在具體形式上,胡鐘瑞則認為國語科中可以加入的愛國教材有:愛國故事詩歌劇本等、國恥事蹟、好公民故事、有功民族和國家偉人之傳記、華僑生活情形、國際重要事項、名勝遊記。除了教

---

[21] 胡叔異:<國家主義與中國小學宗旨問題>,《中華教育界》,1925, 15(2)。

[22] 余家菊:<愛國教材在小學教育上的地位>,《中華教育界》,1926, 16(1)。

[23] 馬客談:<小學國語科中應有的愛國教材>,《中華教育界》,1926, 16(2)。

材，胡鐘瑞還指出在作文和語言訓練上也可以加入愛國主義的成分[24]。除了國語，其他科目也可以貫徹愛國主義的教育思想。學者們也撰寫了相關文章來論述此問題，涉及到了公民、歷史、地理、社會、算術、圖畫。在「小學愛國教材號」中還有：<小學公民科應有的愛國教材>(胡叔異)、<小學歷史科應有的愛國教材>(向覺明)、<小學歷史科應有的愛國教材提要>(徐映川)、<小學地理科應有的愛國教材>(黃競白)、<小學社會科應有的愛國教材>(楊嘉椿)、<小學算術科應有的愛國教材>(俞子夷)、<小學圖畫科應有的愛國教材>(何元)，同時還有各種愛國課文的報告和示例。除了國語，公民教育也被國家主義者視為貫徹其教育思想的重要陣地。「公民一科一定要以國家為研究的中心與活動的鵠的，這便是國家主義與公民科的關係。[25]」而隨著教育改革，以前的修身科改為公民科，這也在客觀上促使國家主義派重視公民科。在《中華教育界》第 16 卷第 6 期專門開闢了「公民教育號」專門討論公民教育問題，以期貫徹其思想。余家菊對於公民教育擬定的公民教育目標有五：第一發揚民權、第二擁護國權、第三奉公服役、第四竭忱守法、第五普及教育[26]。邱椿認為公民教育的目標是：「養成體格堅強，知識完備，願犧牲一切，為中華民族在國內外爭自由平等之新戰士。[27]」雷震清認為公民教育的意義體現在「在個人則宜重精神與行為之一致，並從而確立其品性(習慣)；在國家則宜養成一致之趨向，並從而謀所以護其國。」在實施上分為兩部分，教材和教學[28]。

　　教學離不開教師，而教師的培養在於師範教育，可以說，師範教育是教育的根本。在陳啓天的主持下，《中華教育界》也適時地開闢了「師範教育號」，專門討論師範教育與國家主義的關係，而所有作者均來自國家教育

[24] 胡鐘瑞：<小學國語科中應有的愛國教育>，《中華教育界》，1926，16(1)。

[25] 李琯卿：<國家主義與中學公民教學問題>，《中華教育界》，1925，15(2)。

[26] 余家菊：<公民教育之基本義>，《中華教育界》，1926，16(6)。

[27] 邱椿：<小學公民教育的最低標準>，《中華教育界》，1926，16(6)。

[28] 雷震清：<公民教育概論>.中華教育界，1925，16(6)。

協會。在首篇<師範教育號小引>中，編者介紹了開闢此專號的時代背景：
「師範教育在國家教育上的地位可以說是極其重要了。然而，中國新學制
改革以來，師範學區竟廢止了，師範學制不獨立了，師範訓練不統一了，
師範待遇不優厚了，師範教育在國家教育上的地位便大大的降低了。而國
家主義教育學派對於師範教育的主張是：就我們對於師範教育的大體主張
說，不外一面主張收回師範教育權，即收回教育師範學校及私立師範學校，
使無人能假借師範教育以破壞國家教育的獨立；又一面主張統一師範教育
權，即由國家通盤計畫，嚴定規程，實行整頓，使師範教育確能造出一般
能夠傳播國家文化、適應國家需要、實現國家理想的中小學教師以挽回中
國的國運！[29]」陳啓天指出師範教育的宗旨應該是「以造就一般能夠傳播
國家文化，適應國家需要，實現國家理想的中小學教師。[30]」總體來講，
國家主義派主張收回師範教育權，對於師範教育整齊劃一以適應國家主義
教育的需要。

　　除了論文，國家主義派也在中華書局大規模出版圖書，在 1925 年前後
的廣告中也出現了以「國家主義教育」爲標題的圖書廣告，在此廣告推薦
的圖書有《國家主義的教育》、《國家主義論文集》、《國家主義教育學》、《中
國鄉村教育》。事實上，這幾部圖書也是國家主義學派最有代表性的著作。

　　國家主義教育思想興盛一時，中華書局也適時推出了「國家主義」的
新小學教科書，其廣告爲：

　　本局前出新式教科書，注重國家主義，曾經某國向外交部提出抗議，由教
育部、外交部駁復在案。新學制頒佈，本局新出新小學教科書。以文學的作品
出之，內含各種普通知識，其尤爲特色者，則事實注重國家主義，理想希望大
同主義。以期養成我中華民國高尚的國民性。[31]」

---

[29] 編者：<師範教育號小引>.中華教育界，1925，15(11)。

[30] 陳啟天：<師範教育宗旨>.中華教育界，1925，15(11)。

[31] <廣告>，《中華教育界》，1925，15(11)。

　　在這則廣告中還附錄了國語讀本的課文<祖母的談話>(初級四年)的一段，從中可以體會到什麼是國家主義的「愛國教材」。

　　我生於中華民國前七十年，你們算算看，我今年高壽幾何？（中略）

　　我母家是臺灣人。臺灣天氣和暖，冬無冰雪，植物四季不凋；物產豐富，米糖尤多。我家住基隆，住宅甚廣大，天地亦不少。我父在廈門經商。廈門亦有寓所，我生的前兩年，我國因禁煙與英國開戰，英國先占虎門、香港，來攻廈門，我家到福州避難。所以我生在福州，我的父親，和你們曾祖，在此時相識，也可以算患難之交了。後來我和你們祖父結婚，你們祖父和我歸寧，在基隆住了一個多月，你們祖父也很喜歡臺灣地方。

　　我四十三歲的時候——民國前二十八年——法國為爭安南與我國開戰，那時你們祖父，任海軍士官，有一天晚上特差人來家報信說：「好了！好了！我國海軍開炮轟敵艦，法國大將孤拔被我們打死了。」後來又傳說孤拔不是打死的，是氣死的。是真是假，我們無從判斷，不過我們很快樂，覺得稍微可以吐點氣。

　　我五十三歲的時候——民國前十八年——我國和日本開戰，大敗。賠兵費二萬萬兩，割臺灣及澎湖群島。臺灣人民大憤，舉總統，募民兵，與日本抵抗，事敗，死的人很多，可憐我的八十老父和我的弟弟，也死在裡面；住宅也燒毀了，田地也荒蕪了。我的哥哥不願再在台居住，幸而廈門的店還在，就全家遷居廈門，祖宗的墳墓，只好不管了[32]。（下略）

2.國家主義派的其他教育思想

　　國家主義派主張將所有與教育相關內容都納入國家主義的因素。對現行教育現象和制度進行了很多批判和建議。在陳啓天擔任主編期間《中華教育界》迎來了出版專號最為集中的時期，這些專號都與國家主義教育息息相關。晚清到民國的留學制度雖然取得了一些成績，但是並沒有達到人們的預想，而其弊病也越來越明顯。《中華教育界》第 15 卷第 9 期是為「留

---

[32] <廣告>，《中華教育界》，1925，15(11)。

學教育號」，在這一期專號中，教育家們從留學教育現狀、宗旨和改進方法方面展開議論，在制度和模式層面給出了改良的藥方。陳啓天開篇就指責現行留學教育的惡果表現爲：亡國化、黨化(留學生因留學國不同而各成一黨)、宗教化、官僚化、資本化、騙子化。他認爲留學教育以在外國培養高等專門人才，促進本國學術與技術的獨立爲宗旨。留學教育只能是「急救法」，而不是「大補丸」，留學教育要考慮國家、地區的需求，在分配名額、選派制度公開考試方面都要進行改進。陳啓天堅持認爲以本國教育爲主，在未來留學教育是不占什麼重要地位的[33]。李儒勉也認爲留學教育是本國教育的附屬或補助，並把國家主義作爲留學的宗旨，在派遣時預先規劃出某類人才的需要，整頓選派的手續並規範被選拔者的標準[34]。而李璜則推出包含三點的改良方案，包含：(一)先設一全國派遣留學經歷機關(調查各行業人才需求程度，配以嚴格的選撥制度選配留學人員)；(二)設一名符其實的留學監督處於歐美先進各國以便實行管理學生(監督學生學業並協調學生參觀實習)；(三)設一畢業生介紹職業機構[35]。李璜的方案包含了從選撥、培養監督到就業的一條龍，非常切合中國的實際。常道直針對留美學生的問題，給出的政策建議更多是針對留學生自身素質的問題，包括提高留學生程度(大學程度以上者，農、工、商、政治、經濟、教育學等科還需要二年以上工作經驗)並減少程度不足之自費生，出國前必須有充分準備(學科背景的承接能力)，舉行回國留學生考試以保障留學品質[36]。

收回教育權是國家主義派極力主張的另一個目標。在大環境上，中華教育改進社於 1924 年在南京提出了收回教育權案，緊接著在開封全國教育聯合會又通過了「取締外人在國內辦理教育事業案」與「學校內不得傳佈宗教案」。國家主義派對於收回教育權問題極度重視，刊載「收回教育權運

---

[33] 陳啟天：<留學教育宗旨與政策>，《中華教育界》，1925，15(9)。

[34] 李儒勉：<留學教育的批評與今後的留學政策>，《中華教育界》，1925，15(9)。

[35] 李璜：<留學問題的我見>，《中華教育界》，1925，15(9)。

[36] 常道直：<留美學生狀況與今後之留學政策>，《中華教育界》，1925，15(9)。

動」專號以闡明其理。余家菊對於教育權的概念闡釋是：(一)創校之允許；(二)旨趣之釐定；(三)教師之進退；(四)教材之規劃。余家菊認為這幾個部分不可分割，國家都不可放棄，而從國家安全、國民性之發揚、國民情操之融洽、立國理想之凝成、保障國權擁護國民人格這五個方面考慮必須收回[37]。陳啓天也是用五個理由角度說明了教育權必須收回，陳氏的五個理由分別是：教育主權、教育宗旨、教育法令、信教自由和教育效果[38]。

3. 對於國家主義派教育思想的評價

國家主義教育思潮在一定程度上促進了 20 世紀 20 年代的收回教育權運動，極大地促進了學校中愛國主義教育的發展，培養了國民性。這種教育雖然有維護國家主權、促進民族團結、增強民族認同感的意義，但也不免矯枉過正，表現為過度排斥外來力量，缺乏對兒童天性的培養，這種思想也遭到了當時的國際主義派和自由生長派的批駁。隨著國民黨黨化教育的推行，官方的教育理念與國家主義教育有很多衝突，國家主義學派公開聲明此種思想絕不同於黨化教育，陳啓天本人就曾公開表態過支持國家主義就要反對黨化教育。隨著國民黨統治能力的加強，國家主義教育必然會受到更多的政府干預。在人員上，而國家主義教育的幾位代表人物最後紛紛離開了教育戰線。多方面原因導致這種教育思潮很快就沉寂了下去。

二、《中華教育界》對近代教學法的推廣

20 世紀的中國教育發生了翻天覆地的變化，中國教育在邁向現代化的進程中，非常重視學習和模仿西方先進的教育實踐和理念。進入民國之後，中國教育界更是把引進、實驗、改良西方的教育理論、教育方法、教育模

---

[37] 余家菊：〈收回教育權問題答辯〉，《中華教育界》，1925，15(8)。
[38] 陳啟天：〈我們主張收回教育權的理由與辦法〉，《中華教育界》，1925，15(8)。

式作爲改革和發展中國教育的必由之路。受「五四」新文化潮流的影響，西方教育思想的擴散引發了學校教學方法改革的呼聲，這場運動在 20 世紀 20 年代達到高潮，使得民國時期的中國教育界成爲各種西方教學理論的試驗場。事實上，西方教學法在清末開始被引入中國，最早爲國人所認知的是赫爾巴特的「五段教學法」，這種教學法取道日本進入中國，一時被奉爲圭桌，此後各種教學法如設計教學法、道爾頓制、文納特卡制等先後登陸中國，各種教學法都如流星一般璀璨而過然後就歸於沉寂，尤其以道爾頓制和設計教學法對中國中小學教育影響最大[39]。總體而言新式教學法在理念上以兒童爲中心注重「兒童本位」，打破了傳統教育模式中以教師爲中心的思想。雖然在實踐中遇到很多挫折，但仍然爲中國的教育改革和教育現代化進程做出了重大的貢獻。在《中華教育界》這本雜誌中可以看到這樣一種現象：往往一種新的教育思潮或教學法，被最初引入時文章寥寥，然後突然迎來一個激增的高峰，在高峰過後又會迅速趨向于平靜，有些短命的不過一兩年光景。各種思潮都是受到時代背景的影響。而對於近代中國在教學法的探索問題，舒新城在 1925 到 1928 年之間用了三年的時間研究和思考之後，得出了一個精闢的結論：「教育只是社會活動的一種，處處都受到經濟與政治的支配。而因襲美國的教育制度是工業社會的產物，不同於中國小農社會的需要。要建設中國的新教育，非從農業社會的歷史上去追求根據，從近代世界經濟制度上謀適應不可。[40]」

（一）《中華教育界》與道爾頓制

道爾頓制是教學的一種組織形式和方法，最初產生于美國教育家柏克赫司特女士 1920 年在美國麻塞諸塞州道爾頓中學進行的實驗。這種教學制度的特點是打破班級授課，突破年級授課的制度，強調學生的自我學習。在具體操作上，道爾頓將教室改爲各科作業室，按學科性質陳列教科書與

---

[39] 孫培青：《中國教育史》，上海：華東師範大學出版社，2010：395-399。

[40] 舒新城：《中國教育建設方針》，上海：中華書局，1931：6。

實驗儀器，廢除課堂講授，將學習內容製成分月作業大綱，規定應完成任務。學生與教師訂立學習公約後，按興趣支配時間，安排學習；教師只是作爲各作業室的顧問；設置成績記錄表，由教師和學生分別記錄學習進度。道爾頓的實質是讓每一個學生能夠對自己的學習進步和學習方法更多地負責[41]。

　　1922 年，道爾頓制被引入中國並迅速掀起了一股熱潮，對中國教育界的思想和實踐產生了巨大的衝擊。最早向國人介紹道爾頓制的是《教育雜誌》，《中華教育界》也不甘落後，對這一新鮮事物做了全程的關注，與《教育雜誌》一道成爲道爾頓制的推手。可以說，道爾頓制能夠在中國得到如此興盛的發展，這兩本雜誌是功不可沒的。

　　受到余家菊的影響，後來成爲中華書局二號人物的舒新城一度對道爾頓制十分熱衷，是這種教學法在中國的主要推手。1922 年舒新城在吳淞中國公學開始道爾頓制實驗，並在《教育雜誌》組織出版了「道爾頓」專號，一時名聲大噪。舒新城在<今後中國的道爾頓制>一文中把道爾頓制在中國傳播分爲四個時期：萌芽期(1922-1923 年)、極盛期(1923-1924 年)、潛伏期(1924-1925 年)和再興期(1925—)，事實上，道爾頓制繁榮過後很快就沉寂了下去，30 年代之後幾乎無人提及[42]。

　　《中華教育界》中的文章，對道爾頓制從內容、實驗、到批評，無所不包。最早涉及道爾頓制的文章是後來加盟中華書局余家菊的《達爾登制之實際》，這裡的名稱是「達爾登」而不是「道爾頓」，從中可以看到國人此時對於這種教學法認識還很有限，名稱尚未統一。余家菊在這篇論文中向國人詳盡地介紹了道爾頓制的相關內容，是爲認識道爾頓制的基礎，此後《教育界》中關於道爾頓制的論文不斷增多，從理論研究到實踐經驗，從宣傳推介到反思批判，貫穿了道爾頓制在中國產生、興起、衰退的全過程。

---

[41] 孫培青：《中國教育史》，上海：華東師範大學出版社，2010：397。

[42] 舒新城：<今後中國的道爾頓制>，《中華教育界》，1925，15(5)。

表 4-1《中華教育界》刊載的道爾頓制相關論文[43]

篇　　　名	作者	卷期
達爾登制之實際	余家菊	12 卷 1 期
小學中之道爾頓制	林啓、余家菊	12 卷 1 期
一個行道爾頓制的小學校一京師公立第二十九國民小學	舒新城	12 卷 1 期
道爾頓計畫概論	沈子善	12 卷 4 期
道爾頓計畫的歷史教學	沈子善	12 卷 4 期
道爾登提要	朱翊新	12 卷 4 期
道爾頓與設計教學	祝其樂	12 卷 7 期
試行道爾頓制的一個參考	舒新城	12 卷 7 期
高級小學算術採用道爾頓制的研究	楊逸群	12 卷 8 期
高級小學國語科採用道爾頓制的理由和辦法	楊逸群	12 卷 10 期
道爾頓制可有的弊病	舒新城	13 卷 2 期
小學校實施道爾頓制的我見	楊逸群	13 卷 3、4 期
小學校實施道爾頓制設備概說	舒新城	13 卷 4 期
崇明旭升高小試行道爾頓制的報告	李亮卿	13 卷 5 期
道爾頓制討論集要	舒新城	13 卷 5 期
道爾頓制實驗班國文教學計畫	穆濟波	13 卷 6 期
道爾頓之精神	余家菊	13 卷 7 期
試行道爾頓制後的報告	楊逸群	13 卷 7、9 期
論道爾頓制精神答余家菊	舒新城	13 卷 8 期
道爾頓制實驗班國文科比較教學的報告	穆濟波	13 卷 9 期
歡迎巴克赫斯特女士——道爾頓制之創始人	余家菊	14 卷 12 期

---

[43] 資料來源參考盛朗西：<介紹中國學者關於設計法與道爾頓制之主要著述>，《教育雜誌》，1924，16(10)。喻永慶：<《中華教育界》與民國時期教育改革>，武漢：華中師範大學，2011，135-137。

篇　　　　名	作者	卷期
評道爾頓制在教育上的地位	陳啓天	15卷3期
刊行道爾頓制批評號旨趣	陳啓天	15卷5期
道爾頓制教學施行之概況調查	薛鴻志	15卷5期
道爾頓制與英語教學	李儒勉	15卷5期
中學國文科實施道爾頓制研究	穆濟波	15卷5期
小學歷史科實施道爾頓制的批評	徐元善	15卷5期
中學實施道爾頓制的批評	廖世承	15卷5期
亞丹教授對於道爾頓之批評	饒上達	15卷5期
上海道爾頓制討論會提出之問題	胡叔異	15卷5期
南京之道爾頓制討論會	胡家健	15卷5期
小學實施道爾頓制的批評	俞子夷	15卷5期
小學地理科實施道爾頓制之狀況及批評	武受丹	15卷5期
道爾頓制試驗後所得的兩個重要難題	蔣息岑	15卷5期
今後的中國道爾頓制	舒新城	15卷5期
小學國語科實施道爾頓制的批評	馬客談	15卷5期
道爾頓制下史地科中愛國教材的時事教育和預定教材的聯繫	周翕廷	16卷1期
實驗教育與吾國教育之改造	鍾魯齊	21卷7期
我們為什麼及怎麼談中國教育的改造	姜琦	21卷7期

（二）《中華教育界》與設計教學法

　　設計教學法是另外一個在民國產生過重大影響的教學法，創始人克伯屈是杜威的學生。由於思想上深受杜威「思維五步法」的影響，他的「設計教學法」分為四個步驟：確定目的、擬定計劃、付諸實施和評定結果。1918年，克伯屈在哥倫比亞大學的《師範學院學報》上發表了<設計教學法在教育過程中自願活動的應用>的論文，標誌著這種教學法的產生。設計教學法強調學生的自主性，由學生自己決定學習目的和計畫，自行設計

並執行單元活動並獲得相關知識，打破班級授課，打破學科局限，屏除教科書教學[44]。設計教學法在 20 世紀 20 年代被引入中國，最早的介紹者是俞子夷，他隨後也成爲設計教學法推廣的主將。俞子夷 1918 年在南高師附小開始正式開展設計教學法實驗，此後又指導沈百英在江蘇一師附小的實驗。1921 年 10 月，第七屆全國教育會聯合會提出了在全國範圍內推行設計教學法的提案，得到了教育界上下的高度重視，使得這種教學法從江蘇逐漸推廣到全國。1921 年到 1924 年是設計教學法的高峰時期，全國教育界掀起了理論探討和教學實踐的高潮。根據盛朗西在《教育雜誌》第 16 卷第 10 期的統計，從 1921-1924 年，出版的關於設計教學法的專著 13 種，論文共 118 篇，其中《中華教育界》一本雜誌就貢獻了 19 篇相關論文。可見《教育界》對於民國教育科學化進程的貢獻。

表 4-2《中華教育界》刊載的設計教學法相關論文[45]

篇　　名	卷期	作者
設計教學法的價值	10 卷 10 期	曹芻
國民科一年級設計教學法之科目與日課支配	10 卷 12 期	曹芻
一年級兩個設計的實例	10 卷 12 期	曹芻
設計教學法	11 卷 1 期	邰爽秋
兒童用書與設計教學	11 卷 6 期	王克仁
設計教學	11 卷 8 期	葛承訓
設計教學一續	11 卷 10 期	葛承訓
小學初級設計的報告(一)	11 卷 11 期	潘之賡
小學初級設計的報告(二)	11 卷 11 期	潘之賡
寶山甲種師範附屬小學校設計教學實例之一——擴充體育會	11 卷 11 期	
一個數目字的設計	11 卷 12 期	周邦道

[44] 吳洪成、彭澤平：＜設計教學法在近代中國的實驗＞，《高等師範教育研究》，1998（6）：68-75。

[45] 資料來源參考盛朗西：＜介紹中國學者關於設計法與道爾頓制之主要著述＞，《教育雜誌》，1924，16(10)。在此基礎上筆者整理補充了《中華教育界》第 10 卷至 13 卷的相關文章。

篇　　名	卷期	作者
設計教學二續	11 卷 12 期	葛承訓
江蘇八師附小中秋賞月的設計實例	12 卷 3 期	莊鐘元
富裡蘭氏論設計法	12 卷 4 期	周邦道
施行設計法教師之預備	12 卷 4 期	曹芻
一個設計的報告	12 卷 5 期	王惕非
蒙司替芬生氏設計法的教學	12 卷 6 期	夏承楓
南通女師附小高一菊花會的設計	12 卷 6 期	王晉三
道爾頓與設計教學	12 卷 7 期	祝其樂

三、《中華教育界》與教科書出版

（一）時代背景與中華書局教科書出版

　　1905 年，延續千年的科舉制度正式廢除，新的教育章程規定了新學制和新內容，各級學校面臨著採用新式教材的問題。在清末出版機構中，文明書局和商務印書館刊印的教科書影響大，知名度高，其中商務印書館版的「新式教科書」系列在 1904 年後陸續出版，開啓了教科書的新時代，標誌著中國新式教科書的誕生。從民國初年到 1930 年代，教科書的發展大致可以分爲兩個階段：北洋政府統治初期，商務印書館和中華書局是兩家最有實力的出版機構；1920 年代到 1930 年代初是第二階段，民間文化活躍，中國教科書發展又進入了一個小高潮。此後抗日戰爭爆發，教科書發展開始走向衰落[46]。

---

[46] 畢苑：《建造常識：教科書與近代中國文化轉型》，福州：福建教育出版社，2010：113。

　　教科書始終是出版機構盈利的重要產品，市場上不同機構之間展開了激烈的競爭。民國初年，商務和中華在教科書市場上處於領軍地位，其中中華還稍勝一籌。此後的幾十年，中華和商務仍然在教科書上致力頗多，在和其他出版機構的競爭中始終處於優勢地位。事實上民國期間出版機構的規模排名也是根據教科書市場的大小，在民國的圖書界，有五大書局、六大書局和七大書局的提法。20 世紀 30 年代初期的教科書市場份額根據統計排名是：商務印書館、中華書局、世界書局、大東書局、開明書店，是爲五大出版機構。在抗戰前有政府背景的正中書局在教科書市場中異軍突起被稱爲第六大書局。而等到抗戰開始之後，當時的教育部制定了七家出版機構成爲「國定本中小學教科書七家聯合供應處」，從此又有七大出版機構的說法[47]。

　　民國時期的教科書制度，始終採取是允許私人機構編寫教科書，然後政府部門對其進行審查的方針。同時也偶有政府相關機構直接介入教科書編訂，比如北洋政府的教育部就曾經組織過力量成立教科書編纂部編訂過官方的教科書。縱觀整個民國期間，私人機構編纂的教科書始終佔據絕對的市場份額。進入 30 年代之後，面對複雜的國際國內局勢，國民政府加強對思想的控制，在中小學中規定增加黨義課程，此後抗日戰爭爆發，政府取消了審定制轉而實行「部編制」，黨化教育不斷加強，關於愛國愛鄉觀念的內容被進一步強化。在整個國民政府期間，政府對教科書的控制呈現加強的趨勢。對於審定的圖書，民國期間的一些規定要求圖書出版機構將相關信息明確標注，比如 1912 年的《教育部頒佈審定教科圖書審定章程》和1929 年頒佈的《教科圖書審查規程》，都了規定在書面上標明教育部審定字樣。這一點在在中華書局編印的教科書中得到了體現。關於中華書局教科書的特色，周其厚和荊世傑在<論民國中華書局教科書之特點>[48]一文中

---

[47] 吳永貴：《民國出版史》，福州：福建人民出版社，2011：109。

[48] 周其厚、荊世傑：<論民國中華書局教科書之特點>，《廣西師範大學學報(哲學社會科學版)》，2007（3）：106-112。

總結爲三點：一、以學生爲本， 應時創新；二是兼采中西，服務國民；三是宣揚愛國主義， 激發民族意識。這是對中華教科書價值的高度概況，反映了中華教科書的歷史地位。中華書局在 1949 年前出版的教科書有：

表 4-3 中華書局教科書出版情況[49]

教科書名稱	出版時間	出版概況
中華教科書	1912 年	初等小學修身、國文、算數、習字帖、習畫帖 5 種 40 冊，教授書 3 種 24 冊；高等小學修身、國文、算數、歷史、地理、理科、英文、英文法 8 種 33 冊，教授書 6 種 28 冊；中學、師範用書 27 種 50 冊。
新制教科書	1913 年	初等小學修身、國文、算數 3 種各 12 冊，教授書 3 種 12 冊；高等小學有修身、國文、算術、歷史、地理、理科 6 種，各 9 冊；商業、農業各 6 冊。
新編中華小學教科書	1915 年	初小有修身、國文、算術各 8 冊，共 24 冊；高小有修身、國文、算術、歷史、地理、理科各 6 冊，計 36 冊。
中華女子教科書	1915 年	國民學校用修身、國文、算術計 24 冊；高等小學用修身、國文、算術家事計 14 冊。
新式教科書	1916 年	國民學校用修身、國文、算術 3 種計 24 冊；高等小學用修身、國文、算術、歷史、地理、理科、農業、商業 8 種 44 冊，各冊教授法齊備。
新教材教科書	1920 年	國民學校用國語讀本 1-8 冊陸續出版。
新教育教科書	1920 年	國民學校初小用者全用語體文編寫，有修身、國語課本、國語讀本、算術 4 種 32 冊；高小用者，語文互用，有修身、國文、國語讀本、算術、歷史、地理、理科、英文 8 種 45 冊。國語讀本有注音字母。

[49] 周其厚：《中華書局與近代文化》，北京：中華書局， 2007，132-135。

教科書名稱	出版時間	出版概況
新小學初高級教科書、新中學教科書	1923 年	國語編寫，初級 6 種 48 冊，高級 10 種 40 冊。新中學教科書 30 種 56 冊。
新中華教科書	1927 年	初級小學有三民主義、國語、算術、常識、社會、自然、工用美術、形象藝術、音樂；高級小學有三民主義、國語、算術、歷史、地理、自然、衛生、園藝、農業、工用藝術、形象藝術、音樂、英語等，陸續出版至 41 種，初高級中學用 55 種。
新課程式標準適用教科書	1933 年	小學 40 種，中學連同教育法在內計 35 種 101 冊。
新課程標準適用師範學校教科書	1934 年	高中師範用 20 種 33 冊，簡易師範用 5 種 13 冊，鄉村師範用 23 種 38 冊，簡易鄉村師範用 6 種 13 冊。
修正課程標準適用小學、初高中教科書	1936 年	初小用 13 種 104 冊，高小用 23 種 88 冊，初中用 22 種 70 冊，高中用 22 種 56 冊。

（二）雜誌對中華書局教科書出版的促進

出版機構經營教育雜誌，很重要的一個動機是為了教科書的推廣宣傳。在商務當過雜誌總編的章錫琛毫不諱言創辦《教育雜誌》的動機是：「以討論教育學術為名，實際上的目的是要把它作為推廣教科書的工具，通過雜誌與各學校取得聯繫。[50]」身為中華書局舵手的陸費逵本身即是教育名

---

[50] 章錫琛：<漫談商務印書館>，商務印書館：《商務印書館九十年》，北京：商務印書館，1987：114。

家，早年在商務工作時就主持過《教育雜誌》，對教科書和雜誌之間的妙處早就有所心得。中華書局成立後，他對於教育類雜誌十分重視，不僅參與經營和管理，還積極親自撰寫文章。中華書局的另外幾位旗手如人物如舒新城、黎錦熙等人同樣也是民國時期的著名教育家。以教科書起家的中華人，依託雜誌平臺更是對教科書問題做了很多討論，這些討論集合了中華書局和社會各界的思想力量，主要體現在《中華教育界》這本雜誌中。

在中華書局創立之初的宣言書中，就表明了教科書的重要：「國立根本，在於教育，教育根本，實在教科書，教育不革命，國基終無由鞏固，教科書不革命，教育目的終不能達到也。[51]」通過在《中華教育界》對教科書問題的探討，中華書局不僅干預了政府在教育問題的決策，也有助於塑造中華書局是教科書權威機構的形象來影響客戶的購買行為。中華教科書的編輯者把握了話語權，貫徹了自己的教育思想，掌握了內容編輯的主動。而圖書市場的成功，對於中華書局整體品牌的塑造也大有好處。

中華書局之所以能在民國初年一飛沖天，搶先謀劃出版的新式教科書無疑是起到了奠基性的作用。在商戰競爭中，廣告始終是必不可少的元素。信息傳播是廣告的基本功能，中華除了在《申報》等報刊中刊載教科書廣告，在中華各類雜誌中都少不了對於本局的圖書廣告。本來，中華書局在書籍廣告投放上對於雜誌門類是有考慮的，按照不同的讀者定位進行安排。可對教科書廣告則是對雜誌不分門類，全力投放。可以說，通過梳理雜誌中的教科書廣告就可以瞭解中華當年的教科書出版情況。在中華雜誌中，廣告出現在封面之後的插頁、封底，部分還出現在雜誌正文中間，在這些廣告中，硬廣告占了絕對的比例，而《中華教育界》刊載的教科書廣告比例最高，信息最為齊全。喻永慶在其博士論文《<中華教育界>與民國時期教育改革》對《中華教育界》進行了廣告分析，作者對這本雜誌第 10 卷、第 18 卷、第 24 眷]進行統計。結果顯示第 10 卷總廣告數 185 條，圖書類 104 條，其中教科書、教材 20 條，占總數的 10.8%；第 18 卷廣告總數

181 條，其中圖書類 119 條，教科書、教材 11 條，占總數 6.1%，第 24 卷總數 267 條，其中圖書類 210 條，教科書、教材 19 條，占總數 7.1%[52]。

　　出版機構爲了推廣教科書而興辦雜誌，這是一個顯而易見的道理。但是中華書局深知，如果在雜誌中不加掩飾直接鼓吹其教科書，肯定會讓讀者產生厭煩心理，效果適得其反。中華的營銷和宣傳策略是很高明的。以和教材最爲貼近的《中華教育界》爲例，早期出版的雜誌往往在正文中刊載教科書出版信息，其形式與當時雜誌中的廣告非常相似，這種情況持續了兩三年之後就得到了改觀，之後對教科書的推廣主要以廣告形式存在。《中華教育界》中還經常刊載涉及教科書問題的論文，第 19 卷第 4 期還專門推出了「教科書專號」，集中討論教科書問題。在專號的弁言中，署名爲「編者」提到：「由書局出版的雜誌而討論書的問題，難免有做廣告的嫌疑，是的，我們早已顧到。只須看論述得有無道理，管他嫌疑不嫌疑！[53]」而實際上，相比於的「硬廣告」，中華書局的這些研究論文帶有「軟廣告」的性質，其傳播效果並不比硬廣告差。作爲一份主要面向中小學教師和教育研究者的一份雜誌，身處教育實踐第一線的讀者通過訂閱雜誌瞭解教育動態，也對中華書局的教科書品質產生信任感，間接促進了教科書的銷售。

　　中華書局的教科書廣告用語平和、中規中矩，在很大程度上以傳遞信息爲主，往往是只是簡單是標明商品信息，比如「新制中學師範各科教本」系列，除了強調「教育部審定」外，就是商品的名稱、冊數還有定價。教科書供學生學習使用，廣告在形式上應該比較規範和嚴肅，不適宜採用一些花哨的設計，產品的性質並不利於廣告的發揮。中華雜誌的教科書廣告往往是簡單的信息介紹(有很大一部分就是目錄形式)，側重推銷其特點，採用比較簡潔板式設計。但是中華書局仍然在排版、文字字體、宣傳口號上花費心思，部分廣告也注重審美效果而做了一定的設計，比如「中華女

---

[52] 喻永慶：《〈中華教育界〉與民國時期教育改革》，武漢：華中師範大學，2011: 166-167。

[53] ＜廣告＞，《中華教育界》，1930，19(4)。

子教科書」，黑底白字，隸書字體，在標題上有個女性的頭像[54]。因為民國
實行教科書審批制度，許多教科書都在封面用顯著的字體標明了「教育部
審定」，而出版機構也往往將教育部批語作為教科書宣傳用語，這也是中華
書局廣告宣傳的一種慣用策略，借用權威來樹立品牌威信和正統的觀念。
刊載在中華雜誌中的教科書廣告雖然形式相對簡單，但在修辭上很有技
巧，注重誘導功能，吸引讀者的注意。《中華教育界》(第 11 卷第 1 期)廣
告標題為「全國學校應用最後出版的教科書」，其內容為：「中華書局出版
的教科書，教育界早有定評，愈後出版的教科書，愈有進步，教育界也早
有定論。諸君採用教科書，要新的呢？還是要舊的？[55]」這份廣告依託中
華書局的在出版界和教科書界的權威地位，通過與佔據市場的以往產品比
較，說服消費者相信這一部更好。隨著時代的發展，教科書的形式也愈發
靈活。待到 1933 年在《新中華》雜誌 13 期中還出現了彩色小學教科書的
廣告。廣告中載明各教科書「用五彩精印，紙張加厚，售價加倍，城市兒
童購備五彩本，每學期多費數角書費，尚不困難，教學時不但趣味濃厚，
而且各種有色的實務，都能確實像真，在教育上價值尤大。[56]」這條廣告
是為新式彩色教科書所做的宣傳，廣告在宣傳時強調雖然價格貴了，但是
彩色印刷更有參考意義，值得讀者額外花費去購買。

　　除了大量刊發廣告和討論教科書編撰，中華書局的雜誌，尤其是《中
華教育界》，還承載了很多其他的職能，比如教科書和教授案的徵集。

　　實驗小學愛國教材號徵文啟事

　　自本誌宣導國家主義的教育以來，國人已多知其重要，而有改革小學課
程，酌加愛國教材之要求矣。顧茲事體大，非有選擇之標準，適當之編制，與
夫實際之實驗，未可必其有當於國家理想，社會需要與夫學生心理。因是課程
編輯者與實際教育家有合作之必要，而本誌擬刊「實驗小學愛國教材號」者，

---

[54] <廣告>，《中華女子界》，1915，1(12)。

[55] <廣告>，《中華教育界》，1922，11(1)。

[56] <廣告>，《新中華》，1933，1(13)。

即所以通其郵也，茲具徵文簡約如下，願我全國小學教師以實驗之愛國教材見惠，則不惟本誌之幸，亦國家教育之光也。

本號徵文簡約

一. 本號旨趣在彙刊小學教師實驗之愛國教材，以供全國小學之用；其未經實驗者恕不入選。

二. 凡願實驗小學教材者，請先立一實驗計畫，注意下列數事：

Ⅰ. 實驗取材國語、公民、歷史、地理、音樂、社會、衛生、自然等科或時事不拘，其單元之大小亦不拘，但須創作不可抄襲陳言。

Ⅱ. 取材既定，即以之撰一課文，問題無論詩歌、故事、戲曲、寓言、小說、敘事，均可，但宜一律用簡練、明暢之國語，最忌雜用方言與歐化字句。

Ⅲ. 課文之深淺、長短及字句之難易，須兼顧理想之目標與學生之程度，而假定一適用之班次與年級。

Ⅳ. 課文撰定即依課文撰一實驗之詳細教案，至少包含下列數項：

（一）本課之特殊目的——分述(1)教師之理想目的與(2)學生之實際動機，須確切明瞭，不可過於普泛含渾。

（二）本課之教學步驟——分述(1)學生之活動步驟，(2)教師之輔導步驟，(3)耐思之發問(Thought question)，(4)必要之例證、教具及參考(如參考書、參考物及課文來源等。)

（三）實際教學之結果——此項請於實驗後分述(1)預期之結果與實際之結果是否相應，(2)課文應有之修正，(如用字、造句、分段、命意、取材等均須注意。)(3)教學步驟應有之改正，與(4)最相當之年級等。

三、實驗計畫既定，即依之於假定相當之年級中從事實驗，就其結果補記於教案中之(三)項。

四、依實驗後修正之課文與教案，在另一相當之年級(與前次實驗之年級或同、或高、或低應由實驗者酌定之。)從事複試作二度之修正，再擬成正式之課文與教案。

　　五、徵文內容僅限於二度修正之正式課文與教案，兼略述實驗進行之概況與時間，學生數、學校所在地等。

　　六、來稿選錄酬金從優，但計篇不計字。

　　七、收稿期十五年四月半截止，請於期間掛號寄上海中華書局本社收，在來稿發表前恕不函覆。

　　八、本號徵文於十五年七月一日在本志第十六卷第一期發表，其未入選者得因預先聲明退稿[57]。

　　這則啓事是陳啓天、余家菊、左舜生這些國家主義主義者供職於中華書局期間所發起的活動，目的是爲了配合國家主義教育的實踐。在這則啓事中可以看到中華書局利用廣告的形式，面向社會挖掘資源，把國家教育主義的理念介紹給教育界，並希望以這樣一次徵文作爲實驗，讓從事教學第一線的教師去編輯相關教科書，並報告和改進相關成果。

四、《中華教育界》與國語運動

　　早在清朝雍正年間，當時的皇帝就發佈過聖諭推廣官話，這項活動在乾隆年間得到了進一步的發展。而現代的「國語運動」則肇始于清末吳汝綸，他在赴日本考察後寫信給大臣張百熙，建議以日本爲借鑒推廣「國語」。1910 年，學部召開中央教育會議，通過《統一國語辦法法案》[58]。民國創立不久的 1913 年，教育部召集各省代表和專家在北京召開讀音統一會，推出了《國音推行方案》。1916 年蔡元培等人組織國語研究會，第二年吳稚暉編寫出《國音字典》，此字典經該讀音統一會批准後頒行全國[59]。1918，北洋政府教育部在社會上多方力量努力下在是年正式公佈了注音字母，並

---

[57] <廣告>，《中華教育界》，1926，15(8)。

[58] 吳春玲：<清代及民國時期普通話的推廣>，《教育評論》，2009(5)：152-155。

[59] 趙慧峰：<簡析民國時期的國語運動>，《民國檔案》，2001(4)：99-103。

決定在全國高等師範附設「國語講習科」講授注音字母和國語，次年國語統一籌備會成立。1920 年，國民政府向社會頒佈了《國音字典》，第二年，教育部探下令將國民學校的國文改爲「國語」，以國語爲教學語言，變文言文爲白話文，使國語的地位正式得以確立。1924 年國語統一籌備會在原來基礎上繼續修訂了國音標準和注音字母，此方案被稱爲「新國音」，由此確定了共同語的明確標準[60]。

在這場浩浩蕩蕩的語言文化運動中，中華書局發揮了重要的貢獻，其創辦人陸費逵對於文字、讀音問題都有相關的撰述，並不乏真知灼見。陸費逵在書局編輯所裡專門增設了國語部(後改爲國語文學部)，開設國語專修學校並給予資金資助。除了在機構設置上之外，中華書局還編制了大量的國語圖書和教科書，灌製發售國語留聲機片並研製注音漢字銅模。在人才上，陸費逵爲中華書局請回了黎錦暉，而黎錦暉也不負眾望，除了在「國語籌備委員會」制定各種國語方案，更是爲中華書局編寫圖書和雜誌，利用各種方式推廣國語，其編寫的《新教材教科書國語讀本》、《新教育教科書國語讀本》等國語教科書廣受歡迎，銷路大好，並利用主編的《小朋友》雜誌以及兒童劇、歌舞等形式宣傳國語。

《中華教育界》這本雜誌，對於國語運動回應是非常積極的，表現爲刊載論文參與理論討論並積極鼓吹和推廣。爲此，《中華教育界》在 10 卷第 8 期和 11 卷第 2 期分別推出了「國語研究號」討論國語問題，《教育界》集合了當時國語運動的專家，包括黎錦熙、黎錦暉、陸費逵等名家，集中宣傳國語的好處和優勢，爲國語運動造勢。應該說，對於民國教育界每一次出現新思想和新動態，《中華教育界》都進行了宣傳和傳播，爲中華書局贏得了話語權，而於此同時，教科書和相關專業圖書也迅速跟進，幾種產品相輔相成。以這兩期「國語研究號」爲例，該期雜誌所刊載的論文、隨筆和信件全部與國語有關，包含了對於國語的理論探討、實踐經驗、教學心得這三個方面。

---

[60] 阮桂君：<民國時期國語的傳播>，《長江學術》，2007(3)：112-120。

表 4-4《中華教育界》第 10 卷第 8 期「國語研究號」目次

篇　　名	作者
我對於國音國語的意見	陸費逵
國語編輯與教授的綱要	黎錦熙
五聲論	易作霖
教授注音字母的研究	祁伯文
國語究竟是什麼	劉儒
我的國語教授實驗	王化周
蒙養園練習讀寫的意見(主張添授注音字母)	胡仁哲
國音音素的發音部位	黎錦熙
國語中「八十分之一」的小問題	黎錦熙
注音字母與漢字	王蘊山
外國人做的中國官話書可以做一般學校的會話課本嗎?	向信
致全國教育聯合會書	黎錦熙
張一麐等致吳縣勸學所所長潘振宵公函稿	
湖濱筆談	黎錦熙
國語問答一束	黎錦熙
黎劭西復陸費伯鴻的信	
傅定雲致陸一言的信	
杜天錫復陸一言的信	
寶山縣立甲種師範講習所附屬小學校國語教授實況	朱葆莊
道聽塗説的筆記一	陸衣言
我對國音留聲機的感想	石衡
我對中華書局的國音留聲機片的批評	蔣英
民國九年十二月教育部頒佈國音字典字音校勘記	

表 4-5《中華教育界》第 11 卷第 2 期「國語研究號」目次

篇　　名	作者
國語教育新趨勢的動機	黎儆非
國語國音和京語京音	陸費逵
國語的讀法教學法	黎錦熙
語法中同動詞有字的研究	沈頤
注音字母發音實際的研究	秦鳳翔
國語教科書的革新計畫	黎錦熙
文學的國語教材之分類與支配	黎錦暉
國語練習法的我見	嚴公上
濁聲字的讀法	嚴公上
國音傳習法	陸衣言
漢字之新系統序例	楊樹達
高小學生初學做白話文的困難及救濟的方法	杜天錫
非官話區域的國民學校國語話法的教學法	馬國英
我對於推行國音的意見	潘詳
推行國語方法管見	樂嗣炳
國語問答一	陸衣言
南通語音字母說明書	易作霖
寧波方言和國音比較的簡記一	寒濤
參觀上海國語專修學校的筆記	范宗程

　　這兩期專號網羅了當時最為出名的語言專家，這其中陸費逵是中華書局的總經理，沈頤、黎錦暉、陸衣言是中華書局的知名編輯，他們都是這場國語運動的積極參與者，體現了中華書局和《中華教育界》對國語運動的影響。

第五章 中華雜誌出版與民國政治社會議題

　　商務印書館早在 1904 年就創辦了綜合類雜誌《東方雜誌》，在社會上很有影響。中華書局不甘示弱，先後創辦了《大中華》和《新中華》與之對應。

　　《大中華》雜誌以梁啓超爲撰述主任。其他主要撰述人員還有：王寵惠、范源廉、湯明水、吳貫因、藍公武、梁啓勳、陳霆銳、張君勱、謝無量、嚴獨鶴、張東蓀、馬君武等人。在欄目上主要有：論說、專題論文、小說、文苑、法令、時事日記、要牘、選報等。從第二卷開始又增加了時事日記、要牘、選報等欄目。在<《大中華》宣言書>中，陸費逵指出：「一國學術之盛衰，國民程度之高下，論者恒于其國雜誌發達與否覘之，蓋雜誌多則學術進步，國民程度愈高，則雜誌之出版亦愈進也。」陸費逵指出《大中華》雜誌目的有三：「一曰養成世界智識；二曰增進國民人格；三曰研究事理真相，以爲朝野上下之指南針。欲達第一專案的，故多論述各國大勢，紹介最新之學術；欲達第二項目的，故多敘述個人修養之方法，及關於道德之學說；欲達第三項目的，故研究國家政策與社會事業之方針。[1]」在陸費逵<發刊詞>之後，就是梁啓超的<發刊詞>，文中還有他本人的題字「中國之前途，國民之自覺心，本報之天職」。梁啓超在<發刊詞>中指出此雜誌的創辦宗旨乃是：「注重社會教育，使讀者能求得立身之道與治生之方，並能了然於中國與世界之關係，以免陷於絕望苦悶之域。次則論述世界之大勢，戰爭之因果及吾國將來之地位，與夫國民之天職，以爲國民之指導。[2]」一些重要人物的文章，如陸費逵和張謇，其中著重出用黑體大號字標出，以示注意。《大中華》雜誌一度辦的如火如荼，一大批知識分子以

---

[1] 陸費逵：<發刊詞>，《大中華》，1915，1(1)。

[2] 梁啟超：<發刊詞>，《大中華》，1915，1(1)。

此為平臺論政談道，撰述主任梁啟超貢獻尤大，其<異哉所謂國體問題者>一文作為反對袁世凱稱帝的檄文，在民初的政壇掀起了巨大波瀾，給中華書局的雜誌出版增加了亮色。

《大中華》停刊之後，陸費逵熱情不減想再創辦一本同類性質的雜誌。1932 年，陸費逵試圖出版一種半月刊，名字擬用《中國與中國人》，編輯方針注重中國今後的出路和青年修養問題，請周憲文主事。周認為梁啟超曾為中華書局編輯過《大中華》，用《新中華》寓意相近且簡明，陸費逵同意[3]。經過漫長的籌備，《新中華》終於在 1933 年得以面世。兩本雜誌在刊名上保持了淵源性，事實上，兩本刊物在內容和風格上都顯示出了相似性。在字型大小上，《新中華》文字明顯變小，部分廣告文字更小。

此時的舒新城已經加盟了中華書局，他的到來也為《新中華》的創立和發展起到了重要作用。在欄目上，《新中華》主要有論說、談數、半月要聞、小說等，「編輯室談話」是本社編輯面向讀者的一個發佈資訊的欄目，內容是對於本期刊載文章進行回顧和介紹，並發佈刊物動向。《新中華》的其編輯者信息為「上海新聞路同德里一號《新中華》雜誌社」，而代表人為周憲文、錢歌川和倪文宙。實際上，這三個人都是《新中華》雜誌初期的實際經辦者，他們不僅負責編輯，還得寫稿。錢歌川在第 2 卷第 7 期的編輯部談話中說到：「本志在編輯上素來是採舊政府的三公制，或新青年(會)的三角制，即是說由三個人負責來編，每人分下來的責任自然有限了[4]。」三人的具體分工為：周憲文負責經濟方面的稿件，錢歌川主管文藝方面，倪文宙負責一般論文和國際方面的稿件。半年以後，實際上由倪文宙獨立支撐，直到 1937 年「八一三」抗戰開始[5]。

---

[3] 沈芝盈：<陸費伯鴻行年紀略>，俞筱堯、劉彥：《陸費逵與中華書局》，北京：中華書局，2002：522。

[4] 錢歌川：<編輯室談話>，《新中華》，1934，2(7)。

[5] 陳江：<從《大中華》到《新中華》——漫談中華書局的兩本雜誌>，《編輯學刊》，1994(2)：83-85。

　　《大中華》創辦的時代背景是歐戰導致歐美勢力在中國的真空，日本人入侵山東並妄圖霸佔中國的權益。待到《新中華》創辦之時，國家危機近一步加劇，1931 年的「九一八」事變之後，日本已經開始正式入侵中華大地，東三省淪陷，1932 年又發生了「一二八」事變，待到 1933 年初山海關被攻陷，熱河失守，平津告急。《新中華》創刊在這樣一種危機四伏的環境下，在內容上偏重于時政，宣傳抗日圖存是雜誌的一個鮮明特色，這本雜誌還收錄了當時學者們大量的關於社會政治問題的文章和學術論文，並包含有文藝欄目和新聞資訊板塊，在內容上體現出綜合性，其發刊詞中寫道：「本刊定名爲《新中華》，冀其對於『現代的中國』有所貢獻，故敢揭櫫『灌輸時代知識，發揚民族精神』之兩義，以爲主旨。」「今日之時代，其嚴重性可謂無以復加。」面對這個「其嚴重性無以復加」的時代，本社使命有二：一是「願意集合海內外之關心國事者，共謀介紹時代知識於大眾之前，以盡匹夫之責」；二是「以文字筆墨之力，爲鼓勵民族意志、民族行爲之工作。[6]」

　　在第 1 卷第 10 期的「編輯室談話」中提到：「《新中華》的暢銷，出乎我們的意料之外，第三、四、五期已經三版，第六期起增印萬份，尚嫌不足，自第九期起又增印了五千份。[7]」在銷量大好的情況下，中華書局決定漲價。這期「談話」中提到：「我們感到了兩種困難：(一)是郵寄部人手有限，不能於每期出版時，僅二日內將所有的雜誌寄出。(二)是預算上發生了破綻，《新中華》定價之廉，原不足成本(除去郵費外每期售價只合六分餘)銷路愈多，虧本愈大；對於前者，我們決自第十三期起改爲全年定價二元四角(六月以前，預訂全年，仍爲兩元)。[8]」可以看到《新中華》在當時社會上的受歡迎程度。在出版了一年之後，《新中華》進行改版。刊載在第

---

[6] 本社同仁：<發刊詞>，《大中華》，1933，1(1)。

[7] 編輯室談話：《新中華》，1933，1(10)。

[8] 編輯室談話：《新中華》，1933，1(10)。

1 卷第 24 期的廣告中介紹改版的情況。茲從第 2 卷第 1 期起，內容大加更新：

（一）論者：包含性質嚴整之文字，如國家建設、民族生存諸問題之檢討，自然科學、精神科學、社會科學、應用科學之論述等。（二）文藝：包含文學與藝術，凡小說、戲曲、詩歌、文學批評或論述，以及繪畫、雕刻、音樂等之研究或批評。（三）談叢：賅括社會、自然各科之短簡文字，以及短章、隨筆、小品、雜感等雋永幽默之談話。（四）新刊介紹：不論書報雜誌，凡有貢獻於讀書界者，擇要介紹。（五）諷刺漫畫：選載海外及國內之時事漫畫。（六）時論摘粹：摘錄時人之論著，集合各家見解，以資比較。（七）半月要聞：就半月中國內外重要時事，作有系統的記錄。（八）通訊：刊載國內外通訊，以廣見聞，兼供商討。（九）附錄：凡公家專件，以及重要之報告、統計、擇要錄載。（十）插畫：選登中西名畫、招片、時事攝影，以及科學界、自然界之事物寫真[9]。

同時在這一期的廣告中公佈了雜誌的優惠活動：《新中華》擬在第 2 年的第 2 卷中推出附刊《上海的將來》，內容是徵文所得百篇稿件。該附刊「印數有限，恕不零售」。

《新中華》發刊滿一年後的 1934 年 1 月，推出了《新中華》「新年特大號」，在這一期中的<《新中華》的過去與今後>，編者對《新中華》進行了總結和定位。他們認為這本雜誌和當時市面上其他雜誌相比，特點有十，分別是：「注重中國問題、注重經濟問題、注重農村問題、注重邊疆問題、注重中心問題(對時事問題擇重要內容)、注重專門學術、注意科學知識、注重辯論文字、注重文藝作品、注重參考資料。」同時在以往基礎上增闢欄目，開闢了論評、通俗科學、農村通訊、世界小聞欄目，同時增設了「新刊介紹」欄目，為讀者便於選購國內外的新書，其實就是書評[10]。從 1933 年開始，《新中華》保留了一年兩個「特大號」(新年特大號」與「夏季特大號」)，兩個「專號」(文學專號與學術專號)，其餘各月則是力圖把

---

[9] <廣告>,《新中華》, 1933, 1(24)。

[10] 編者：<《新中華》的過去與今後>,《新中華》, 1934, 2(1)。

握當前的重要問題作為討論的中心。從 1934 年「新年特大號」開始，雜誌的欄目又有了新的調整，增設了時代鏡、遊記、藝術漫談欄目。在「本社重要啟事」中得之周憲文辭職，從本年起內部編輯事宜特組織委員會由原編輯人錢歌川、倪文宙及周伯棣、張夢麟、錢亦石、陳子明諸人共同負責，至對外負責之編輯及發行之代表人則由倪文宙一人署名。《新中華》問世後銷路不錯，1934 年「新年特大號」中還出現了<中華書局代讀者裝訂《新中華》雜誌>[11]的廣告：「鄙局為讀者易保存《新中華》雜誌，免至失散起見，擬代裝訂合訂本。每六期合訂一冊，布面金字，每冊收裝訂費六角。」可見當時雜誌是很受當時讀者歡迎的。事實上，「八一三」事變停刊後的《新中華》能夠復刊並持續刊行到解放 49 年後，足以證明其生命力。在 1936 年的「新年特大號」之後雜誌欄目又做了調整，特闢了三種「談話」：「國際時事談話」、「經濟談話」、「科學談話」，增加「文學展望」欄目，「文藝漫談」併入「隨筆」，增加「當代名人傳記」欄目，「半月要聞」改為「時事輯要」。雜誌已經向英、美、德、法、日、蘇幾個主要國家約定特別通訊員，通訊題材除政治、經濟外還涉及社會、文化、藝術等方面。

一、《大中華》雜誌與近代政治社會

（一）<異哉所謂國體問題者>辨析

　　<異哉所謂國體問題者>是梁啟超的一篇著名政論，也是刊載在《大中華》雜誌中最為著名的一篇文章，這篇文章先在北京發表，後在上海發表，引發了巨大的社會反響。所謂的國體概念和今天是很不同的，梁啟超認為的國體問題主要是共和與非共和這兩種方式。梁啟超和袁世凱的淵源很深，兩人曾經互相合作、敵視、又為了某種目的而相互利用，他們的交往

---

[11] <廣告>，《新中華》，1934，2(1)。

史也是中國近代史的重要組成部分，左右了中國的進程和方向。辛亥革命後的 1912 年 11 月，從日本返回中國的梁啟超在袁世凱的支持下組建政黨，擔任政府職務。出於各種目的，梁啟超在政治上也很偏祖袁世凱[12]。但是很快的，兩人關係出現了裂痕，尤其是袁世凱稱帝的計畫讓梁啟超徹底失望。在稱帝前夕，袁世凱對恢復帝制的計畫是很慎重而且保密的，他積極試探社會各界對稱帝的反應。1915 年初，袁世凱的大公子袁克定邀約梁啟超赴宴，楊度作陪。袁克定在談話中指責共和之缺點，其用意是刺探口風，求其贊同帝制，梁啟超表示並不完全贊同。梁預感到災禍將至，於是將家搬往天津[13]。此後，梁啟超與袁氏親信馮國璋共同見過袁世凱，詢問袁是否有稱帝打算，袁矢口否認。總得來說，有學者認為此時的袁世凱對於梁啟超的態度既有提防但又希望拉攏[14]。而梁啟超對袁世凱算是仁至義盡，為了挽救他做了最後的努力。

隨著袁世凱的倒行逆施，梁啟超和袁世凱的矛盾也越來越大。其時中華民國的憲法顧問，美國學者古德諾在 1915 年 8 月 3 日發表了一篇論述各國國體的文章<共和與君主論>，被袁世凱一派所利用大肆鼓吹帝制的好處[15]。為了稱帝，袁世凱指使楊度等人組織「籌安會」，該會於其年 8 月 14 日成立，公開鼓吹帝制活動，梁啟超也發表了他的<異哉所謂國體問題者>予以回應。學界通常認為袁世凱曾贈以二十萬元勸其不要發表，被梁啟超婉言拒絕，其又用恐嚇信手段對梁啟超恐嚇，而梁啟超面對威逼利誘毫不退讓堅持刊發了此文。也有學者認為此說矛盾之處頗多不可信[16]。但無論如何，這篇政論最終得以發表。

[12] 賈熟村：<梁啟超與袁世凱的恩怨>，《湖南科技學院學報》，2011，32(5)：1-4。

[13] 謝本書：<梁啟超與《異哉所謂國體問題者》>，《昆明師範學院學報(哲學社會科學版)》，1984 (2)：49-55。

[14] 馮祖貽：<試析梁啟超參加反袁護國的原因>，《貴州社會科學》，1984(1)：54-60。

[15] 曾景忠：<古德諾與洪憲帝制關係辨析>，《歷史檔案》，2007(3)：111-119。

[16] 李永勝：<梁啟超勸阻帝制與袁世凱之回應——以梁袁往來書信為中心的考察>，《民國檔案》，2016 (1)：73-82。

在文章中，梁啓超還是對袁世凱進行了委婉的勸誡，然而其不贊成變更國體的意圖是明顯的：「故鄙人生平持論，無論何種國體，皆非所反對。惟在現行國體之下，而思以言論鼓吹他種國體，則無論何時皆反對之。」文章又在最後通過橫向和縱向舉例，駁斥了選總統易生變亂的觀點，通過世界上發生動亂的波斯、俄羅斯、土耳其等君主國變亂國家證明不是共和國家也會動亂，中國歷史上並無總統選舉而五胡十六國、五代十國依舊動盪。在最後，梁啓超尖銳地指出君主是一種偶像，而時代變化之後偶像一經打破就無法修復。在這種社會環境下稱帝切不可行，民眾意志和社會輿論已經變化了。「我國共和之日，雖日尚淺乎，然醞釀之則既十餘年，實行之亦既四年。當其醞釀也，革命家醜詆君主，比諸惡魔，務以減殺人民之信仰，其尊嚴漸褻，然後革命之功乃克集也。[17]」

因爲梁啓超和袁世凱錯綜複雜的關係，再加之<異哉所謂國體問題者>中文字頗多矛盾之處，導致學術界對於這篇文章的主旨認識並不一致，爭議頗大。其爭議的焦點集中在彼時梁啓超是否已經開始與袁世凱決裂。但是無論如何，這篇文章對於袁世凱稱帝計畫是極端不利的，作爲曾經的政治盟友，剛剛卸任的政府司法局長和製幣局總裁，文章中對於袁世凱的打擊是巨大的。相比較而言之，認爲梁啓超在此時已經反袁只是時機還不成熟只能虛與委蛇的看法是比較可取的。而梁啓超對於發表這篇文章之時的情形描述是：「我們兩個人(梁啓超和蔡鍔)討賊(討袁)的武器，蔡公靠的是槍，我靠的是筆。帝制派既然有了宣言，我其勢不能不發表反對的文字。[18]」蔡鍔對於此的評價是：「帝制議興，九宇晦盲。吾師新會先生居虎口中，直道危言，大聲疾呼，於是已死之人心乃振盪而昭蘇。先生所言，全國人人所欲言，全國人人所不敢言，抑非先生言之，固不足以動天下也。[19]」此文也是《大中華》這本雜誌最爲知名的政論文章，對中國近代史產生了重

17 梁啟超：<異哉所謂國體問題者>，《大中華》，1915，1(7)。
18 梁啟超：<護國之役回顧談>，梁啟超：《梁啟超選集》，石家莊：河北人民出版社，2004：215。
19 蔡鍔：<《盾鼻集》序>，蔡端，《蔡鍔集》，北京：文史資料出版社，1982：212。

大影響。梁氏另一篇<國體問題與外交>[20]在排版上位於<異哉所謂國體問題者>之後，梁啓超從外交的角度進一步闡釋了國體變更所帶來的問題。梁氏認爲倘若變更國體，將來歐洲結束之後召開解決世界問題的平和會議，中國會因爲沒有得到列強的承認而喪失團體資格。另外，對於中國局勢最爲關心的日本，必然會趁機干預，操縱中國局勢，對於中國則是大大的不利。對於國體問題，還有人認爲當前歐洲大戰，世界局勢不穩，強國如英國、日本其國內紛爭的政治問題都趨於平靜，而中國也應該在亂世之中以不變應對萬變，國內政治應該保持穩定不宜變更國體。周宏業也提出「以我顛沛流離，國基未固，有何恃，而敢輕議國體！[21]」

（二）國性和社會教育

應該說當初加盟《大中華》雜誌，梁啓超是抱著退出政治之心而專注于開啓民智的抱負。面對政治方面的混亂，梁啓超在《大中華》創刊號中<發刊詞>[22]中論說社會的各種凋敝之相，國人普遍認爲中國必亡，梁啓超指出：「若夫有深厚之國性，而其國民對於此國性能生自覺心者，固無人焉得而亡之？」但當時的情況是，「而社會上才智之士舉國聰明才智之士，悉輳集於政治之一途」，所以「社會事業一方面，虛無人焉，既未嘗從社會方面培養適於今世政務之人才，則政治雖歷十年百年，終無根本改良之望」。梁啓超認識到了對於國民「國性」培養的重要性，國家社會如果缺乏普通民眾力量支持，精英努力也是徒然。梁啓超希望通過培養普通國民的智識近而改良社會和國家，號召國民：「當知吾儕所棲托之社會，孕乎其間者，不知幾許大事業，橫乎其前者，不知幾許大希望，及中國一息未亡之頃，其容我迴旋之地，不知凡幾，吾儕但毋偷毋倦毋躁毋鶩，隨處皆可以安身立命，而國家已利賴之。」對於雜誌，則「本報同人不敏，竊願盡其力所

---

[20] 梁啟超：<國體問題與外交>，《大中華》，1915，1(8)。

[21] 周宏業：<論歐洲戰爭與中國之地位>，《大中華》，1915，1(10)。

[22] 梁啟超：<發刊詞>，《大中華》，1915，1(1)。

能逮，日有所貢獻，贊助我國民從事個人事業社會事業于萬一。」在這篇文章之後緊接著是《吾今後所以報國者》，梁啓超回顧了自己涉足政治多年所積累的心得，文章透露出他對於政治的失望和倦意以及退出政治的決心：「故吾自今以往，不願更多爲政壇，非厭倦也。難之故愼之也。」「夫身既漸遠於政局，而口復漸稀于政壇,則吾之政治生涯,真中止矣。」梁啓超從國民的角度認識自己將要承擔的任務，他將自己的志趣重點放在言論方面，希望能夠改良社會教育人民。面對萎靡不振的整體社會環境，梁啓超決定：「吾雖不敏，竊有志於是。若以言論之力，能有所貢獻于萬一，則吾所以報國家之恩我者，或於是乎在矣。[23]」對於多年來政治的乏力，梁啓超是認爲在政制之外，除了政治條件，還要重視社會教育[24]。社會與政治是相互影響的。

　　面對外來的危機，民初知識界很重視對於國民「國性」問題的探討，並將社會教育視爲拯救民族危機的關鍵。除了梁啓超，其他作者也闡述了相似的看法。<吾所告于國民者>[25]同樣指出只有塑造國民人格，才能構建社會和國家：「夫一國之國民，必先當具備其國民之品格，而後國能競立。政有可言，求其所以爲國民品格者，必先醞釀其國家思想。求所以醞釀國家思想者，必其先有學術獨立、生計獨立、教育獨立之思想，次有實行獨立思想之能力。」<國民生存之大問題>[26]認爲民衆愛國之心是國家可否一戰的重要條件，所謂「國性」就是愛國：「人人均以國家爲其私產，凡妨礙國家之自由者，不啻剝奪個人身體之自由，不惜出死力以爭之，故利害休戚同。其分子長凝集而團結。不容有分子之攙入，是之謂國性。國性既成，我國即不可亡」而救亡圖存的關鍵還是自覺的國民教育。民國初年，革命帶來了各種新思想和各種新事物，各種社會思潮在當時的社會都有市場，

---

[23] 梁啟超：<吾今後所以報國者>，《大中華》, 1915，1(1)。

[24] 梁啟超：<政治之基礎與言論家之指針>，《大中華》, 1915，1(2)。

[25] 柯閬義：<吾所以告于國民者>，《大中華》, 1915，1(5)。

[26] 兼士：<國民生存之大問題>，《大中華》, 1915，1(8)。

面對社會精神普遍萎靡的狀態，歐陽仲濤甚至在《大中華》中發表了「宗教救國論」，鼓吹宗教救國[27]。可見學者們對於國性問題的重視和大膽嘗試。

（三）國內政治社會亂象的批判

民國初造，各項事業尚未展開而內憂外患不斷。其時袁氏當國，社會則是亂象叢生，烏煙瘴氣。《大中華》雜誌對於當時社會上的各種不合理現象給予了各種方式的批評，希望整頓風氣，收拾人心，教育國民。民國時期，求官成為一種潮流。針對當時的「求官熱」，梁啓超在<做官與謀生>[28]一文中聯繫就業問題做了探討。文章指出中國求官者過於多：「以余所聞，居城廂內外旅館者恒十數萬，其什之八九皆為求官來也」，「京師既若是矣，各省莫不然」。社會上的人，接受教育者其志向多為做官：「迨民國成立，僅二三年間，一面緣於客觀的時勢之逼迫誘引，一面緣于主觀的心理之畔援心羨，幾於驅全國稍稍讀書識字略有藝能之輩，而悉集於做官之一途。」不論是否做過官，都把做官視為一種謀生就業的手段，而更讓人悲哀的是「問其何以然，則亦衣食而已。」這一點在其他文章中也得到了印證：「稍受教育之人，無不存在作官吏之心，蓋一行作吏，便能安富尊榮。[29]」而官本位的社會現象也對教育方面造成了誤導，有作者批評當時社會以為就讀法政學校就可以做官，導致大量學生趨之若鶩的現象[30]」<做官與謀生>還指出政府多養兵和多設官職浪費資源，而為官者又容易墮落，使得人變為「變為一最完備靈敏之機器而已」，不利於個性發育，對國家不利[31]。

《大中華》中的文字對於社會舊弊堅決地批評。在移風易俗方面，<改良家族制度論>主張對傳統家族制度進行改良，涉及到了同居、共產、

---

[27] 歐陽仲濤：<宗教救國論>，《大中華》，1916，2(2)。

[28] 梁啓超：<做官與謀生>，《大中華》，1915，1(3)。

[29] 譚其羣：<減俸救國論>，《大中華》，1916，2(11)。

[30] 兼士：<國民生存之大問題>，《大中華》，1915，1(8)。

[31] 梁啓超：<做官與謀生>，《大中華》，1915，1(3)。

主婚、守節、居喪、祭葬六項最為重要的制度。「上舉諸事，苟不改良，則
中國將來惟家族能發達，而國家與社會皆不能發達」[32]。

　　《大中華》的文章還討論了國家最核心的政治問題，選舉問題涉及到
民主的根本。<議員資格與財產>[33]批駁了當時的立法議員選舉法中關於規
定被選人資格中必須有一定財產數額的規定，以此為議員選舉之資格。對
於當時軍民不分的情況，歐陽仲濤在<敬告主持國是者>[34]中明確提出「軍
人不幹政治」，對於當時的選舉，歐陽仲濤尖銳地指出是自欺欺人，徒具民
主的軀殼，應該嚴格限定選舉人的資格，使得投票者能夠明確國家政治意
義，否則選舉毫無意義。對於國家和地方的政權關係，民國的精英分子對
這一理論問題展開了激烈的爭論，在《大中華》中也有多篇文章論述這個
問題。當時中國國力孱弱，外有強鄰壓鏡，內部則是邊疆不穩地方勢力各
行其是，中央控制能力薄弱，這種情形下本不適合聯邦制。但是面對袁世
凱弄權的局面，又有很多人支持聯邦制的形式用以限制權利。在民國初期，
聯邦制掀起了討論熱潮。在雜誌上《正誼》、《甲寅》、《大中華》雜誌刊載
的文章主要都是持反對意見，成為當時反對派的陣地。張君勱的<聯邦制
十不可論>[35]是當時討論聯邦制的一篇代表性論文。作者觀點鮮明，從十個
角度論說聯邦制的不可行。中國缺乏聯邦制的歷史傳統和前提，從其他國
家的經驗看：「然而先邦而後國者，其治常一成而不易，先國而後邦者，常
顛倒錯亂，歷數十年而後定。」在現有的國情下，省和所謂的聯邦是有差
異的：「然而同為地方，而聯邦與地方區域異；同為分權，而聯邦與自治權
異。其異安在？曰一則權之由來在己，一則權之由來在人。惟其在己，故
中央不得而顧問，而立法行政之異隨之；惟其在人，故中央可施以監督，
而立法行政之異亦隨之。」貿然的聯邦制唯恐會造成地方獨大而中央控制

---

[32] 吳貫因：<改良家族制度論>，《大中華》，1915，2(3-6)。

[33] 吳貫因：<議員資格與財產>，《大中華》，1915，1(1)。

[34] 歐陽仲濤：<敬告主持國是者>，《大中華》，1916，2(5)。

[35] 張君勱：<聯邦制十不可論>，《大中華》，1916，2(9)。

力下降。張君勱認爲聯邦制需要具備三個條件，就是省或州憲法的釐定、省或州主權的確定、省或州自治基礎的形成，而中國當時三個條件無一具備。同時中國在稅收、軍事還是國家統一等方面也不適合聯邦制。張君勱認爲他的辯論對手只是因爲對袁世凱獨裁不滿才建議聯邦制：「徒憤中央政府之暴戾，轉而求政治基礎於地方，乃盛創聯邦之說。」張君勱此後把該文改爲《省制餘論》，附於《省制條例》之末，以憲法研究會的名義並由梁啓超題字出書。潘立山對於這個問題持相似的觀點，他也認爲聯邦制呼聲的出現是「痛心于袁氏之專恣而思以聯邦論折其牙角」，而對於建立聯邦制應該有「先邦後國」的歷史傳統[36]。

（四）歐戰問題

1915 年，國際的大背景是第一次世界大戰在歐洲激戰，當時國人稱之爲「歐戰」，彼時的中國雖然尚未參戰和表明立場態度，但是國際上的紛爭還是影響到了國內的政治和領土主權。一直覬覦中國的日本趁德國捲入戰爭無暇東顧入侵山東，逼迫中國簽訂喪失主權的「二十一條」。這場戰爭對於國內產生的影響也波及到了新聞業。戈公振在《中國報學史》[37]裡面對於雜誌的分期，也是以歐戰爲節點：「歐戰以前，民國初造，國人望治，建議紛如，故各雜誌之所討論，皆注意於政治方面，其著眼在治標。歐戰之後，國人始漸了然人生之意義，求一根本解決之道，而知命運之不足恃。」作爲時政類刊物，關於歐戰問題的探討也是《大中華》的熱點議題。

《大中華》對於歐戰問題十分關切，從創刊開始就刊載相關文章。這些文章從三個角度來觀察歐戰：一是關於戰爭本身的背景和發展；二是從戰爭對國際形勢和國內影響層面做深入分析；三是對於交戰國各種最新武器的介紹，隨著科技的發展，各種新式武器，比如飛艇、飛機、潛水艇等悉數登場，給國人以極大的震撼。對於戰爭的背景，很多文章都做了獨到

---

[36] 潘力山：<封建與聯邦>，《大中華》，1916，2(8)。

[37] 戈公振：<中國報學史>，北京：生活.讀書.新知三聯書店，2010：173。

的分析，而對於德國介紹尤多。這些論文表明，這場戰爭的爆發不是偶然的，而是各種矛盾的集中爆發，各國政府爲了戰爭處心積慮，有其歷史必然性。作爲一名資深的政治家，梁啓超對於歐戰問題自然有獨到的見解。<歐戰之動因——歐戰蠡測>[38]是介紹歐洲戰爭的文章，首次發表在《大中華》第 1 卷第 1 期上連載 3 期，對於歐戰的歷史背景，各國之間的利益糾葛做了內容翔實的介紹。作爲寫於戰爭爆發前期的文章，他寫道：「既已終不免于一戰，則速發禍較小，遲發禍更大，則今茲之戰，其或亦最適之時機也。」面對世界大戰的局面，中國的有識之士意識到了世界格局正在發生變化，有認爲「歐洲戰爭乃世界各國更新地位之大機會也。[39]」這場戰爭戰場在歐洲，但是其影響是世界範圍的。歐洲諸強鏖戰而美國和日本發財，對於緊鄰日本，更是趁著歐美無暇東顧強佔膠東，對保持戰爭中立的中國開始侵略。這是當時歐戰對於中國的直接影響。學者們看到世界各國強弱相殘，深深爲中國擔心，建議政府應該嚴守中立，而士大夫也應該自強。關於歐戰戰爭對於中國的影響，歐陽法孝在<歐戰與中國>[40]指出，戰爭後列強在中國的均勢被打破，中國會面臨一次新的外來案勢力的洗劫，而應該加強自身的國防能力建設。「若我中國之危險程度，十百倍於他邦，而國防設備則萬無一有，此即今日全國一致，上下一心，晝夜兼行，爲救亡之措施。」當時戰況不明，中國還是中立國的身份，這些文章也力勸中國中立，免得引火焚身。對於歐戰的結果預測，作者們普遍認爲雙方各有優勢，結果難料，而最後以彈盡糧絕，財政枯竭爲止。「以用財如流水，各國再有數次公債之募集，國力亦將枯涸。而一次公債之額，所謂多或數十億與百億者，亦不過能支持數月，此安能長久。故三十年戰爭之事，斷不

---

[38] 梁啟超：<歐戰蠡測>，《大中華》，1915，1(2)。

[39] 周宏業：<論歐洲戰爭與中國之地位>，《大中華》，1915，1(10)。

[40] 歐陽法孝：<歐戰與中國>，《大中華》，1916，2(2)。

至再現於今日。[41]」「企望和平者，必當求其戰事延長，至於一年二年，使之財力俱盡而後悔過之心可生，弭兵之日可至。[42]」

（五）尊孔問題的爭論

辛亥革命爆發到洪憲帝制失敗是社會上尊孔思潮的興起、發展和高潮階段。在這段時期，尊孔思想首先在教育抬頭，恢復了小學讀經，緊接著在社會各個領域開始蔓延，舊式道德重新被提倡，禮俗上「聖節」被設立，1913 年孔教會更是請願將孔教為國教使尊孔問題上升到法律層面，但未獲通過。而袁世凱為了配合帝制計畫在尊孔思潮中也發揮了很大的作用[43]。

尊孔問題引發了巨大的爭議。《大中華》雜誌中的文章基本上都持反對態度，激烈地批判了社會上的這種思潮。藍公武的<辟近日復古之謬>[44]在開篇就旗幟鮮明地表示反對：「時代遷移則古今易轍，文化相接則優劣立判。據今之世而欲復古之治，以與近世列強之科學智識，國家道德相角逐，是非吾人所大惑不解者耶。」他指出：「古昔封建之信條乃不適於今日國家之文化」，一些道德標準是「與時遷移之物」。在這篇文章中，作者從五點指出復古的不可行：一是古之所謂禮教與近世國家之有機組織不相容也；二是與近世之組織不相容也；三是與近世之法制制度不相容也；四是與近世教育制度不相容；五是與今世之人格觀念不相容。作者尖銳地指出：對於禮教，國人「不圖昔日之所視為亡國之具者，今乃舉而為治國之道，豈以亡國不速而欲反甲午以前之治道以自速其亡耶！」作者最後堅定地總結出：「改革之道不在復古而在革新。」梁啟超從歷史的角度承認了孔子是數千年來社會中堅，他認為「中國文明實可謂以孔子為代表」，而「今後社會教育之方針必仍當以孔子教義為中堅然後能普及而有力」，然而從古至今社

---

[41] 歐陽法孝：<歐戰與中國>，《大中華》，1916，2(2)。

[42] 青霞：<歐洲戰爭之預測>，《大中華》，1915，1(3)。

[43] 張衛波：《尊孔思潮研究》，北京：人民出版社，2006：28-53。

[44] 藍公武：<辟近日復古之謬>，《大中華》，1915，1(1)。

會上對於孔子學說有很大的錯誤認識。對於當前社會上的不正常尊孔現
象，梁啟超同樣予以駁斥，<孔子教義實際裨益今日國民者何？在欲昌明
之其道何由？>[45]一文闡釋了梁啟超對於孔子的認識。梁啟超認為對孔子學
說要有正確的認識，其最裨益國民的地方在於「教各人立身處世之道」，
而自古以來社會上對於孔子之學有很多誤解和錯誤運用，對於政府祀孔、
封聖和跪拜率這些復古的儀式，梁啟超並不認同，對於社會上將孔學教會
化並將孔子也昇華為神的做法更是極力反對。梁啟超認為教會的成立是有
歷史條件的：「更就教會言之，凡社會一實象之存，必有其歷史，而歷史又
自有其胎育之原。泰西之有教會，其歷史發自羅馬，迄今垂千餘年。」除
了歷史傳承之外，「其教旨宿於身後之罪福，有以簪眾人之聽而起其信，而
其本原之本原，則尤在彼創教者自命為超絕人類」，而孔教沒有這種歷史淵
源。「今孔教絕無此等歷史，而突起效仿之，譬諸本無胎妊，而欲摶土以成
人，安見其乎？」何況「孔子始終未曾自言為非人，未嘗以神通力結信與
其徒。」對於孔子的思想言論，梁啟超進行了分類，指出孔子的禮文制度
已經過時，而社會上尊孔者「最喜將孔子所談之名理、所述之政制，刺取
其片詞單語與今世之名理政制相類似者，而引伸附會」，這種方式其實對社
會有很大的弊端。吳貫因的<尊孔與讀經>[46]針對教育界讀經的問題展開討
論，文章首先指出孔子應該崇拜其「道德之美，人格之高」，而他的言行多
有局限性：「孔子為聖之時，其所言者，多因時而廢，故在甲邦所論之治法，
未必可行於乙邦。」作者對當時尊孔一派的認為讀經可以矯正風紀、扶植
綱常、通達治理的觀點一一駁斥，在結論中強調「文章之體裁筆法隨時代
之變遷」，「經中所陳之義其大部分已不適用於今日」。對於孔教信徒試圖用
孔教來挽救社會道德，整頓人心的說法，<論中國今日不宜以孔學為國教
>[47]一文也不認同，認為其不合時宜，對於民族團結也沒有好處。而面對有

---

[45] 梁啟超：<孔子教義實際裨益今日國民者何？在欲昌明之其道何由?>，《大中華》，1915，1(2)。

[46] 吳貫因：<尊孔與讀經>，《大中華》，1915，1(2)。

[47] 矔蕭：<論中國今日不宜以孔學為國教>，《大中華》，1916，2(10)。

人提倡停辦小學複科舉的建議，兼士在<國民生存之大問題>[48]一文感歎道：「嗚呼，安得此亡國之言乎！」

（六）抵抗日本侵略

民國初年，列強在歐戰的國際背景下無暇東顧，這使得日本的侵略野心有了明顯的膨脹。面對咄咄逼人的侵略態勢，中國的愛國知識分子在媒體上大聲呼喊，揭露日本的陰謀，呼籲團結對外。

梁啓超在變法失敗後流亡日本多年，在日本興辦報紙，參加社會活動，對日本懷有很深的感情，曾經稱之為「第二故鄉」。但是面對日本入侵山東的國仇家恨，梁啓超積極揭露日本陰謀，積極反日。當時日本藉口保全中國領土而侵佔青島等地，並對外以防止德國捲土重來的藉口拒絕撤兵。在《大中華》雜誌，梁啓超和其他一些作者通過文章對於當時中日之間的外交問題做了全方位的討論。在梁氏發表的<中日最近交涉平議>[49]一文中，他一針見血地指出：「日本人寧不知德國在東方之戰鬥力已掃蕩無餘，難道德人在歐戰期間能有力以複攻青島？有力以復奪膠濟鐵路？五尺之孩童知其不然矣！」這篇文章語言棉裡藏針，倘若日本欲殲滅中國，中國「必為玉碎，而無是絲毫瓦全之希冀」，日本像吞併朝鮮一樣吞併中國是不可能的，最後勸誡道：「日本既絕無吞滅中國之心且深察吞滅中國非日本之利，則無論如何終須兩國善意提攜，始能挽此危局。」此後，梁啓超更是連續發表了六篇文章，集結成<中日交涉匯評>，這分別是<中日時局與鄙人之言論>、<解決懸案耶新要求耶>、<外交軌道外之外交>、<交涉乎命令乎>、<中國地位之動搖與外交當局之責任>，集中刊載在第 1 卷的第 4 期和第 5 期。梁啓超還駁斥了日本媒體污蔑中國新聞界被德國收買而對日本採取抹黑的說法：「日本報紙之論調有一事最可笑者，則強將我國知名之士及稍有價值之報館加以排日派、親德派種種名義，又捏稱德人以金錢運動某某人，

---

[48] 兼士：<國民生存之大問題>，《大中華》，1915，1(8)。

[49] 梁啟超：<中日最近交涉平議>，《大中華》，1915，1(2)。

賄買某某報館。」對於日本人所描述中國人中的「某國某黨」者，梁啓超堅持「所謂某國黨某國黨者，終古決不能出現於我國中」，「夫以日本人與我國人之交際之切密，猶不能在我國中造出所謂日本黨，況以德人與吾國人交際之疏逖，又安能在我國中造出所謂德國黨者，使我國人而有好黨附他國之性質耶！[50]」對於日本的步步緊逼，梁啓超的文章一方面自證清白，一方面表明中國人民堅決抵抗的態度，希望日本好自為之，同時給袁氏政府施加壓力。對於日本人的野心梁啓超應答的不卑不亢，所謂：「日本人而欲得其所不當之權利於中國耶，請日本人自取之，欲吾國人捧手以相授受焉決不可得也」，「借艦與礮之影響以助外交成功對付前清政府誠不失為妙術，而在今日則無所用。」針對日本人不戰而屈人之兵的如意算盤，梁啓超答覆道：「若欲其不可屈者而屈之。[51]」對於中國的處境，梁啓超看得很透徹：「日本此次之要求，則當承諾之日即為我國國際上地位動搖之時，此最不可不猛醒也。」對於日本的無禮要求，「我國外交當局其慎思之，今日若以此許日本，將來他國提出同等之要求何辭以拒！試問我國有幾個南滿？有幾個山東？有幾個福建？有幾個員警權？有幾個顧問席？[52]」

　　<日人之中國軍事觀>[53]是翻譯日本《朝日新聞》關於中國軍力的文章，原文作者不詳，文章內容極其翔實。作者農生非常驚訝和惶恐，在他寫的按語中提及：「當此國交緊急時代，彼一般新聞家，甚言吾國軍力之不足恃，告諸國人，意或別有所屬。日本人對於我國軍界要人的出身、性質、軍械類別、軍艦內容都瞭若指掌，反觀我國國民對於自身軍事勢力竟然不甚明瞭。」也有文章為中國出謀劃策，除了前面文章提出的國民教育方面，葉達前認為當務之急是「重訂於列強之關係，以保存中國之發議權是也」，在措施上「將來各條約國，如何關於中國事宜之條約，必先得中國自願之許

---

[50] 梁啟超：<中日時局與鄙人之言論>，《大中華》，1915，1(4)。

[51] 梁啟超：<外交軌道之外之外交>，《大中華》，1915，1(5)。

[52] 梁啟超：<中國地位之動搖與外交當局之責任>，《大中華》，1915，1(5)。

[53] 農生：<日人之中國軍事觀>，《大中華》，1915，1(5)。

可及正式之署名方生效力」，引入其他國家勢力來制約日本，謀求外部世界的力量均衡[54]。事實上當時的北洋政府也謀求了多個國家的幫助。其他文章也對於中日問題發表了看法，表達了中國人民憂慮和憤怒。吳貫因對於中日局勢憤怒地指出：「惟日本報常罵我國為無誠意，又報載大隈伯（大隈重信）之語，謂信義二字，非所望于中國人」，這種情況根本就是「強權之所在即公理之所在而已。[55]」

　　還有文章討論了其他國家對於中日關係的影響問題。隨著歐洲國家的衰落，美國對於亞洲的影響越來越大，《大中華》雜誌對於美國的立場進行了分析。<日美果不免於衝突乎？>[56]是翻譯自日本人的作品，文字粉飾太平，強詞奪理，宣揚日美兩國的和平前景。<美國人之日本觀>[57]則是翻譯自美國人寫的文章，該文指出日本人性格中的自大自狂，同時指出「日本欲為東方之美國而又自知凡事不如美國之強，故對於自來友好之美國，始而忌，終而疑。」《美國人之中日交涉觀》[58]也是一篇翻譯文章，對於美國是否可以為中國一助的問題，文章則認為基本沒什麼指望：「一言而決之，中國必退讓，美國必不為中國助。」《美國日報之中日交涉評》[59]一文搜集了美國報紙對於中日問題的評論，當時日本欲霸佔中國，美國商業利益大受影響，報紙們紛紛就這一問題表態，對日本乘虛而入的無恥行為表示譴責。「日本要求中國雇傭日人為政治、財政、軍事顧問，又要求監督警政，督查軍火買賣及製造，及管理路礦等權，此等要求無異於併吞。」針對當時日本政府對於美國無意侵犯中國的允諾，眾多報紙紛紛表示質疑。

---

[54] 葉達前：<中國與大戰爭>，《大中華》，1915，1(12)。

[55] 吳貫因：<強權與公理>，《大中華》，1915，1(7)。

[56] 島毅亮甫作、范石渠譯：<日美果不免衝突乎>，《大中華》，1916，2(9)。

[57] 伯來作、葉達前譯：<美國人之日本觀>，《大中華》，1915，1(10)。

[58] 照丹：<美國人之中日交涉觀>，《大中華》，1915，1(5)。

[59] 葉達前：<美國日報之中日交涉評>，《大中華》，1915，1(10)。

　　《大中華》關於中日關係的相關文章，總結起來看法是很一致的，在背景上普遍認識到日本趁歐戰之機入侵中國，中國十分危險。然而，中國並不可征服，從外在方面看中國利益非日本一家所有，另外中國雖弱但是有決心反抗。這對於鼓舞民族士氣，呼籲民眾抗爭方面起到了重要的作用。

二、《新中華》雜誌與時代危局

　　民國以來，外部安全最大的威脅始終是日本。從《大中華》到《新中華》，中日關係和國際形勢始終是重要內容。同樣偏重于時政，《新中華》在內容上比《大中華》要豐富。在中華民族的面臨亡國的危險下，雜誌做了很多努力來分析世界局勢，為民族鼓舞士氣，為國家獻計獻策。《新中華》出版至第 1 卷第 2 期時逢「一二八」事變一周年，雜誌特地邀請參戰國軍將領撰文，出版了一期「紀念淞滬抗日戰爭」專號，並堅持在每一年的「新年特大號」上回顧世界局勢，談論中國出路。

（一）堅持抵抗的立場

　　保家衛國是不言自明的責任。面對世界局勢的風雲變幻，《新中華》的作者們雖然在未來局勢走向上觀點不一，但在維護主權，保持民族獨立的立場上都保持了一致。

　　沈志遠深刻地指出：「不論大戰爆發何種形勢與發生何處，它總是為著極少數資本帝國主義者的利益而實行對於全中國、全世界勞苦大眾的大屠殺，在這種情形下，特別是在帝國主義積極企圖吞併全中國的情形之下，中華民族只有兩個前途：或是一貫地採取逆來順受政策，敵人進一步，我就讓一步……或是立刻急起直追，變逆來順受政策為反對侵略的不妥協的革命外交政策，集中全國一切武力、財力、人力共赴國難——特別是反抗侵略者。……我們應該往那條路上走？大家不可不平心靜氣的思考一下，

我們的命運是應該由我們自己去決定的啊！[60]」隨著局勢的惡化，中國上下已經意識到了危機的不可逆轉，雜誌中充斥著山雨欲來風滿樓的感覺。1936 年 1 月的「時論選輯」轉載了胡適的<敬告日本國民>[61]，胡適首先談到：「日本的軍人逼迫中國的政府下了一道「睦鄰」的命令，禁止一切的反日的言論與行動。」胡適敬告日本國民兩句話：「請不要談『中日親善』了，請日本國民不要輕視一個四億人口的仇恨心理。」胡適接著說：「但我們現在觀察日本軍人的言論，我們知道日本軍人的侵越野心是無止境的。滿洲不夠，加上了熱河，熱河不夠，延及了察哈爾東部，現在的非戰區還不夠作緩衝地帶，整個華北五省都有被分割的危險了，這樣的步步進逼，日本軍人的計畫沒有止境，但中國人的忍耐是有盡頭的，仇恨之上加仇恨，侮辱之上加侮辱，終必有引起舉國反抗的一日。」發表於 1936 年 1 月馬星野的<太平洋的三角爭鬥與中國>[62]一文指出美日、英日在中國的矛盾不可調和，各方都在積極備戰。中國的主權問題的解決必然是通過戰爭來解決，應該早做預防。「有喘息可得之時，我們積極準備，我們在敵人不許我們喘息之時，只有慷慨激昂的犧牲，不戰而亡國，不如戰而亡國，而戰爭不一定會亡國哩。中國民族之自強，是東亞和平唯一之基礎，不建立在這個基礎上的和平，全不是永久的。」

（二）經濟危機與中國未來

談政治軍事者往往先談經濟，《新中華》的這些作者非常理性、準確的解構了世界當前矛盾及其由來，給讀者以撥雲見日之感。對於國際形勢，《大中華》的分析極其到位，這些高品質的作品精闢地分析了世界局勢與中國境況的關係，認識到經濟危機促使世界大戰在未來即將爆發，由於中國對於列強存在巨大的利益，故而中國與日本的糾葛，從長遠看必然會引起世

---

[60] 沈志遠：<第二次世界大戰與中國之前途(二)>，《新中華》，1935，3(15)。

[61] 胡適：<敬告日本國民>，《新中華》，1936，4(1)。

[62] 馬星野：<太平洋的三角爭鬥與中國>，《新中華》，1936，4(1)。

界其他國家的干預。未來和平無望，而中國也會置身戰爭之中。陸費達的<備戰>[63]刊登於<發刊詞>之後，開宗明義的指出：「太平洋的風雲，一天緊一天，世界第二次大戰，到底是難免的。」謝祖安對於資本主義世界經濟危機和世界大戰的關係分析極爲透徹，在<資本主義的掙扎與世界大戰的醞釀>[64]一文中，作者首先分析了世界性的經濟困境和各國的應對乏力。「於是各資本主義國家爲挽回這個經濟的危機起見，不得不謀怎樣打開經濟難關的有效方法，這個有效的方法是什麼呢？主要的就是各國市場的爭奪！」而出路就是「爭奪世界殖民地半殖民的市場，而中國的衝突根本也緣於此。」中國成爲列強利益的交叉點且國力空虛，而列強厲兵秣馬，中國應該早做準備。梅龔彬也認爲戰爭是無可避免。作者討論了東北問題、軍縮問題、賠款與戰債問題。作者認爲：「1933 年的國際政治，將在這三大問題上糾纏著，然而愈糾纏而愈將陷於不可解決之境，最後只有以戰爭來清算之一途了。1933 年，將是未來世界大戰的前夜！」而中國東北問題的解決，不僅僅是中日的問題，也受到世界各種力量的左右，最後的解決方案就是戰爭。梅龔彬就指出：「東北問題不經過第二次世界大戰是不能得到最後解決的。[65]」面對烏雲密佈的國際局勢，胡慕萱同樣指出經濟危機與世界大戰的關係。他同時指出與第一次世界大戰不同，列強的視線從巴爾幹半島轉移到了太平洋，這裡面的原因是：「第一次世界大戰已經把西方的殖民地分割完，而圍繞太平洋沿岸的，不特有廣大的原料豐富的處女地，更有十一萬萬以上的人口」，所以「正合帝國主義者侵略的條件。[66]」戰爭即將打響的觀點在以後的文章不斷的重複和強化。在錢亦石的<國際政治的總形

---

[63] 陸費達：<備戰>，《新中華》，1933，1(1)。

[64] 謝祖安：<資本主義的掙扎與世界大戰的醞釀>，《新中華》，1933，1(7)。

[65] 梅龔彬：<世界政治的回顧與展望>，《新中華》，1933，1(1)。

[66] 胡慕萱：<箭在弦上的第二次世界大戰>，《新中華》，1934，2(8)。

勢———一九三四年的回顧與一九三五年的展望>一文中，作者再次指出：
「一九三四年是世界大戰的前夜。[67]」

（三）國際關係的分析

　　還有很多文章分析中國和幾個利益相關國家的關係。戰爭能夠爲中國
帶來什麼？這是一個很值得探討的話題。學者們把蘇聯也納入了局勢的考
慮，他們認識到蘇聯的社會主義道路和資本主義是格格不入的，這種顯而
易見的矛盾也會帶來很多摩擦。無論是帝國主義國家內部火拼還是帝國主
義國家對蘇聯開戰，都直接關係到中國的前途。

　　王亞南在 1933 年的文章分析了中國局勢，指出中國以現在的情況爭取
「自立圖強」比較困難，而依靠外部勢力有三種選擇：一是與蘇俄聯盟；
一與日本聯盟；一與國聯合作（或與英美合作）。王亞南指出蘇俄與中國制
度不同難以合作，與日本攜手就是被獨佔。作者傾向于中國與國聯合作，
但又不能過於信任國聯[68]。

　　發表於 1934 年 1 月的<國際政治的過去與今後>[69]把當下國際局勢做了
梳理，作者錢嘯秋指出，當時的世界是資本主義世界的沒落期，而社會主
義的蘇聯則欣欣向榮，兩者互不相容。世界的矛盾主要矛盾有四：資本主
義和社會主義國家的矛盾；資本主義國家之間也存在瓜分世界的矛盾；資
本主義國家和殖民地國家的矛盾；資本主義國家內部的矛盾。一年來滿洲
問題國聯干預毫無效果，國聯本身風雨飄搖，軍縮會議毫無結果，而戰債
問題也無法解決，世界上法西斯勢力抬頭，歐洲經濟低迷政治上暗流洶湧。
結論就是：「資本主義，除了戰爭外別無出路。」張仲寔寫於 1935 年的<

---

[67] 錢亦石：<國際政治的總形勢———一九三四年的回顧與一九三五年的展望>，《新中華》，1935，
3(1)。

[68] 王亞楠：<投降日本與求助國聯>，《新中華》，1933，1(17)。

[69] 錢嘯秋：<國際政治的過去與展望———一九三三的回顧與一九三四的展望>，《新中華》，1934，
2(1)。

第二次世界大戰與中國之前途>[70]一文中指出：第二次世界大戰有兩個前途，一個就是帝國主義的國家一致進攻蘇聯，第二個就是帝國主義國家為重新瓜分世界而相互廝殺。戰爭既然不可避免，作者總結出：「近百年來的經驗，我們中華民族的獨立與解放，是跟帝國主義不能並存的。」而「中國對於第二次世界大戰的態度應以削弱帝國主義的勢力為出發點，假設第二次世界大戰是帝國主義進攻蘇聯的戰爭，則中國應當與蘇聯相友助，假定第二次世界大戰是帝國主義相互間的戰爭，則中國應當聯合世界上被壓迫的民眾與民族，共同反對世界帝國主義統治。」

對於國聯，寫於 1933 年的兩篇文章當時中國人所倚重的國聯做出了精確的點評，體現了民初知識分子清晰的世界局勢判斷。這些作者都看到了各方在中國角力的根本原因在於中國的市場。關於國聯的性質，錢亦石尖銳地指出國聯：「本是英法等過用以『打家劫寨』的集團，近年因分贓問題引起內部的衝突。自從東方盜魁——日本帝國主義——為吞我國東北角上一塊肥肉單獨跑開以後，集團內部大有拆夥之勢，現在一個西方夥伴——德國又步東方盜魁的後塵，負氣出走了，天下事無獨有偶，原用不著大驚小怪。[71]」王亞楠則認為：「國聯雖然是一個國際機構，而指揮操縱這個機構的卻是一般專以侵略弱小國家為事的帝國主義。」作者在分析了國聯的性質之後提出與國聯合作，爭取自己做大權益的觀點：「雖然國聯『孱弱無能』，但最後終於通過了一些為日本不能接受的議案，逼日本退出組織。使它在道德上、精神上、輿論上收到非常的打擊。[72]」

---

[70] 張仲寔：<第二次世界大戰與中國之前途>，《新中華》，1935，3(15)。

[71] 錢亦石：<德國退出國聯後的大戰危機>，《新中華》，1933，1(17)。

[72] 王亞楠：<投降日本與求助國聯>，《新中華》，1933，1(17)。

（四）增強民族凝聚力，積極備戰

　　面對時代危局，社會精英們各抒己見，對於國防備戰獻計獻策。陸費達在《備戰》[73]一文分析了世界的局勢，指出現在不宜宣戰，而應靜候時機並積極備戰。「我以為我們此時，應將整個的財力人力，準備作戰，因為戰爭萬不能免。」面對不利的局面，《新中華》的作者們都意識到了救國憑藉的人民的力量，既然武器上劣於敵人，實力處於下風，如想雪恥除了物質力量的積蓄，還需要精神戰力的增強。《新中華》清晰地認識到民族意識和愛國熱情也是抗敵的武器。曾率部參加「一·二八」淞滬抗戰的張治中談到：「對於淞滬抗戰，我們認識到：犧牲精神可以抗拒強敵。總理告訴我們：『革命黨的見識，都是敢用一個去打一百個人的。』我們有了這種犧牲的精神，就可以抵抗頑強的敵人，這次作戰不怕敵人是用怎樣優勢的兵力和武器來壓迫我們。我們的官兵，沒有一個是畏縮不前。」同時「團結力量才能抵禦外侮」[74]。周懷鼎同樣指出精神的重要，對於當前中國國防問題：「一言以蔽之，曰人心不振，精神萎縮而已。」他指出東北問題列強分贓不均，而日本仍然是貪得無厭，必須重視國防建設以禦敵。對於未來國防原則乃是「長期作戰」，「吾國人民眾多，地域廣袤，礦藏豐富，資源充足，此天惠長期作戰之國。」作者提出一攬子規劃，列出中國國防建設大綱，最後指出：「國力為物質量與精神力之乘積，前已言之。以故吾人于永久保持激越之精神而外，尚須謀物質力量之充實，所謂從根本著想，不外此耳。[75]」

　　對於國民經濟和國防的關係，發表於 1937 年 1 月周憲文的<中國國民經濟與國防>[76]指出：「在國難萬分嚴重的今日，我們主張一切都應以國防

[73] 陸費達：<備戰>，《新中華》，1933（1）。

[74] 張治中：<淞滬抗日戰爭與今後抗日戰的準備>，《新中華》，1933，1(2)。

[75] 周懷鼎：<未來世界大戰與國防建設問題>，《新中華》，1933，1(7)。

[76] 周憲文：<中國國民經濟與國防，《新中華》，1937，5(1)。

爲前提，如就建設而言，則應以國防建設爲主，生產建設爲輔。」作者指出中國的工業和農業都很落後，這種落後也是國防落後的結果。從原因上，中國遭受到了外國力量的侵略，資源被掠奪，工商業不振，從而影響到了戰爭能力。在戰略上，《大中華》也提出了自衛的戰略方針。錢亦石的<世界進入一九三七年>[77]規劃了中國的防衛策略：「一是包圍的策略——仿照歐洲的辦法，建立太平洋集體安全制度，使幾個侵略者孤立起來，胡適之主張中國加入英、美、法、蘇的民主陣線，內容就是這樣。這是否可能呢？在大家都需要塞住東方噴火口的時候，是可能的」；「二是突擊的戰略——僅有包圍的戰略是不夠的，因爲侵略者困在核心，隨時要投間抵隙的突出重圍，從侵略者的眼光看，中國自然是它的出口。所以我們遇到敵人投間抵隙的時候，必須給與當頭一棒，用時髦的話說，就是『抗戰』」。

（五）航空救國的思潮

當時社會上航空救國的口號很響亮，孫中山就是這種思想的擁護者。多年的海外經歷使得他很早就認識到了空軍的威力並積極推廣，期望其能夠助力於中國的革命事業[78]。陸費逵在<備戰>[79]一文中寫道：「但就常識言之，海軍一時無辦法，索性不理，空軍爲目下最要緊之物，且費用不大要積極進行。我國非工業國，無工業都會，空軍不必以保護都會爲目的，要以抵抗敵機轟炸敵人爲目的。」他認爲中國在軍事準備方面，側重點應該是空軍、鐵路建設、軍需儲備。更爲有趣的是，《新中華》第 1 卷第 13 期是「摩托救國」專號。「摩托救國」口號實際體現的是「航空救國」思想，強調高科技，是近現代史上軍事救國和科學救國思潮的一種反映。在《新中華》這一期摩托救國專號中，全刊除了一篇文章之外在論說部分都是討論摩托救國相關問題。根據「編輯室談話」的記載，這期專號是與中央建

---

[77] 錢亦石：<世界進入一九三七年>，《新中華》，1937，5(1)。

[78] 畢居正：<孫中山的航空救國思想及其影響>，《軍事歷史》，1993(3)：10-13。

[79] 陸費逵：<備戰>，《新中華》，1933，1(1)。

設委員會合編的，收錄的文章有：<摩托救國芻見>(吳稚暉)、<提倡摩托救
國之意義>(張人傑)、<摩托救國要義>(張繼)、<完成摩托救國之程式>(陳大
受)、<摩托與國防>(張其昀)、<摩托與交通>(單基乾)、<摩托救國聲中之社
會問題>(李少陵)、<摩托救國聲中之經濟問題>(陳國鈞)、<摩托救國聲中之
石油問題>(秦瑜)、<摩托製造中的幾個重要問題>(張家祉)、<如何實現航空
救國>(錢昌祚)、<現代國防與航空事業>(石英)、<提倡氣象事業輔助航空
>(陸鴻圖)、<航空之無線電信>(趙曾鈺)、<空軍與空防>(黃友謀)、<蘇聯航
空五年計劃>(徐仲基)、<中國物質建設中之水利問題>(陳志定)、<中國鋁礦
之研究>(許本純)、<中國鋼鐵事業概況及發展初步計畫>(許本純)、<靜動力
與動動力>(惲震)、<機械與農業>(郭頌銘)、<世紀汽車事業概觀>(胡嵩崙)。

　　此專號發起人是民國時期的風雲人物吳稚暉，專號開篇就是他的<摩
托救國芻見>[80]，文章的開頭給出了摩托的概念：「摩托者，西文義動力者
而已。吾最普通稱為摩托者有二：一以稱汽車及飛機內油力爆發機，一以
稱電力傳引之轉動機。我所指摩托，乃指油力爆發機，非謂電力傳引機也。」
也即是通常意義上的內燃機。作者指出摩托救國，實際上是飛機救國。當
時中國武器落後，而飛機為最先進之武器。「先欲救貧國時代之弱國，知欲
一切國防完備，而後能抵抗強敵，其勢有所不能。因而相出『飛機救國』
一法。飛機救國者，即摩托救國之首要一事也。」作者提出一個整體性的
規劃，包括工業、人才教育等方面優先發展飛機事業。而對於摩托和飛機
的關係，作者說：「吾知國人之心理，必總嫌飛機為戰具，而為用有限全力
注之，不無範圍太溢，於是吾特就飛機最主要之關聯品，所謂爆發機之摩
托，知摩托不極精，飛機亦無望最精。」張人傑的<提倡摩托救國之意義
>[81]一文論述了摩托救國和航空救國之間的關係：「自瀋陽事變以來，日人
得步進步，利用空軍，任意轟炸我不設防之城市，生命財產，受其蹂躪而
損失者，何以數計。國人方始憬然于己之國空防之薄弱。於是飛機救國之

---

[80] 吳稚暉：<摩托救國芻見>，《新中華》，1933，1(13)。

[81] 張人傑：<提倡摩托救國之意義>，《新中華》，1933，1(13)。

聲，一時乃甚囂塵上，然此特頭痛醫頭足痛醫足之治標辦法，殊非保本求源之論。蓋購買飛機僅足以爲一時救國之方，惟自造摩托始足以收永遠救國之效也。」

　　無論是戰爭還是科技均依賴於綜合國力，從今天視角來看這些科學救國思想未免有些劍走偏鋒，過於強調走捷徑。但仍然不失爲是當時知識分子救亡圖存的一種思考。

第六章 中華雜誌出版與民國實業思想

　　中華書局出版的雜誌對於實業界的論說，主要集中在《中華實業界》，還有部分見於《大中華》和《新中華》之中。《中華實業界》創刊之時，正值民國初創，社會處處新跡象，實業博興而實業救國學說方興未艾。創刊於 1914 年 1 月《中華實業界》是一份經濟管理類的刊物，關於《實業界》創刊的初衷，陸費逵在<《中華實業界》宣言書>[1] (第 1 卷第 1 期)中直言不諱地寫道：「吾國貧弱極矣，推其原因，則貧由於弱。欲求挽救，則富然後強，實業為救貧唯一之道。」陸費逵作為一個帶有舊式文人情節的實業家，非常清楚實業的作用，對當前國內的實業狀況感覺憂心忡忡，並體會到了雜誌對於實業的促進作用。在這篇文中他提到：「客歲遊日，見彼國實業之發達，實業雜誌之流行，中心怦然，知實業雜誌為振興實業之不二法門。」「實業」在近代史上有不同的定義，這個詞最早出現在 19 世紀末，鄭觀應、康有為等少數人對此有所闡述。康有為在《請屬工藝獎創新折》[2]中談到：「其有尋新地而定邊界、啟新俗而教苗蠻、成大工廠以興實業、開專門學以育人才者，皆優與獎給。」清末狀元實業家張謇提出比較清晰的概念：「實業在農工商，在大農、大工、大商。[3]」梁啟超的概念也與之很接近：「我國自昔非無實業也，士、農、工、商，國之石民，數千年來，既有之矣。[4]」

---

[1] 陸費逵：<《中華實業界》宣言書>，《中華實業界》，1914，1(1)。

[2] 康有為：<請屬工藝獎創新折>，中國人民大學出版社。《康有為全集(第四集)》，北京：中國人民大學出版社，2007：302。

[3] 李明勳、尤世瑋：《張謇全集》(第 3 冊)，上海：上海辭書出版社，2012：1393。

[4] 梁啟超：<敬告國中之談實業者>，中華書局。飲冰室合集(文集二十一)，北京：中華書局，1989：118。

從《中華實業界》中所刊載各篇文章來看，雜誌中的實業概念應該是包括了工業、農業、工商業。實業救國是流行於民國初年的一種重要思潮，這種思想在《實業界》的宣言書中得到了確認，並在後續的論文中得到了具體體現。徐躍和姚遠的<《中華實業界》實業救國思想的傳播初探>一文通過文獻分析，指出《中華實業界》的歷史貢獻是對當時中國實業不振的原因做了全方位探討，並給出多維度的解決方案。在歷史定位上，這份雜誌標誌著實業救國思想的成熟與歷史性轉折[5]。

一、民國實業情況和實業救國思潮

1840 年的鴉片戰爭標誌著中國近代史的開端，位於文明頂端數千年的古老帝國發現自己已經落後於這個世界。中國國門被強制打開之後，西方資本主義國家通過軍事侵略和商業侵略，掠奪了巨大的財富，逐漸控制了中國的政治和經濟。而中國的傳統手工業開始破產，原生的小農經濟開始解體，社會矛盾更加突出，開始淪爲半封建半殖民地社會。

傳統的中國社會以農業爲主，信奉重農抑商的方針，對實業並不重視。鴉片戰爭之後，面對西方的船堅礮利，傳統「重義輕利」的觀念受到批判，先知先覺的民族精英們開始提出重視實業，發展工業以實現富國強兵的理念。面對西方的船堅礮利，魏源提出「師夷長技以制夷」的主張，這並不限於學習西方軍事技術，還包括建造工廠[6]。中國經濟在與西方列強交往的同時不斷地學習和發展，在早期通商口岸和城市中出現了產業工人。隨著 19 世紀 60、70 年代洋務派的崛起，代表地主階級的改革派勢力開始抬頭，清政府開始以各種方式興辦現代的軍事和民用工業。以曾國藩、左宗棠、

[5] 徐躍、姚遠：<《中華實業界》實業救國思想的傳播初探>，《西北大學學報(自然科學版)》，2012，42(1)：163-168。

[6] 陳勇勤：《中國經濟思想史》，鄭州：河南人民出版社，2008：233-260。

李鴻章、張之洞等官吏爲代表的洋務派極大地推動了中國現代化的進程，張之洞提出了「中學爲體，西學爲用」的政策主張。民辦的企業也開始得到了發展，官督商辦成爲興辦實業的主要方式，民辦企業逐漸得到重視。而早在 19 世紀 70 年代，借鑒中國傳統文化和西方經驗，資產階級改良派的聲音開始出現。早期的改良派思想家有王韜、馬建忠、薛福成、鄭觀應等人，這些人主張全面學習西方，發展資產階級民族工商業。甲午戰爭之後，隨著外國勢力進一步佔領中國，列強攫取大量財富的同時也極大地妨礙了中國自身民族資產階級的發展。而隨著民族危機的加劇，維新派也適時出現，呼喚「變法圖強」，提出了更爲現代的改革理念。相比於早期的改良派，維新派在經濟思想上的改革理念更加深入也更加系統[7]。清政府迫於形勢壓力，在維新變法失敗後再一次提出改革，在 1905 年實行「新政」，頒佈了一系列有利於國家發展的措施，爲民族資產階級的興起創造了條件。民族資產階級的禁錮開始被打破，其力量開始不斷加強。在政治層面，隨著清末一系列改革的不徹底，民族資產階級對政府開始徹底失望，要求徹底革命。革命派與守舊的改良派展開了激烈的論戰，最終的結果是革命派大獲全勝。革命派的代表是孫中山，在孫氏的三民主義中，民生主義系統提出了代表民族資產階級訴求的經濟主張，提出平均地權、節制資本和振興實業的主張。

　　從清末新政開始到 20 世紀上半葉，中國經濟獲得了較快的發展。中華民國的建立標誌著中國民族資產階級的勝利，受革命的鼓舞，民族資產階級在民國初年掀起了投資開工廠的一股浪潮。隨後爆發的第一次世界大戰讓傳統列強忙於戰爭而無暇顧及東方，中國也獲得了難得的喘息機會，民族工商業蓬勃發展。此後的 1927-1937 年，民國發展迎來了所謂的「黃金十年」。然而，雖然整體趨勢不錯，但是現實中仍然存在著種種問題。民國初年的民族工商業尚處於稚嫩發展期，金融市場不穩定，政府財政入不敷出。在辛亥革命前後，傳統票號出現了大規模倒閉的現象，而作爲新式金

---

7 趙曉雷：《中國經濟思想史》，大連：東北財經大學出版社，2010: 175-199。

融機構之一的銀行則面臨著擠兌的壓力。政府財政，無論是南京臨時政府
還是袁世凱政府，都依靠借債度日，軍費開支尚不足應付，根本沒有能力
投資于經濟建設[8]。在民國時期，民間有種說法更為形象：「誰能弄到錢，
誰就能當國務總理」。一批民初菁英分子對於當時中國經濟和民族實業是十
分憂慮的，他們十分期待在共和締造之後國家能夠發揮作用扶助實業，改
善國計民生。這也是社會上實業呼聲高漲，實業教育和實業類報刊興盛的
社會背景。

　　20 世紀初，社會上掀起了一股「實業救國」的熱潮，這股熱潮不斷發
酵在 20 年代到達頂峰。清末民初的知識分子、政治家和實業家懷揣國家、
解救民族危機的抱負，在肯定實業重要性的前提下，借鑒西方經驗針對中
國國情積極探索道路，在理論和實踐上都做了很多嘗試。有統計資料顯示，
1900 年近代報刊雜誌中只有兩篇文章題名中有「實業」一詞，而到了 1903
年，題名中有這個詞的文章增加到了 180 篇。而民國建立後，全國上下的
煥然一新也激發了社會各種力量對於實業的鼓吹，1912-1918 這七年，全國
共出現了實業類期刊 44 種[9]。「實業救國」思想最有代表性的人物是康有為、
張謇和孫中山，他們分別提出了自己的實業方案。作為革命黨的精神領袖，
孫中山一直非常重視實業對於國家的作用，其寫於 1919 年的《實業計畫》
[10]明確指出：「中國存亡之關鍵，則在此實業發展之一事也」孫中山的實業
思想內容豐富，在當時社會上產生了很大的影響。

　　需要指出的是，教育救國和實業救國是近代中國出現的兩股重要社會
思潮，兩者雖然主張不同但是目的取向一致。而到了民國時期，兩種思想
開始出現融合，在社會上形成了良好的互動。在思想層面開始側重於兩者
聯繫，實業界人士開始介入教育，而教育開始側重于應用，教育與社會生

---

[8] 虞和平：<張謇與民國初年的經濟體制改革>，《社會科學家》，2001，16(2)：10-18。

[9] 李旻：《清末民初實業救國思潮研究》，西安：陝西師範大學，2010：51，68。

[10] 孫中山：《孫中山選集》，北京：人民出版社，1981：222。

存聯繫日益緊密[11]。兩者之間並不衝突，例如同是陸費逵起草，《中華書局宣言書》主張「立國根本在乎教育」，《<中華實業界>宣言書》則是：「吾國貧弱極矣，推其原因則貧由於弱。欲求挽救則富然後強，實業為救貧唯一之道。」同樣是救國主張，兩者側重點不同，也反映了陸費逵兼有教育界和實業家身份的兩個側面。正是在這樣的背景下，陸費逵在《<中華實業界>宣言書》指出雜誌的方針為：

（一）助政府研究實業政策，以期其善而福吾民，糾其不善而免禍吾民。

（二）養成國民實業道德，期信用之日隆，精力之發揮。

（三）啟迪國民實業常識，以免因昏昧而喪失利權。

（四）研究實地營業方法，以翼業務之改良，利益之增殖。

（五）調查本國外國實業狀況，庶知己知彼，進可以擴充銷路，退可以保守銷路。

（六）撰譯中外實業家傳記，以作國民模範，而振起企業之心。

（七）搜集種種攝影，或以供研究，或以資表彰，或以裨見聞。

（八）紹介名人學說及各國制度，以資取法[12]。

事實上，這本雜誌也是按照以上方針編輯的。雜誌憂國憂民，提供了大量實用的實業知識，為民初實業救國思想的傳播做出了重要貢獻。

二、《中華實業界》中的國內外實業情況

《中華實業界》大量地從宏觀上探討實業問題，其範圍涵蓋國內國外，介紹了實業形勢和產業動態。雜誌希望通過這種方式，開拓國內實業家的

---

[11] 李忠：<近代中國「教育救國」與「實業救國」的互動>，《西南大學學報(社會科學版)》，2011，37(4)：141-148。

[12] 陸費逵：<《中華實業界》宣言書>，《中華實業界》，1914，1(1)。

智識和眼界，助其把握局勢並能帶來新的商機，同時為政府的宏觀決策提供幫助。這一類的文章幾乎每一期都會有。

相比于國際實業發展，《實業界》中的文章更為側重國內實業情況，尤其是針對某項產業或某個地區的實業情況，比如<中華絲棉毛麻業之狀況>(第1卷第2期)、<中國去年之商業狀況>(第1卷第6期)、<中國航業之概況>(第2卷第1期)、<中國鐵道之現狀>(第1卷第12期)、<南通之實業>(第2卷第1期)、<中國畜產業之概況>(第2卷第5期)、<山東產業調查記>(第2卷第9期)等等。中華大地的實業危機，很大程度上來自於外國勢力。外國勢力通過各種方式蠶食中國的領土和經濟，加劇了民族危機。這不僅造成了正常商業競爭中中國實業的普遍不敵，而且由於當時各種不平等條約，使得中國自身的各種資源被外國搶奪。這使得雜誌對於實業界的思考，總是帶有救亡圖存、救國救民的情結。民初的領土危機，最大的憂患在東北。東北自日俄戰爭之後，已經淪為日本的勢力範圍。<東三省農業之實況>[13]一文的內容是東三省農業情況和各種物產資源，作者指出東三省雖然自然條件優越，然而民窮日甚，加之列強鄰環逼，日夜經營，略奪了大量資源。作者還將東三省農林墾殖之利制為圖表，以為熱心自築東省鐵路者之研究，並藉此以警醒國民。「俾四萬萬同胞知東三省農產之富，黃土之多，外交之險惡，為我國富強命脈所關，斷不能令他人攘我寸土，失我主權。」日本人覬覦東北，成立了所謂對華同志聯合會，並發佈了對於東北資源的調查書，<南滿之富源>[14]是《實業界》的記者將其從日本媒體中翻譯出來，以警醒我國同胞不可忽視東北。<武漢自辦工業之狀況>[15]是對武漢工業的一次概要介紹，包括自來水及電燈業、火柴業、製粉業、製油及豆粉業、茶業。其他幾項尚好，而針對當時武漢茶葉被俄國商人所獨佔的局面，作者建議：「就武漢方面言之，尤不可不注重茶葉。然彼於水電、火柴、油豆

---

[13] 爽夷：<東三省農業之實況>，《中華實業界》，1914，1(9)。

[14] 記者：<南滿之富源>，《中華實業界》，1914，1(1)。

[15] 效彭：<武漢自辦工業之狀況>，《中華實業界》，1914，1(10)。

而外，于振興茶葉一項，若漠然視之，此俄人所以獨佔優勝也。雖然，及今圖之，計尤未晚，更能合湖南、安徽、江西諸大茶商，協力經營，從事改良，以與日俄相競爭，則不獨武漢之幸，抑亦全國之幸也。」

國外的產業觀察也是實業界雜誌刊載內容的重點之一，這類文章例如<瑞士實業之觀察>(第 1 卷第 2 期)、<巴拿馬運河影響於世界之研究>(第 1 卷第 9 期)、<巴拿馬運河之概況及其關係>(第 1 卷第 10 期)、<太平洋上運絲船之競爭>(第 2 卷第 6 期)、<論美國在德奧之貿易>(第 2 卷第 11 期)、<德意志之商業>(第 3 卷第 3 期)、<去年英國之商工業>(第 3 卷第 6 期)等等，為國人開拓了視野。

總的來說，這一類側重宏觀的文章切合實業實際，內容翔實可靠，往往伴隨著大量的經濟資料加以輔助說明，其主旨是通過對於某地區某項產業的宏觀論說，傳遞實業資訊，指出利弊和應該採取的措施，使實業家能夠瞭解相關情報，掌握宏觀產業動態，刺激實業家創業熱情，並幫助其制訂企業發展規劃，同時輔助政府決策者制訂出能夠改進國民經濟運行狀況的政策和措施。

三、《中華實業界》中的經營與管理知識

（一）企業制度和管理

和國外大型現代企業相比，中國實業界普遍處於發展階段的初期，其資金技術薄弱，管理組織能力匱乏。20 世紀初的中國人已經意識到實業的強大不僅要依靠技術，科學的管理方法和組織形式也必不可少。彼時的世界，歐美已經出現了托拉斯這樣的現代企業巨無霸，股份制等現代企業形式也開始出現。中國的精英們也開始意識到與國外實業相比，中國實業在現代商業制度和管理制度上的落後，而不僅僅是技術工藝層面的差距。他

們普遍對於新式資源配置形式和企業組織形式非常嚮往，希望通過鼓吹宣傳給中國實業界帶來活力。《實業界》所刊載的外來實業知識，不僅有直接翻譯海外作者的作品，也有作者的親身思考，這裡面有很多是對商業模式和組織形式的思考。

對於流行於西方的現代企業制度，《實業界》給予了很多特別的關注，積極向國人宣導新型的企業模式，股份制是其中一個熱點。梁啓超在 1910 年發表的<敬告國中之談實業者>[16]中明確指出：現代企業與舊式企業的差別在於規模，其資金募集自公眾，而股份有限公司的發達是中國實業界發達的必由之路。 <論股份公司之利弊>[17]一文是對股份制問題的專門思考。作者歐化與梁啓超持有相同的觀點：「實業不發達之原因甚多……直接顯著之原因，曰股份公司不發達且其組織經理不善之故。」文章談論利弊，指出我國現行股份公司的制度弊端。在組織管理方面，<德國經濟組織之發達>[18]指出：「與工藝之進步攜手偕行，以成社會之進化者，即經濟之組織是也。經濟工事之組織，爲使人力應用合宜，且以物力助之，以達公司經濟之目的，其最大二原理爲分工與合工。」文章指出現代的企業組織，日益成熟的分工和合作，再加以資本的支持，使得德國實業走向強大。<大公司調查部之組織>[19]是楊蔭樾翻譯英國狄克西的作品，文章介紹大公司中調查部的職能，所謂調查部其實就是今天所說的市場部和法務部等部門的一個集合體，其工作職責繁多，是面向中國實業家的一次現代組織結構介紹。

現代管理學建立於 19 世紀 20 年代，其標誌性事件是 1911 年弗雷德里克.溫斯洛.泰勒的《科學管理原理》和 1916 年法約爾的《工業管理和一般管理》問世。這也正是《實業界》存續的時間。《中華實業界》的編輯和作

---

[16] 梁啟超：《梁啟超文集》，北京：燕山出版社，1997：354。
[17] 歐化：<論股份公司之利弊>，《中華實業界》，1914，1(3)。
[18] 歐化：<德國經濟組織之發達>，《中華實業界》，1914，1(9)。
[19] 狄克西作、楊蔭樾譯：<大公司調查部之組織>，《中華實業界》，1914，1(4)。

者眼界開闊，積極將先進實業理念進行引入和宣傳，不斷開拓國人的視野，甚至還有當時非常時髦的被引入實業界的實用心理學，這對於國人可謂大開眼界[20]。 實業家的素養需要提高，而雇員素質對於企業成敗也有著非常重要的作用。人力資源的管理也是《實業界》的關注點之一。企業的根本在於人才，這一點在民國初期已經得到普遍的認同。「可知雇人爲企業之根本(Employer is the root of business)，事業之基礎，有彼而立，事業之發達亦由彼而成，彼成功之事業家，其聰明才力有限，必有相助爲理者。[21]」《實業界》中的論文，對於人力資源的探討是全面而又有現代觀念的。盧壽籛的<求雇人之精勤增進法>[22]是針對如何使得雇員精勤的議論，文章內容是要通過績效考核來提高員工積極性。<監督店員簡法>[23]總結了對於員工管理的經驗。<新入店員之訓練法>[24]則是對商店店員培訓的經驗總結。強調店員與其店同化之必要，從方法、機構設置、以及產生的困難等方面論述這個問題。這些文章內容涵蓋了人力資源管理的各個方面，體現了民國時期的人力資源管理理念。

成功的經營案例可以成爲後來者的學習典範，是經濟和管理理念的具體化表現形式。對於商業經驗的推廣和介紹是《實業界》的重點之一，大多都爲國外案例。雜誌希望國內實業同仁能夠借鑒西方的做法，從組織和技術上得到提高。宋銘之在第 1 卷第 4 期的<英國式之百貨商店經營法>[25]是對英國哈樂德百貨商店概況的一個系統總結，內容包括商店歷史、建築大略、營業範圍、發行營業、廣告、運達貨物方法、會計、欠帳管理、未來規劃等等，內容極其翔實。文章稱讚哈樂德是百貨商店的一個樣本模範，

---

[20] 洛倫倍福脫作、嚴楨譯：<實業上心理學之致用>，《中華實業界》，1914，1(9)。

[21] 商圄：<監督店員簡法>，《中華實業界》，1914，1(12)。

[22] 盧壽籛：<求雇人之精勤增進法>，《中華實業界》，1915，2(2)。

[23] 商圄：<監督店員簡法>，《中華實業界》，1914，1(12)。

[24] 石渠：<新入店員之訓練法>，《中華實業界》，1914，1(10)。

[25] 宋銘之：<英國式之百貨商店經營法>，《中華實業界》，1914，1(4)。

由企業家之方面言之，乃爲理想之店鋪，日本三越綢緞店亦以此爲參照。
雖然文章沒有明確談中國方面應該如何如何，其言下之意也是希望能夠引
起中國有關方面的注意並得以借鑒。作者在下一期(第 1 卷第 5 期)的文章<
美國之模範商店>[26]性質與上文類似。這類文章還有很多，比如<英國最良
之餅乾廠>(第 1 卷第 3 期)、<美國惠斯丁耗乎斯電機廠之組織狀況>(第 1
卷第 5 期)、<遊美國塔虎脫農場記>(第 1 卷第 6 期)、<參觀南威爾士煤礦記
>(第 2 卷第 9、10 期)。這些作品中，作者更多的是出於開拓國人眼界的初
衷，對於西方發達世界的成就給予宣傳。

（二）現代科學技術

　　中國對於西方文明的認識和敬仰最開始是從技術層面開始的，從鴉片
戰爭時起中國人就意識到了西方科技的力量並希望學習和借鑒。到了民國
初期，將科學技術其與組織並列爲企業成功的兩大要素。在《中華實業界》
中，歐化將其稱之爲「工藝術」。所謂：「經濟工事之成功，即戰勝自然界
之戰勳也，是在以工藝術及組織術得之。」工藝術的概念是：「即各種方法、
知識、器械以供作工人之驅使者也。」「最近工藝之進步，爲用力務盡，使
其所失者至最小限。一物質之工作，使所需時間及力原極少。從前無用之
廢物，今變之爲有用，且使工事所需人力，日益減少，此最新之傾向也。[27]」

　　《實業界》向國人展現了現代科學技術的力量，以及這些西方現代科
學進步帶來的經濟前景和變化。這些文章有些是宏觀層面的，以介紹國外
科技發展爲主的內容，而美國和德國成爲雜誌中最常見的海外國家。20 世
紀初德國成爲歐洲的第一號工業強國，作爲後進國家能夠後來居上，自然
引起了中國人的重視。<德國最近工藝發達狀況>[28]就是這樣一篇介紹德國
工業技術發展近況的文章，內容包括機電、化學等方面，以希望國人廣開

[26] 宋銘之：<美國之模範商店>，《中華實業界》，1914，1(5)。
[27] 歐化：<德國最近工藝發達狀況>，《中華實業界》，1914，1(8)。
[28] 歐化：<德國最近工藝發達狀況>，《中華實業界》，1914，1(8)。

智識。對於實業技術知識，雜誌更是刊載了很多相關文章，這些文章內容翔實細緻並側重應用，有的側重技術背景介紹以期實業從業者能夠予以重視，有的則是針對具體生產經營技術問題提供了實際解決問題的方案。這類技術類文章有：<工廠之燈火設備>(第 1 卷第 1 期)、<工廠傳染病之種類及其預防法> (第 1 卷第 6 期)、<論磷酸肥料對於農業之價值>(第 2 卷第 2 期)、<人造絲之沿革種類及其性質> (第 2 卷第 4 期)、<農家副業養蜂法>(第 2 卷第 12 期)、<孵化雞卵注意要件> (第 3 卷第 1 期)等等。

（三）銷售與宣傳

實業包含內容豐富，《實業界》裡面的文章對於銷售問題給予了很多關注，對於商業，尤其是以商鋪形式存在的零售業提供了很多商業銷售的技巧和策略。總結實業界對於商品銷售的認識，總體觀點是銷售的首要任務是吸引顧客，在手段上宣傳、裝潢和配套服務都必不可少，在經營策略中重中之重的是誠信。

<吸引顧客之方法>[29]是對商店和工廠商品銷售的建議，很好地代表了這一系列思想。文章提出的措施有：「一是門面裝飾，二是內部陳列，三為優待顧客」，而更為關鍵的是信用，「蓋信用者，最足以吸引顧客，其功效較為上述三法為尤巨」，同時強調廣告的作用。<小商店致富策>[30]針對小商店的特點，結合國外成功案例，提出了改善銷售業績的方法，其策略包括重視店內粉刷裝潢；在有限資金下引進一兩樣新奇產品，比如荷蘭水機器；免費附送商品樣品以助推廣；在週六推出特價商品；採納同行批評意見；洋服店中經常改變櫥窗陳列商品，以求與其他店鋪不同；商品不可堆放密集而無序。民國時期的商業思想已經開始重視形象建設，上篇文章的第一

---

[29] 心一：<吸引顧客之方法>，《中華實業界》，1914，1(2)。

[30] 彭祖：<小商店致富策>，《中華實業界》，1914，1(1)。

條策略就是重視店面裝潢，而<店前裝飾法>[31]則是針對大小商鋪而提出的一系列措施和建議，以期達到良好效果而生意興隆。

對於廣告，民國時期的實業從業者已經認識到它的作用並進行了比較系統的研究，在理念和技巧上不斷取得創新和突破。《實業界》對於廣告的重視程度很高，視其爲企業家不可不知的內容與商業競爭的首選工具。「實業家最重大、最必要而不可不研究者，唯廣告乎。[32]」「有機智之商賈，所利用以與人競爭之方不可枚舉，其尤要者曰廣告[33]。」另外一方面又強調廣告也要重視方式方法。所謂：「廣告果以動目著爲尚，亦不可使見者有輕慢之心。譬如有人衣朱色衣而過市，市人視線所集，雖在此人，然皆有鄙薄之心矣。故登一物品之廣告，應注意者二事，一引人注目注彼而使人讀之，而當使讀者不生輕慢之心，則必重視此物，重視之，則不疑廣告者矣。[34]」強調廣告信息要醒目，而內容和風格需要得體。雖然如此，但是良好的商業業績還是建立在商業信譽基礎之上的。<最良廣告之研究>[35]是對廣告理念的解釋，同時也是企業理念的系統闡述。文章針對什麼是好廣告的問題做了論述：「廣告之良法，第一宜正直」，「正直之廣告云者，即誠實無僞之廣告」。強調要建立誠信的聲望，以誠信爲基本的觀念；第二爲適切之語，強調宣傳策略和宣傳用語的適當；第三爲時期，即是恰當的時間段。最後是持續，即是連續性打廣告，而內容常新。在載體上重視報紙雜誌的作用，同時對於廣告文案也做了點評，強調不可冗長，加強針對性，同時要開拓管道，豐富廣告形式和載體。

---

[31] 德國：<店前裝飾法>，《中華實業界》，1914，1(7)。

[32] SM 生：<彩色廣告之效用>，《中華實業界》，1914，1(7)。

[33] 麥欣博士作、心一譯：<說廣告之利益>，《中華實業界》，1914，1(4)。

[34] 德國：<店前裝飾法>，《中華實業界》，1914，1(7)。

[35] 芸生：<最良廣告之研究>，《中華實業界》，1914，1(11)。

（四）實業家的素質修養與形象

　　對於實業家，《實業界》給予了很多期望。陸費逵以出版家和教育家的身份而聞名，但是他首先是個實業家。陸費逵精明能幹，善於把握商機，對於下屬知人善任，對於管理方法和管理理念也有自己獨到的認識，尤其是對於企業家的修養，陸費逵更是早有認識，雖然當時經商人士數目龐大，然而「其能稱為實業家者，千百中尚無一人。[36]」其緣故在於實業家需要一系列的資格，在他連載於《實業界》中的<實業家之修養>[37]一文中對於這一問題加以詳細論述，這些要求包括：「勤儉也、正直也、和易也、安分也、進取也、常識也、技術也、經驗也、節嗜欲也、培精力也。殆無一可以或缺。人苟能是十者，雖天資稍遜，未有不成功者。十者缺一，雖天才卓絕而能成功者鮮矣。」于此同時，<實業家之修養>這篇長文作為圖書在1914年出版，此書到1929年時就已經再版8次，在社會上產生了巨大的影響。其他作者對於實業家也有認識，<一般商業家之修養法>[38]一文同樣也是對於實業家修養的論述，文章在開頭提到了修養的重要：「今後之商業社會競爭日益激烈，苟非修養有素，欲操進戰退守之勝算，其勢必有所不能。」修養的內容包括：「一為內部之修養，一為外部之修養。內部之修養，分知識、道德、體力三種，外部之修養則販賣與應接之技術是也。」這是對於實業家修養的另外一種表述。但仔細分析其內涵，與陸費逵觀點實則大同小異。翰馨的<英國實業家之成功秘訣>[39]總結成功實業家要素為：熟練、堅韌和正規，其中「熟練」的含義是指一種特別之技能。這篇文章也是指的能力與性格品行問題。

---

[36] 陸費逵：<實業家之修養>，《中華實業界》，1914，1(1)。

[37] 陸費逵：<實業家之修養>，《中華實業界》，1914，1(1)。

[38] 庸生：<一般商業家之修養法>，《中華實業界》，1914，1(11)。

[39] 翰馨：<英國實業家之成功秘訣>，《中華實業界》，1915，2(7)。

　　《實業界》除了強調實業家要具備業務能力和才幹，在品行上更是強調做人做事的分寸，尤其特別重視實業家的道德品質，所謂：「商人資格中最重者，為性質之善良，同時又有智力以輔之。[40]」誠信是商業道德的重要組成部分，也是企業安身立命的根本，在古代就信奉合義取利、價實量足的精神，在民國誠信問題也是討論的一個熱點。實業家的諸般修養之中，信用是經常被提及的一個方面。心一的<商業與信用>[41]指出：「商業所持著信用而已，信用之於商業也。如燈之有油，如魚之有水。」陸費逵在<實業家之修養（續）>[42]提倡正直和易，也是這個意思，他在文章中提到中國某些不法商人在出口棉絲時加水來增加重量，這一不誠信行為導致了嚴重後果。「今則多捨我而購他國之貨，意日之絲，美印之棉，早奪我席位矣。即使購我之貨，必詳審查，百般挑剔，全國實業受其害。」陸費逵認為中國缺少實業家的重要原因是缺乏常識：「吾國實業界人物，最缺乏者厥為常識。」所謂實業家的常識是指：「書劄、算數、薄計、商品、實業地理、應用博物理化、外國語文、普通法規、財政學、經濟學、以及手工圖畫。」可以看到這種常識和普通人之常識要求是不同的。這也是《實業界》重視各種實務相關知識的原因。

　　中華雜誌中樹立的都是勤儉、聰慧、守法、誠信的實業家，而不是善於鑽營、投機倒把、唯利是圖、不擇手段的奸詐商人。《實業界》介紹了大量在世界上享有聲譽的企業家，尤其是美國和歐洲的成功企業家故事。美國在獨立戰爭之後不斷發展和擴張，一戰之後開始逐漸成為資本主義世界的霸主，其工業實力超過了老牌的西歐國家，國家呈現出欣欣向榮的局面。美國文化力量隨著實業力量增強而在世界上得到體現，伴隨著各種移民的奮鬥成功，美國人信奉的個人奮鬥必能獲得美好生活的「美國夢」開始在世界範圍內傳誦。美國的富豪大多是貧寒出身而靠自己打拼成就事業，正

---

[40] 銘之：<販賣法之研究>，《中華實業界》，1914，1(7)。

[41] 心一：<商業與信用，《中華實業界》，1914，1(3)。

[42] 陸費逵：<實業家之修養(續)>，《中華實業界》，1914，1(3)。

是塑造英雄形象的良好素材。<美國實業界十大王>是《實業界》的一個系列。第一個出場人物是被美國人視爲英雄和楷模的鋼鐵大王卡匿奇(Andrew Camegie，大陸現譯爲卡內基)。文中回顧卡匿奇小時候家道中落，而被迫從蘇格蘭移民到美國，白手起家靠辛勤打拼而成功的故事。文中指出評價其成功：「不假外力、不求依附，唯獨立自助、堅忍力行」，指出其成功的八要素爲：「集中力、鑒識力、有統帥部下之略、有組織業務之才、有駕馭群雄之器、有洞察之明、常識、健康。」文中對卡耐基的人品見識大加讚賞，稱讚其孝順，對工人厚道，不迷戀財富。對於卡匿奇散盡家財興辦慈善事業的壯舉，文章誇獎到：「曠世之豪舉哉！[43]」此系列還刊載了銀行大王摩爾根(第 1 卷第 2 期)、石油大王洛克依蘭(洛克菲勒，第 1 卷第 3 期)、鐵道大王介姆斯舍而(第 1 卷第 4 期)等，對於摩爾根性格的誇讚是「好獨立不求人」[44]，文章稱讚摩爾根樂於慈善，在國家危難之時施以援手。而洛克菲勒的故事和卡內基極爲相似，也是少時貧寒發家之後回饋社會。對於介姆斯舍而，翻譯者的描述是：「生平以遠識、自信、堅忍三要素組成[45]」，這也是國外實業家具有的普遍特質。

　　總結對這些外國實業家的敘述，他們都擁有陸費逵所描述的品質和能力。他們大多出身寒微，但是開拓進取、好學求知、眼光獨到、隱忍頑強、誠信守法而又熱衷於回報社會，能夠造福一方有利於國家。這些優秀海外實業家的形象寄託了《實業界》對於中國實業家的期待，他們的實業能夠成功與其自身素質是分不開的。

---

[43] 盧壽籛：<美國實業界十大王：鋼鐵大王卡匿奇>，《中華實業界》，1914，1(1)。

[44] 盧壽籛：<美國實業界十大王：銀行大王摩爾根>，《中華實業界》，1914，1(2)。

[45] 盧壽籛：<美國實業界十大王：鐵道大王介姆斯舍爾>，《中華實業界》，1914，1(4)。

四、《中華實業界》對於中國實業界的措施建議

　　面對「民國肇造，內亂外患稠迭紛至，借款累累，債權四壓」[46]的外部環境。民初的社會精英們普遍抱有憂患的意識，希望國家能夠富強起來。這些人包括了、實業家、政治家和知識分子，有些人還同時身兼幾種身份，比如張謇、陸費逵、梁啓超。他們希望國內實業界人士能夠擔負起責任奮起直追，從而振興國家。梁啓超對於當時中國實業界的現狀是很不滿的，他在<實業與虛業>[47]中指出：「日言實業而馴至全國淪為乞丐」，指出前清註冊的公司近年來紛紛倒閉，原因在於政府保護不力和受到革命影響，而大部分則實業者自取之。這些虛業的表現有六種： 一是「與外國奸商通同作弊以朘取同胞脂膏者」；二是「攫取一種特權，售與外人，藉以牟利者」；其三是「囤積佔據土地等以謀將來之投機者」；其四是「純粹買空賣空者」；其五是「羌無故實，架立一公司名目以詐欺取財，不旋踵而虧蝕解散者」；其六是「原已成立之公司，營業成績尚優，而任事人遂聚而咕嗫之，使之即於廢亡」。在梁啓超眼中，這些虛業家「盜蝕個人財產之罪猶小，而消耗國民生計全體資本之罪最大也」。

　　《中華實業界》立足中國的實業並放眼世界，針對當下的情況，給本國的實業開了很多藥方，探討了中國實業不振興之原因及補救方法，從宏觀上給予解決之道，有就全國實業總體情況的探討，也有針對某項實業的具體措施建議，涉及到的實業有農業、棉業、林業、礦業、航運業等。概而言之，解決方案從主體上可以分為三個方面：政府、實業組織本身、個人。除了一些行業針對性措施，其通用的措施和策略可以宏觀上分為下面三種：

---

[46] 張謇：<實業政見宣言書>，《中華實業界》，1914，1(1)。

[47] 梁啟超：<實業與虛業>，《中華實業界》，1915，2(2)。

（一）加強政府作為

　　政府對於振興民族實業責無旁貸。諸位論述家談及振興實業時，無不將政府視為首要的拯救者。棉鐵業在民初得到了社會的普遍重視，其中棉紗業是民初工商業的重要陣地，民族實業家對此踴躍介入並取得了極大的發展，可以說是當時最有代表性的民族實業亮點。狀元實業家張謇就是興辦紗廠並且取得了巨大的成功。<振興中國棉業之計畫>[48]一文對於棉業的重要性給予了高度的評價：「棉花種植製造之歷史，不啻記載人類進步之一種實錄，而為其他各種實業界、機器界之成績，所莫頡頏者也。」作者指出政府沒有提供強大的保障是我國棉業不發達的主要原因：「此無他，各國之於棉業，所以保障之，發展之者，不遺餘力，則中國則未得其道也。」對於航運業，<振興中國的內河航業之計畫>[49]一文則認為：「想來中國經營航業僅委之商人之手而政府漠然坐視，不一整頓，此水利之所以不能振興、交通之所以未能大便也。」其時擔任農業部長的張謇在<實業政見宣言書>[50]中指出對於實業不振，政府應該承擔的責任有三：「一是相關法律環境不健全，二是財稅制度的不合理，三是獎勵政策不得力。」在獎勵與保護政策之間，穆湘玥則認為獎勵政策不可取，而應該實行保護措施[51]。

　　政府對於實業界能夠施加多方面的作用，主要表現在政策設置和基礎設施建設上。資金問題始終是困擾實業發展的頭號問題，而改革金融機構、吸引外資則是相應的應對措施。雖然中國實業界面臨著外國勢力的全面威脅，但是《實業界》還是建議政府能夠放開控制，建議中國實業能夠與狼共舞，放手合作以期振興民族產業。「中國實業界不振之原因以財力薄弱為

---

[48] 堪福脫作、嚴楨譯：<振興中國棉業之計畫>，《中華實業界》，1914，1(7)。

[49] 薛特奈拍威爾作、嚴楨譯：<振興中國的內河航業之計畫>，《中華實業界》，1914，1(4)。

[50] 張謇：<實業政見宣言書>，《中華實業界》，1914，1(1)。

[51] 穆湘玥：<中國實業失敗之原因及補救方法>，《中華實業界》，1915，2(1)。

第一…然則救急之法，計惟有利用外資。[52]」而在礦業方面，也應該「一方面勸導吾國資本家投資，一方面與外國資本家訂適當規約，准其開採……如是則雖有弊害而獲利之多，足以相抵而有餘。[53]」

　　除了解決資本問題，配套政策和相關措施也很重要。<論我國欲振興工業宜仿製獎勵發明之法>[54]則是建議政府在政策上鼓勵創新、獎勵發明。<評議吾國耕種制度之不利>[55]是對當時土地制度的反思，文章指出佃種的種種弊端，提倡自種的風俗，指出自種是將來的趨勢。對於現今的局勢，則應該強化細佃的規範明確簽訂合同的條款，使得細佃和自種能達到同樣效果。《實業界》對於政府給予了很大期待，談及中國棉業未能勃興，而政府應該在稅收等一系列方面給予保障。<中國促進農業之政策>[56]一文論述農業促進措施應包括基礎設施建設，其中有講求水利、擴張交通事業。開設現代機構配套實業發展也是重要措施之一，<懋遷公司之性質及作用>[57]討論的正這個問題。懋遷公司就是貿易公司，當時財政部正在著手興辦並獲政府批准，此為我國之創舉但國人對此並不熟悉，所以作者借鑒海外學說和案例加以說明。文中在附記中舉例說明我國進出口貨物如大豆等利潤豐厚，而國人則沒有主要獲利，其中一個重要原因就是沒有此類機構。這樣的文章雖然是談論經濟知識，但是更多的是從國情著手，為民族實業發展出謀劃策。以上種種措施都是國家層面的作為，體現了諸位實業界人士對於政府的建議和期待。

[52] 楊錦森：<中國實業不振之原因>，《中華實業界》，1914，1(4)。

[53] 張莘農：<振興礦業之計畫>，《中華實業界》，1914，1(2)。

[54] 盧壽籛：<論我國欲振興工業宜仿製獎勵發明之法>，《中華實業界》，1914，1(6)。

[55] 彭心如：<評議吾國耕種制度之不利>，《中華實業界》，1914，1(5)。

[56] 堪福脫作、嚴楨譯：<振興中國棉業之計畫>，《中華實業界》，1914，1(7)。

[57] 農生：<懋遷公司之性質及作用>，《中華實業界》，1914，1(8)。

（二）建立現代企業制度，提高科技含量

　　穆湘玥認爲中國的實業不振，管理法是重要原因。所謂：「而實業家所最應注意者，則管理法是也，而管理法之要旨，則場廠總理應熟諳全部份之手續。」而我國實業失敗，在管理法上有三個原因：一是總理沒有經驗而導致「總理與事隔膜，而使事失敗者」；二是機構和人員臃腫導致辦事效率底下，表現爲「吾國人愛排場、重情面，一廠之設，尙未開張交易，而某部若干人，某科若干人，冠冕堂皇，與衙署相伯仲」；三是克扣工人導致工人消極怠工，「工人而不能樂其業，則惰心生，惰則出貨遲而成本逐加重」[58]。以上種種情形都是缺乏科學管理所致。

　　採用現代科學技術是振興實業的重要途徑。現代技術不僅作用於工業生產，對於農業、商業也是影響巨大。以農業爲例，「吾國農界，有農業而無農學」[59]。農業的種種積弊也影響了其他實業的發展。「考吾國去年之商業，雖能保持其固有地位，而未能十分發達…原因雖多實可以數言抉出之，曰中國之農業太不研究，於世界科學新智識，完全無聞，惟墨守陳法待天時之轉移而已」[60]。20 世紀初的經濟思想主體潮流是工業化思想，而強農思想始終也是中國現代化進展的重要組成部分。相比於工商業，農業在整個 20 世紀初期地位有所被忽略。但是作爲實業的重要組成部分，《實業界》這本雜誌還是給予了很多關注。<小農業之經營>[61]是對中國普遍存在的小農戶經營的一些措施建議，希望部分地方能夠現行一步而引起全國的效仿，其措施包括土壤改良、肥料改良、組織改良、栽培法改良、副業改良、農業金融改良等措施方法。在作者提出的建議中，六條有四條涉及到了農業技術問題。對於農業工具，彭心如專門用一篇文章<最新簡易農具之種

---

[58] 穆湘玥：<中國實業失敗之原因及補救方法>，《中華實業界》，1915，2(1)。

[59] 彭心如：<最新簡易農具之種類極其應用>，《中華實業界》，1914，1(11)。

[60] 陳霆銳：<去年中國之商業>，《中華實業界》，1914，1(8)。

[61] 盧壽籛：<小農業之經營改良>，《中華實業界》，1914，1(2)。

類極其應用>[62]做了介紹，指出在當今世界，不可再墨守成規，而應該廣開眼界，看到西方農業工具的進步並利用之。

（三）培養實業人才，提高實業家修養

實業人才的匱乏是困擾中國實業界的難題，也是實業不振的重要原因。所謂：「詳考我國二十年來，累辦新業，而累招失敗之最大原因，莫不以缺乏實業人才故，致得不良之結果。[63]」以航運業為利，<振興中國沿海航業之計畫>[64]指出：「凡興一利、舉一事，必有培育人才為第一要義。蓋非有適用之人才，則事無由舉，利無由興。」作者描述了當時航運業中國人才匱乏的窘境：「七十五艘商船中，其船主機師，俱用華人者僅二十五艘」，對於當時的教育，作者尖銳地指出中國的航海教育是很錯位的，培養人才不重視實踐操作，招錄的學員往往是富人家子弟而不耐吃苦且無船舶經驗。應該效法英國，培訓「執業于本國各小輪、各帆船或傭於外國船中者，教以航海之方法，管機之手續」。

當時的中國，興辦各類實業都會遇到人才瓶頸。各個行業都需要建立相應技能學校，加強實業專項教育，培養專門人才。嚴槙翻譯的<振興中國棉業之計畫>[65]，原文作者是上海怡和紗廠總理英國人堪福脫，對於振興棉業的期待就是：「吾人日下所屬望者，願於上海得一美備之棉工學校，授以紡織業之機器學，及關於棉花之各種製造方法，庶幾能收樹人之效，而為中國棉業，播一良好之種子也。」當時的已有的實業教育存在種種問題。對於實業，社會上的富家子弟因為不屑于投身於此而加劇了人員匱乏危機。前文提到的航業有這個問題，而棉業亦然。<振興中國棉業之計畫>指出當時富家子弟「心理上恒以從事工作，為足以損其身價，抱此謬見，牢

---

[62] 彭心如：<最新簡易農具之種類極其應用>，《中華實業界》，1914，1(11)。

[63] 穆湘玥：<實業與教育之關係>，《中華實業界》，1915，2(10)。

[64] 奧禮弗拉作、嚴槙譯：<振興中國沿海航業之計畫>，《中華實業界》，1914，1(6)。

[65] 堪福脫作、嚴槙譯：<振興中國棉業之計畫>，《中華實業界》，1914，1(7)。

不可破，於是工業人才，日以缺乏。」而「工程師之留學回國者，又罕能得各方面之信任，有相用」[66]。同樣對於實業建設中的留學生問題，穆湘玥在<中國實業失敗之原因及補救方法>也指出中國留學生的弊病，他們專業經常更換，不重視實踐，社會上對於他們又有不切實際的期待，再加之自身品行、性格等方面的缺陷，並沒有很好爲實業做出貢獻[67]。

關於實業家修養的內涵和重要性，以陸費達在<實業家之修養>一文中做了詳細的闡釋最爲著名，此後的一系列文章對於這個問題做了多個層面的探討。陸費達對於實業寄託了很大的期待，對於實業家賦予了巨大的社會責任從而提出了遠超普通人的，甚至是接近于完美的要求。總結《實業界》對於實業家的要求，可以總結爲德才具備，內外俱修，他們應該是振興民族實業的希望，他們也是振興中華的希望。

除了《中華實業界》，在中華書局出版的雜誌中，綜合性的《大中華》和《新中華》也都涉及了實業的內容，特別是《新中華》雜誌對於實業問題尤爲關注。在《新中華》1934年第2卷第2期中，更是一口氣刊載了陳公博的<中國實業之過去與今後>、實業部礦業司長黃金濤的<中國銅礦工業的現狀及其自給計畫>、實業部簡任技正胡博淵《中國燃料工業的現狀及其自給計畫》、清華大學工學院院長顧毓琇<中國動力工業的現狀及其自給計畫>、實業部簡任技正顧毓瑔<中國機械工業的現狀及其自給計畫>。本來在這一期還想刊載顧毓珍的<中國化學工業的現狀及其自給計畫>、陸錫章的<中國食品工業的現狀及其自給計畫>，還有聶光坰和朱仙舫的<中國紡織工業的現狀及其自給計畫>這三篇討論實業的文章，通過編輯部談話得之，因爲篇幅問題文章延後了一期。這些涉及實業和經濟的文章，除了討論其自身產業規劃、存在問題之外，往往也會和國防相關聯。實業在民初指的是工農商，到了20世紀30年代，《新中華》開始更多的強調「經濟」，並非常重視經濟方面的論文建設。

[66] 堪福脫作、嚴楨譯：<振興中國棉業之計畫>，《中華實業界》，1914，1(7)。

[67] 穆湘玥：<中國實業失敗之原因及補救方法>，《中華實業界》，1914，1(6)。

第七章 中華雜誌出版與民國平民文化生活

除了提供給知識分子評議時事、學術爭鳴、傳播思想的空間之外，中華書局還把很多關注點放到了平民身上。書局創辦的雜誌並不是一味的嚴肅，也有爲普通平民文化生活提供消遣的欄目，還專門推出了女性雜誌和小說類雜誌。

一、女性權利與女性生活圖景

（一）近代女權思想與女性教育文化

1. 二十世紀初期女權思想演化

和男性相比，廣大女性同胞在封建時代長期處於被壓制的狀態，社會地位底下，其基本權利得不到尊重和承認，這種狀態從宋代開始風氣更甚，社會產生了以纏足爲代表的醜陋習俗。根據學者的考察，在 18 世紀還存在著嚴重的溺嬰行爲，女嬰出生即被剝奪了生存權利[1]。傳統社會的封建禮教重視等級秩序，形成了男尊女卑的社會關係，對於女性的倫理要求是「三從四德」，女性在婚姻上難以自主且不能改嫁，成爲男子的附屬品。相對於男性，女性在教育上很難得到機會，社會上鼓勵「女子無才便是德」，同時身爲「外姓之人」也沒有財產繼承權力。女性在家庭和社會地位上全方位處於劣勢[2]。

---

[1] 李中清、王豐：<馬爾薩斯模式和中國的現實：中國 1700-2000 年的人口體系>，《中國人口科學》，2000（2）：16-27。

[2] 計榮：《中國婦女運動史》，長沙：湖南出版社，1992：14-58。

最爲早期的男女平等思想是由西方傳教士引入中國的，他們傳播西方的先進思想和生活方式，興辦女學並發起戒除纏足的運動。這些傳教士的活動取得了一定成效，但是從整體來看對社會影響不大，加之與傳統觀念相左，受到社會普遍抵制。隨後，中國洋務派中的一些人物開始關注到了這些早期的女性解放思想，陳虯、鄭觀應等也先後發表過改革殘害婦女身體陋習的言論，建議廢除纏足鼓勵女子接受教育。戊戌變法時期，維新派的代表人物康有爲、梁啓超等人接受了西方「天賦人權」的思想，開始提出男女平等的口號，他們借鑒西方的思想和做法，要求解放婦女、男女平等，爲社會變革提供活力，同時興辦女學和發起不纏足運動，是爲中國婦女運動的啓蒙。體現了人權和平等思想。除了政治人物，民間人士也逐漸開始關注女性問題，以馬君武爲代表的受過資產階級思想洗禮的留學生，通過書報等載體向國人宣傳女權相關學說。在國內，一些思想進步的男性知識分子，如金一，也開始宣傳西方的女性思想呼喚女性權利。此後女性知識精英也開始登上歷史舞臺，她們興辦報刊，發表著述，比如陳擷芬、秋瑾、燕斌等人[3]。而婦女運動和女性權利也是資產階級革命派的政治理念之一，1905 年同盟會制訂綱領時就提出禁蓄奴、廢纏足、男女均權的主張，後來又提出「男女權利平等」的口號。辛亥革命之後所頒佈的一系列舉措極大地促進了女性權利，尤其是女性教育的發展，於此同時社會上各種婦女團體不斷湧現，女性日益廣泛地參與政治、經濟生活。袁世凱主政之後，發起尊孔復古的運動，婦女解放的呼聲被壓制。縱覽北洋政府初期，政府對於婦女採取保守的態度，有所回歸封建思想。在教育上宣導「賢妻良母」的宗旨，樹立「貞潔烈婦」的典型。教育總長湯化龍曾撰文道：「余對於女子之教育方針，則務在使其將來足爲良妻賢母，可以維持家庭而已。[4]」1914年教育部《整理教育方案草案》提出「女子注重師範及職業，並保持嚴肅

---

[3] 何黎萍：《西方浪潮影響下的民國婦女權利》，北京：九州出版社，2009：4-26。

[4] 湯化龍：〈湯總長之教育意見〉，《教育雜誌》，1914，(4)。

之風紀。[5]」隨後的教育方針也基本是這個基調，社會上一片附和之聲，「良妻賢母」成爲教育界和新聞界著力塑造的典型。「五四」運動前，女學教育側重於師範、家政、園藝、蠶桑各科，而數、理、化、英文各課程異常薄弱，使女學生在學業上無法與男學生競爭[6]。1916 年，陳獨秀在《新青年》發表文章《一九一六年》[7]，指出青年女子要從被征服的地位起來居於征服地位，打破儒者三綱之說，真正點起了女性革命的燎原之火，此後《新青年》不斷討論女子問題.直到五四運動開始，婦女運動在全國得到全面開展。事實上，關於婦女角色定位問題的爭論在民國期間始終沒有停息，在20 世紀 40 年代還發生過「婦女回家」問題的論戰。

2.女性教育和女性報刊

中國近代史上最早從事新聞活動的女性是裘毓芳，她於 1898 年 4 月創辦《無錫白話報》，三個月後中國第一份婦女報刊《女學報》在上海創刊，是一份面向女性的報紙。從此以後，中國的婦女報刊配合著女權運動在神州大地逐漸蓬勃發展起來。根據統計，從 1898 到 1919 年一共創立了 71 種婦女報刊[8]。伴隨著辛亥革命的浪潮，各種婦女組織如雨後春筍般出現，湧現了一批婦女軍事組織、救護組織和籌餉組織。隨著南北議和，政府下令解散女子軍隊，婦女的熱情轉向參政，積極提倡女性權利。受到這個特殊時代的激盪和洗禮，女子創辦報刊成爲潮流，關於女性的報刊大量湧現。但是好景不長，隨著袁世凱的上臺，婦女運動和女性報刊的發展受到打壓。在北洋政府初期，婦女報刊表現爲復古性婦女刊物和商業性婦女刊物並存的局面，當局爲了配合再行帝制而發起的尊孔讀經活動以及一系列的思想

---

[5] 陳學恂：《中國近代教育史教學參考資料(中冊)》，北京：人民教育出版社，1987：233。

[6] 王美秀：<中國近代社會轉型與女子教育的發展>，《北京大學學報(哲學社會科學版)》，2001，38(3)：87-94。

[7] 陳東原：《中國婦女生活史》，上海：商務印書館，1937：364。

[8] 劉巨才：《中國近代婦女運動史》北京：人民出版社，1988：331。

復辟，對於女子教育和女子報刊都產生了重大的影響，部分女性刊物宣傳封建禮教，而「消閒類」刊物開始出現，比如《中華婦女界》[9]。

經歷了幾千年封建制度的壓抑，女性權利意識之所以在清末民初能夠覺醒，其影響因素是多方面的，而女性受教育程度的提高是基礎條件。報刊中女性內容的增多和婦女報刊的繁榮都離不開女性教育的發展。早期的女學是在中國的傳教士創辦的，1903 年清政府重新制訂學堂章程，將女子教育包括於家庭教育納入國家軌道，開啓了現代女子教育的萌芽期。1907 年學部奏定《女子師範學堂章程》和《女子小學堂章程》，國家正式承認女子教育，標誌著女子教育進入建立期。此後辛亥炮響，中華民國開啓新紀元，女子教育正式進入了發展時期[10]。據當時教育部統計，1912 年全國女校爲 2389 所，女生人數 141130 人；1913 年全國女校爲 3123 所，女生人數爲 166964 人；1914 年女校增至 3632 所，女生人數增至 172723 人[11]。

（二）《中華婦女界》中的女性話題和女性形象

爲了服務廣大婦女同胞，中華書局專門推出了女性雜誌《中華婦女界》，這本雜誌封面和正文前的圖畫附頁採用圖畫。其封面多爲國畫風格的手繪花卉，顯得風格淡雅而又閒逸，不落俗套，內文部分大概每期在 160 頁左右。在欄目上，除了正文之外，還有小說、文藝、成績、特別記事等，從第 1 卷第 4 期開始「成績」欄目改名爲「國文成績」。「文藝」欄目主要是詩詞，收錄當今女性投稿之作品。「成績」後來改名叫「國文成績」，主要是選擇刊登各地女學生的習作，多爲議論性文字。《冰魄閣野乘》是這份雜誌的副刊，刊期不定，從創刊號開始，作者爲崇明施淑儀女士，內容多爲各種野史、雜談怪論，刊載了很多關於各種奇女子的軼事，刊載於第 1 卷的第 1 期、第 4 期和第 7 期。有趣的是，在《婦女界》這本雜誌中，正

[9] 宋素紅：《女性媒介：歷史與傳統》，北京：中國傳媒大學出版社，2006：46-55。

[10] 程謫凡：《中國現代女子教育史》，上海：中華書局，1936：25-26。

[11] 陳景磬：《中國近代教育史》，北京：人民教育出版社，1979：305。

文部分的作者多爲男性，而「文藝」、「國文成績」類的作者基本都是女性。《婦女界》的作品涉及領域廣泛，其作者遍佈大江南北，和雜誌形成了很好的互動。「成績」或「國文成績」的作者都是各地中小學的女學生，她們的作品雖然稍顯稚嫩，但是卻文風清新，很好地代表了那個時期少女的才情和知識水準。「記事」、「特別記事」欄目多是對於女子教育的進展記載。文中的補白部分多爲奇人軼事，也有關於女子道德、美容等小論說、小知識的內容，不一而足。在目錄頁後是用彩色紙做的廣告頁。

民國伊始的 1915-1916 年，受到政府導向，社會輿論和學校教育都推崇良母賢妻的價值導向，思想啓蒙運動並沒有徹底展開。即便是像《婦女雜誌》這樣的刊物，雖然有所時代新意，但是對於女性的角色定位，始終是「家庭的人」而非「社會的人」，這種情況直到 1919 年 12 月底雜誌改版後才有所改變[12]。中華雜誌關於女性話題的探討，主要集中在《中華婦女界》，還有少量存在于《大中華》，這些雜誌與同時期的《女子世界》持相似的觀點。從第 2 卷開始，《婦女界》開始將目錄頁加長，正面是目錄，背面是廣告。雜誌正文所涉及的話題主要有：

1. 男女平等與女性權利

在一篇伍崇敏女士所撰寫的<男女自由平等之真解>刊發于《中華婦女界》第 1 卷第 1 期，對社會上早年流行的女權主義思想做了討論，很好地代表了《女子界》這部雜誌的主題。伍崇敏開篇直接指出：「天生男女，本無厚薄之殊，而體質心情則顯有強弱剛柔之別。大抵男子剛強女子柔弱。」然後論述在職業上不能片面強調絕對平等而應該正視男女之先天差異，還用左右手之間的差異來比喻男女應該依照天性，不能反手拿筷、拿筆。在文中作者提到：「男子治外，女子亦當治外，家庭大事無人過問，則家道苦兒社會動搖矣。」最後作者結論說：「一般情形，爲女同胞定標準，不當好

---

[12] 劉曙輝：<啟蒙與被啟蒙：《婦女雜誌》中的女性>，《山西師大學報(社會科學版)》，2007，34(2)：126-129。

高鶚遠以少數特別人心理，遂不惜破壞家庭社會秩序，沽無益之虛名。[13]」
<婦女之天職>是劉半農翻譯的作品，文章闡釋了婦女的重要性和美好作用，女性應該去做「賢妻良母」，但又不該把舞臺限制於家庭[14]。

　　「良母賢妻」是《婦女界》對於女性的理想定位，所謂：「振興女教者，以良母賢妻為目的。[15]」事實上，這也代表了民國初年社會上對於女性的普遍定位。《婦女界》還在刊行的 1916 年，著名教育家蔡元培在上海愛國女校發表演說，稱：「今日女子入學讀書後，於家政往往不能操勞，亦為人所詬病。必也入學後，於家庭間之舊習慣有益於女德者保持勿失，而益以學校中之新智識，則治理家庭各事，必較諸未受過教育者，覺井井有條。[16]」梁思順在<所望于吾國女子者>[17]也是把賢母良妻抬升到很高的地位，主張學校以此為教育目標。女子與家庭責任是《婦女界》始終討論的話題之一，<家庭生活攝影自述>[18]作者論述了：「欲以構成良好之家族，為我輩女子之天職。」而<女界箴言>[19]一文則更是語出驚人，文章在開頭講到社會經濟雖然繁榮然而道德日漸敗壞，究其原因，「賢妻良母」角色的遠去要負很大責任。對於女性，作者堅持「女子無才便是德」的傳統觀念，強調「女子教育方針，在潛近不在高深，在實行不在言論。使一般女子有作書薄計之技能，精明賢良之美德斯足矣」。良母賢妻」的宣傳有時候還通過國外人物和事蹟來表達。第 1 卷<美國一百賢妻之自述>[20]十分有趣，此文連續刊載了兩期，刊載了十六個美國的故事，其內容大都是妻子如何說明丈夫致富養家的經驗，作者認為此文的目的是：「餉我讀者，並為一般賢妻之模範也。」

---

[13] 伍崇敏：<男女自由平等之真解>，《中華婦女界》，1915，1(1)。

[14] Max O'Rell 作、辮穠譯：<婦女之天職>，《中華婦女界》，1915，1(2)。

[15] 程洛：<論婦容>，《中華婦女界》，1915，1(10)。

[16] 陸璋：<蔡孑民先生演說記>，《婦女雜誌》，1917，3(2)。

[17] 梁令嫻：<所望于吾國女子者>，《中華婦女界》，1915，1(1)。

[18] 唐謝耀鈞：<家庭生活攝影>，《中華女子界》，1915，1(7)。

[19] 李佛如：<女界箴言>，《中華婦女界》，1915，1(10)。

[20] 瘦鷗：<美國一百賢妻之自述>，《中華婦女界》，1915，1(8，9)。

　　《中華婦女界》中對女性的言論帶有一定封建傳統的色彩，對青年女子也頗多規勸之詞，這和教育部《女子學校規定五則》的精神是一樣的，此規定頒佈於 1916 年，對女學生的行爲做了規定。第 1 卷第 7 期中許晴的<敬告女學生>[21]也是對於當時女性解放思想的反思，文中指出婦女解放的必要性，但是要謹慎對待極端思想。從自重自愛。從舉止、遊覽、言論、理想、學問、名譽、規章七個方面論述了女學生的行爲準則。文章整體上看內容比較保守。在此文的左側有補白，收錄的是《曹大家女誡》，內容復古封建。

　　署名爲「致遠」的作者對女子的操守和名節憂心忡忡，面對新時代帶來的一系列變化感到不安。作者帶有一定傳統的禮教觀念，對於女性在家庭和社會的行爲標準提出自己的勸誡，有時候不免有點指手畫腳的意味，顯得十分保守。在<婦人之口>[22]一文中致遠對於婦人開頭就提出：「彼爲婦人，何不效金人之三緘其口」，指出婦女無工作而多口舌，給家庭對和諧帶來了很大的麻煩，又送青年婦女箴言，其內容是出於衛生的考慮而建議婦女「口常閉」、保持清潔、漱口、不使口臭等等。最後總結到：「凡婦人一言一笑，不可出以苟且，必須端其五官整其眉貌，更不可喋喋無已。禮云：『非禮勿言』。曹大家曰：『擇辭而說，不道惡語。時然後言，不厭於人，旨哉言乎』」。在作者另外一篇文章<婦人之交際>[23]中，致遠指出社會風氣已變，女性也有交際活動，切記不可失態。作者從親族、朋友、社會三個方面來勸誡婦女應該把握的標準分寸。但是作者並不是完全的封建思想捍衛者，談到娘家婆家親戚之厚薄時，作者指出：「要知婦人之既嫁之後，夫家即爲我家。夫之親族，即我之親族。」而沒有「嫁雞隨雞嫁狗隨狗」之類的內容。受到當時尊孔風氣的影響，對於女子改嫁問題，中華雜誌所持的觀點是比較保守的。

---

[21] 許晴：<敬告女學生>，《中華婦女界》，1915，1(7)。

[22] 致遠：<婦人之口>，《中華婦女界》，1915，1(9)。

[23] 致遠：<婦人之交際>，《中華婦女界》，1915，1(10)。

2. 女性職業和職場

　　女性絕對不是「分物利者」，這是《婦女界》始終堅持的觀點。女性走出家門進入廣闊的社會，這是時代進步的標誌，也是女性解放自我和實現人生價值的必然結果，對於國家建設和支援家庭也有重大意義。國家、社會和家庭都需要女性的進一步解放。「我國女子不事生產，大都依賴男子。既無自助精神，又乏生活能力。此所以吾國人之升利率除童嬰殘疾外尚不足通國戶口之半也。[24]」女子從事生產不足加劇了國家的窮苦落後，而民間貧窮受害最深者往往為婦女，其幼時被溺，長大後被買賣或淪為娼妓，命運十分不幸，「為今日計，婦女之各謀自立，成為當務之急。[25]」

　　在劉璿的<中華婦女之生計>[26]中，劉女士論述了女性對於生產的貢獻，旁徵博引，指出未來女性在職場的前景會更加廣闊。同期的李佛如女士有篇文章<我之婦女職業談>[27]，文章以江西省為例講述了女性的辛勤勞作，指出我國女性雖然未有其他國家女性介入職業之廣泛，但是將來必然會有發展，不可菲薄。其他文章也持相似的觀點。

　　女性職業性質和職業選擇也是《婦女界》所關注的問題，雜誌中的文章實事求是而不是好高騖遠，對於工作，<我國女子蠶業之普及方法>[28]針對當時社會現實，客觀地指出：「吾國女子株守家門，不離鄉土，未可與泰西女子比儗，斯時而驟行社會的職業，吾恐未獲其效。」<說婦工>[29]一文指出職業不分貴賤，以自食其力者為榮——「天下之人惟懶惰性成、事事依賴於人者為最賤」，作者為從事艱辛體力勞動而又為世俗所鄙視的婦工鳴不平。

---

[24] 李桂馥：<我國女子蠶業之普及方法>，《中華婦女界》，1915，1(9)。

[25] 漱溟：<生計困窶與婦女之關係>，《中華婦女界》，1915，1(11)。

[26] 劉璿：<中華婦女之生計>，《中華婦女界》，1915，1(4)。

[27] 李佛如：<我之婦女職業談>，《中華婦女界》，1915，1(4)。

[28] 李桂馥：<我國女子蠶業之普及方法>，《中華女子界》，1915，1(9)。

[29] 楊素芸：<說婦工>，《中華女子界》，1915，1(9)。

　　《中華婦女界》引入了很多優秀女性加以介紹，樹立了女性正面的社會形象。在這本雜誌中，女性在正文中出現的身份有教育家、藝術家、企業家、政治人物，還有知名人士的妻兒母親，古今中外，類型不一。但是她們都是隱忍、頑強、堅韌、勇於擔當而又積極的形象。

　　青霞翻譯自英國世界報的<美國女實業家盎特魯夫人傳>[30]塑造了一個幹練、堅強的女強人形象。文章描述夫人入廠時「衣服整潔而覆以青色之匠衣，軀幹不甚修偉，而兩臂肌肉強悍有力，狀貌雖嚴肅而平易近人。」文章還介紹了夫人的管理和經營能力，並回顧了她在丈夫不能主持廠務時如何立威于工人的故事，對夫人多佩服之詞。<英國女小說家史蒂爾夫人傳>[31]也是類似的形象塑造，史蒂爾夫人少時家貧而自學成才，性格好動，熱愛家庭而長於寫作，並為女子參政而努力。這類的文章還有<美國女天文學家瑪利亞密卻傳>(第 1 卷第 8 期)、<英國現今最著名軍事小說家格萊扶似女士小傳> (第 1 卷第 8 期)等等。雜誌介紹這些優秀的外國女性，為中國女性樹立榜樣和信心。

　　除了奮鬥型的成功女性之外，《婦女界》還廣為介紹了世界上的一些知名女性，她們中很多是政治人物的妻子或母親。比如<記俄皇四女>(第 1 卷第 5 期)、<比利時皇后>(第 1 卷第 5 期)、<羅馬偉人拉格基之母>(第 1 卷第 6 期)，關於法國皇帝拿破崙的母親和妻子有兩篇文章，<拿破崙第一之母>(第 1 卷第 4 期)和<拿破崙一世之妻>(第 1 卷第 7 期)。即便是介紹外國人物，《婦女界》的作者也是將其中國化處理，有意或無意地避開文化背景差異，而著重介紹美德和事蹟，同時用中國式的審美和價值判斷來敘述故事。對於西方的母親的形象構建也是這個套路，比如勤儉持家始終是中國人的美德，即便是涉及到西方女性，其行為主張也是如此。在<德皇后注重母教>[32]中，德國皇后被描述為教導子女有方，從六歲時就教誨其女兒道不可

---

[30] 康謀斯多作、青霞譯：<美國女實業家盎特魯夫人傳>，《中華女子界》，1915，1(1)。

[31] 俠花：<英國女小說家史蒂爾夫人傳>，《中華女子界》，1915，1(7)。

[32] 霆公：<德皇后注重母教>，《中華女子界》，1915，1(1)。

自驕，其教育出的公主雖然「宜乎人影衣香，無不帶有富貴氣矣」，但「勤儉耐勞，雜傭操作，與平民無異，且閱詩敦禮，婉約風流。」文章還摘錄皇后名言勸誡一般女子：「欲爲社會造成良母賢妻，非可空言幾也，必自爲之母者，善爲教導，始當女子在幼稚時代，既當教以種種女子應爲之事，以養成其勤儉克家之習尙。而尤以身作則，使之有所觀感。」<拿破崙第一之母>[33]則把拿破崙的成功歸功於母親教育：「要而言之，拿破崙自學生至爲士官，自土倫之戰至征服全歐，其基礎皆在於幼時，其感化皆由其母。」

3. 婚姻與家庭

　　《婦女界》認爲婚姻對婦女是極端重要的：「夫婦爲人倫之始，故婚姻之事，斷不可苟且從事。而早婚及擇偶不自由之制，恒易釀種種之弊害。[34]」《婦女界》文章的基本觀點是既反對封建婚姻，也不偏激於激進思想。在婚戀觀念上強調珍視愛情、重視家庭、踏實務實，在情感和物質上最好能夠做到統一，在女子解放與家庭和諧達到平衡，爲社會穩定和進步做出貢獻。《婦女界》登載的文章多是理性的，對於一些常見的危害婦女婚姻的現象比較一致地反對。包辦婚姻和早婚是始終被反對的兩個社會現象，有些文章將這兩個問題放在一起合併討論。婚姻的前提是擇偶，<擇偶自由論>[35]明確反對擇偶不自由，並指出不自由的七種危害，而關於自由擇偶之真諦其中有：一擇偶之後必須得父母之同意；二擇偶締合者必在成人之後；三女子以貞潔爲貴；四結婚者必須能獨自樹立；五男女互擇處於相對地位。自由婚姻是時代的主題，吳貫因之<文王之婚姻>[36]乃是第 1 卷第 7 期首篇文章，文章以古人爲例，指出文王的幸福婚姻在於自由，而孔子身爲聖人，但是「遭專制婚姻之禍，至於娶妾，至於出妻，既抱室家之隱痛，深有羨于婚姻自由。」作者在另一篇引用聖人孔子的婚姻不幸來說明這個問題，

---

[33] 徐大純：<拿破崙第一之母>，《中華女子界》，1915，1(4)。

[34] 吳貫因：<孔子之婚姻>，《中華女子界》，1915，1(8)。

[35] 陳麒：<擇偶自由論>，《中華女子界》，1915，1(2)。

[36] 吳貫因：<文王之婚姻>，《中華女子界》，1915，1(7)。

在這篇文章中指出孔子十九歲娶妻而婚姻不幸，是在於早婚和不自由婚姻。作者認為人在青年時代，性格和能力尚未養成，倉促結婚會導致以後婚姻不穩定，所謂「凡早婚之人為男子者必不能得賢妻，為女子者必不能得賢妻。[37]」早婚也是當時社會所反對的，王步蘭的<論女子早婚之害>[38]用一篇文章論述了這一觀點。<男女結婚之研究>[39]指出結婚要慎重：「當竭力調查雙方教育之程度，以精密之注意，觀察雙方之性質品行，又確定其身體健全與否，更考察其中不備之點。」作者認為要把感情放在第一位，不能單純因為金錢而結合。「男女間無精神的調和則無所謂結婚，亦無所謂夫妻也。結婚不可缺之要素，乃男子堅實之精神與女子優和之性質。善良之婚媾，在此兩者之調和。」此外這篇文章還論述了女性健康的重要性，體現了質樸的早期優生學思想。<貞女論>[40]針砭世風陋俗，引經據典，討論女子改嫁問題，對失去丈夫的婦女寄予了同情和支持，指出父母不能「以女子之不幸，易一美名矣」。對於移風易俗，《婦女界》也做了很多努力，除了在觀念上宣傳自由婚姻之外，在儀式上也做了討論，不求奢靡之風。<改良婚嫁議>[41]是對當時的婚禮陋習提出了改良的建議：減妝奩節聘金；戒鋪張而崇節儉；刪繁文縟節以崇實體。

　　應該說《婦女界》所宣傳的婚姻倫理思想並沒有完全跳出舊時代的窠臼，進步但是不徹底。汪長壽的<魯秋潔婦論>[42]是對劉中疁《魯秋胡妻傳》的評析，這個故事最早出自《列女傳·魯秋潔婦》，以「魯秋胡戲妻」而聞名。魯秋胡之新婚五日即外出做官，五年後回家在路旁看到一個婦人採桑，他在不知道是自己妻子的情況下前去調戲，還以黃金誘之遭拒。回到家中

---

37 吳貫因：<孔子之婚姻>，《中華女子界》，1915，1(8)。

38 王步蘭：<論女子早婚之害>，《中華女子界》，1915，1(8)。

39 詠香：<男女結婚之研究>，《中華女子界》，1916，2(2)。

40 李慎傳：<貞女論>，《中華女子界》，1915，1(10)。

41 俞淑媛：<改良婚嫁議>，《中華女子界》，1915，1(11)。

42 汪長壽：<魯秋潔婦論>，《中華女子界》，1915，1(4)。

夫妻相會，妻子指責丈夫品行敗壞，不義不孝不忠，然後自投河而死。這
是一個傳統舊道德的經典故事，是完全徹底的封建禮教。作者王長壽在開
篇就評價其妻子的行爲是「潔誠潔矣，而未盡合道」，隨後肯定了魯秋胡的
不德，又指出：「吾謂既識己夫之淫洩，亦宜隱而緩諫。」「古人有言：父
爲子隱，況夫之過亦不可隱乎？」最後又定出了潔婦的標準應該「寬則宜
如鮑蘇之妻，嚴則宜如陶答子之婦」。通篇沒有討論新時代女性的價值取
向，以舊標準來議論新女性，無甚新意。

4. 民國女性生活風采

　　民國初年，以上海爲代表的沿海地帶和一些內陸城市，社會經濟逐漸
繁榮，對外交往頻繁，西方的思想和商品不斷湧入。在那樣一個摩登的時
代裡，時尚的生活方式，以及光怪陸離的新鮮事物始終是城市女性青睞的
雜誌題材。作爲一份「尤注意於生活問題及技藝」[43]的女性雜誌，《婦女界》
收錄了大量關於醫療保健、餐飲健康、服飾化妝和生活技藝的女性生活相
關內容，豐富地展現了 20 世紀 10 年代都市女性的生活方式。生活類文章
占這本雜誌文章的三分之一到二分之一。

　　最新的科學生活知識和西式生活方式始終是都市女性的興趣點所在。
當時都市女子普遍以西方生活方式爲榮，並普遍相信西方新奇事物的功效
以及其背後蘊藏的科學力量。相比之下，以中醫爲代表的傳統養生法則和
中式生活常識則市場不足，絕少有人提及。社會上普遍推崇用科學的道理
和西人的生活經驗來處理生活問題。

　　愛美之心人皆有之，女子尤甚。擁有美麗容顏，保住青春是每個女性
的願望，也產生了龐大消費市場。而對於美容方法，中醫強調氣血等問題，
西洋方法則是另外一種思想。<皮膚美麗法>[44]談論了皮膚美麗問題，針對
社會普遍認爲是白色爲美的現象，作者指出人的白黑首先是人種問題，然

---

[43] 見《大中華》1915 年第 1 卷第 8 期關於《中華婦女界》的宣傳廣告。

[44] 詠香女士：<皮膚美麗法>，《中華女子界》，1915，1(9)。

後論述道：「徵之學理，色黑乃由色素濃厚所致，除上述人種區別外，尚有
先天的關係。」針對一些女性使用化妝品來改善皮膚的現象，作者認為：「市
間所售之雪花粉鏡面散等物」，「或用有毒鉛粉，雖使無鹽媒母，撫鏡對照
亦覺顧盼自雄。不知其皮質日益粗糙，色彩日益惡劣。」在這篇文章中作
者隨後列舉了七種保養之法，比如接觸新鮮空氣和光線、運動等等。作者
的說理是建立在女性接受新式教育，普遍瞭解科學知識的背景之下，「色
素」、「鉛粉」等物在文中並無特別說明，顯見得當時已然為廣大婦女所知。
<果物於人身之益>[45]翻譯自日本農學博士澤村真原，文章分為三部分，使
用現代科學知識論述了：「果物之種類」、「果物之成分」、「果物之效用」「果
物味幹之理由」等知識。文中大量使用了現代科技名詞，包括「游離酸」、
「水分」、「蛋白質」、「灰分」等等，指出「果物所含游離酸能刺激味覺神
經以增進食欲」而不是中醫所用的安神、養血、補氣等話語體系。

　　要想化身「良母賢妻」，下廚房的事情必不可少。西方飲食的介紹，一
部分是獵奇，一部分是對於西式生活的嚮往。尤其是在上海這樣受西方文
化影響比較大的城市，人們普遍認為西方的都是好，對於西方世界的嚮往
到了盲目崇拜的地步。在上海，吃西餐成為一種十分時尚的消費文化，是
彰顯文明，體現情調的一種方式，而西餐的食品加工技術、科學營養、衛
生、膳食合理的飲食方式等對開始注重科學的國人有一定啟發[46]。<西餐製
法>[47]、<西餐八法>[48]在《中華婦女界》中分兩期刊載，在第一篇<西餐製法
>開頭中寫道：「西人於飲食一門，大費研究，雖一湯一食。鮮不以攝養衛
生為前提。」隨後又說：「中國自互市以來，歐風東漸，習俗移入，不特影
響於服飾且推及於食品。試觀今日之滬場十裡餐館林立。…於是富家巨室
每宴客或款以時式西餐，但其種種製法不甚明瞭。」第二篇是作者翻譯美

---

[45] 澤村真原作、任芷筠譯：<果物於人身之益>，《中華女子界》，1916，2(1)。

[46] 唐振常：《近代上海繁榮錄》，北京：商務印書館，1993：52。

[47] 任姝筠：<西餐製法>，《中華女子界》，1915，1(4)。

[48] 羅拉作、任姝筠譯：<西餐八法>，《中華女子界》，1915，1(7)。

國一位女士的關於西餐演講，兩篇的內容都是菜譜。除了飲食，西方裝束更是當時所謂「文明人」的符號，同時也是民國服飾模仿改良的物件，對於西方服飾的接受，也是一種對於時尚生活的嚮往。「民國成立，制定服式，其體制大都仿自泰西」。然而「一切裁法，爲女界所不及知。」 <西服裁法>[49]提供了一些簡介，文章分爲兩期刊載，文中以圖爲主，標注尺寸，裁剪標準爲英寸。

女子應以家庭爲重是彼時的思想潮流，所謂「女子以治家爲天職。[50]」即便是接受過新式教育的女性，將來也是要組建家庭，爲人妻爲人母。《婦女界》非常熱衷於提供家庭生活知識，包括育兒知識、餐飲知識、家庭護理知識等是女性雜誌常見的內容。這些內容有的是作者的親身經驗，有的是翻譯西方作品。

民以食爲天，廚房是女性持家的重要陣地。《婦女界》的編輯深諳此道，對於收錄美食做法以及家庭生活竅門和技巧十分上心，每一期裡面都有此類內容。除了少量西式內容外，大部分還是符合中式的生活方式。有一篇<家事新知識>[51]，內容就是各種生活小竅門，比如「炊米時加檸檬汁少許于水中則米色白且鬆」。<我家擅長之烹飪法>[52]是介紹如何製作梅菜燒肉。還有些是翻譯自外國的作品，<洗濯法之研究>[53]翻譯自英國家事讀本，內容是根據衣物的材質採取不同的洗濯方法。此外雜誌還介紹了大量家庭生活常識，比如<保藏果蔬之方法>(第 1 卷第 4 期)、<實用家禽飼養法>(第 1 卷第 7、8 期)、<婦女防火之知識>(第 1 卷第 9 期)等，還有些陶冶情操的內容也是爲了家居環境的建設，比如<竹類盆栽法>(第 1 卷第 8 期)、<梅花盆栽法>(第 2 卷第 1 期)、<水仙花培養法>(第 2 卷第 2 期)等等。而身爲「良

---

[49] 啟唐：<西服裁法>，《中華女子界》，1915，1(3，4)。

[50] 李嫻增：<婦言>，《中華女子界》，1916，2(1)。

[51] 庭模：<家事新知識>，《中華女子界》，1915，1(4)。

[52] 沈慧：<我家擅長之烹飪法>，《中華女子界》，1915，1(4)。

[53] 任芷筠：<洗濯法之研究>，《中華婦女界》，1916，2(2)。

母」，育兒的經驗知識必不可少，雜誌中也刊載了大量這方面的知識，比如
<研究小兒性質之經驗談> (第 1 卷第 12 期)、<乳兒新論>(第 2 卷第 2 期)、
<小兒種痘談>(第 2 卷第 5 期)、<初生兒之攝生>(第 2 卷第 6 期)等等。

二、中華雜誌與小說

（一）以「小說」冠名的《中華小說界》

　　維新變法失敗後，梁啟超流亡日本，受到日本「政治小說」的影響對
小說有了新的認識。1902 年梁啟超創辦《新小說》雜誌，宗旨為「發起國
民政治思想，激勵其愛國精神」，並在創刊號上發表了<論小說與群治之關
係>[54]一文，痛斥了舊小說的毒害：「吾中國人狀元宰相之思想何自來乎？
小說也，吾中國人佳人才子之思想何自來乎？小說也；吾中國人江湖盜賊
之思想何自來乎？小說也；吾中國人妖巫狐鬼之思想何自來乎？小說也。」
梁啟超喊出了「今日欲改良群治，必自小說界革命始，欲新民，必自新小
說始」的口號。此處的「新民」，指的是資產階級思想啟蒙運動。一時引起
各方的關注，知識分子紛紛表示贊同，小說地位空前高漲，小說類雜誌也
開始繁榮起來。《新小說》引發了小說的熱潮，而《新小說》派也成為晚清
小說理論的核心[55]。晚清民國的小說家和小說理論家，側重于思考小說和
社會的關係，強調小說有普及知識、開啟民智和改良社會的作用，這也成
為當時小說創作的出發點之一。1914 年，上海文藝界又迎來了「甲寅中
興」，表現為小說和戲劇的一次驟然中興，這一年小說和小說期刊大量湧現
出現，誕生了《中華小說界》、《民權素》、《眉語》、《禮拜六》、《小說叢報》、

54　梁啟超：<論小說與群治之關係>，《新小說》，1902(1)。

55　袁進：<論「小說界革命」與晚清小說的興盛>，《社會科學》，2011（11）：168-173。

《小說旬刊》、《黃花旬報》、《女子世界》等雜誌，其中「鴛鴦蝴蝶派」的作品大行其道[56]。

在這種背景下《中華小說界》創刊於 1914 年 1 月，月刊，共出版 30 期，主編沈瓶庵，比較知名的作者有包天笑、周瘦鵑、林紓、沈瓶庵等人，欄目有小說、筆記、文苑、遊記、談瀛、談叢等，中華書局對其的宣傳語為：「本志宗旨正大，文字雅潔，各體文苑無不備具，公餘消遣洵為無上妙品。[57]」在第 1 卷第 1 期<發刊詞>中，沈瓶庵採用問答的方式，回答了「客」的疑問，闡釋了雜誌的宗旨和小說的價值與意義。「客」以「方今國家多故，外患日逼，民窮財盡，岌岌不可終日。而子乃研磨調朱，糜寶貴之光陰，損有用之精力，矻矻孳孳，日從事於小說。毋乃急其所緩，緩其所急，是亦不可以已乎？」來質疑文藝存在的意義。而「予」則首先回顧了小說發展的歷史，過去的小說「不齒於縉紳，名不列於四部，斥同鴆毒」，而西籍東輸之後，小說頓開「異境」，而「言情偵探」、「科學哲理」一類的小說，「無非瓜架豆棚，供野老閒談之料，茶餘飯後，備個人消遣之資」，結果是「至失小說之效」。作者闡釋對小說的見解：小說者可稱為「已過世界之陳列所」、「現在世界之調查錄」、「未來世界之實驗品」。作者認為此雜誌以貢獻社會的「三大主義」有：「一曰作個人之志氣也」；「一曰祛社會之習染也」；「一曰救說部之流弊也」[58]。從中足可以看出《中華小說界》的辦刊宗旨是受早年「小說界」革命影響的，也是希望小說能夠影響社會。應該說，清末民國關於小說功能討論，並不僅僅是梁啓超「小說界革命」一家之言，小說作為一種文學體裁，能夠發揮的作用是多維度的。發表《中華小說界》中 1914 年第 1 卷 3 至 8 期的《小說叢話》是小說理論的重要文章，體現了當時小說觀念的轉變，此篇文章的作者是呂思勉，在封面署名為「成之」

---

[56] 陳方競：<民初上海文學「甲寅中興」考索>，《汕頭大學學報(人文社會科學版)》，2004，20(5)：55-60，90。

[57] <廣告>：《大中華》，1915，1(8)。

[58] 沈瓶庵：<發刊詞>，《中華小說界》，1914，1(1)。

內文卻爲「成」。《小說叢話》被視爲是清末民初篇幅最長的小說理論文章，是晚清小說理論的總結[59]。在《中華小說界》中，呂思勉對於藝術中「美」問題做了很多探討，作者指出：「夫美術者人類之美的性質之表現於實際者也。美的性質之表現於實際者，謂之美的製作。」作者運用西方美學理論，認爲小說具有審美特性，總結道：「小說者，第二人間之創造也，第二人間之創造者，人類能離現社會之外而爲想像，因能以想像之力，造出第二社會之謂也。」文章認爲小說對讀者起作用在兩個方面：「一訴之於情的方面，而一訴之於知的方面」[60]。

隨著政治生涯的不如意，身心俱疲的梁啓超決意退出政壇轉而尋求與中華書局合作，在 1915 年第 2 卷第 1 期的《中華小說界》刊發了梁啓超的<告小說家>[61]，梁啓超在這篇文章回顧了小說的歷史和地位，指出過去十餘年來雖然小說空前昌盛，出現了「試一流覽書肆，其出版物，除教科書外，什九皆小說也；手報紙而讀之，除蕪雜猥屑之記事外，皆小說及遊戲文也」的場面。然而，小說的內容和宗旨卻出現了重大的偏差，所謂：「其什九則誨盜與誨淫而已，或則尖酸輕薄毫無取義之遊戲文也。于以煽誘舉國青年子弟，使其桀黠者濡染於險詖鉤距作奸犯科，而摹擬某種偵探小說中之一節目。其柔靡者，浸淫于目成魂與踰牆鑽穴，而自比於某種豔情小說之主人者。於是其思想習於汙賤齷齪，其行誼習于邪曲放蕩，其言論習於詭隨尖刻。」對比 1902 年的<論小說與群治之關係>，可見梁啓超十幾年來對小說歷史使命和社會價值的認識並沒有改變，他還是堅持「今後社會之命脈，操于小說家之手者泰半」[62]的觀點，強調小說對於社會的改良作用，但是，他的<告小說>家流露出來的是一種深深的無奈。市面上充斥的

[59] 黃霖、韓同文：《中國歷代小說論著選》，南昌：江西人民出版社，1990：402-403。

[60] 呂思勉：<小說叢話>，中華小說界，1914，1(3-8)

[61] 梁啟超：<告小說家>，《中華小說界》，1915，2(1)。

[62] 梁啟超：<告小說家>，《中華小說界》，1915，2(1)。

大量小說雖然引發了民眾廣泛的閱讀熱情，但是這些低級趣味的作品卻對
社會進步毫無作用。

　　《中華小說界》的主要欄目有：筆記、文苑、遊記、談瀛、談叢、傳
奇、話劇等，而這本雜誌中的內容，雖然提供休閒和消遣，但是格調卻很
高雅，在內容上沒有爲了娛樂而娛樂。讀者往往能夠從作品中讀出一些對
於生活的感悟，引發出一些對於社會和人生的思考。刊載在中華系列雜誌
的小說被冠以各種頭銜，比如「教育小說」、「社會小說」、「愛情小說」等
等，這些林林總總的分類大約有幾十種。本研究對《中華小說界》這本雜
誌進行梳理，在小說作品的題材上，從表 7-1 可以看到分類居然多達 48 種，
而以滑稽、言情、社會、警世、歷史、哀情、偵探爲最多。這些作品折射
出《小說界》多元化、包容性的辦刊思路。

表 7-1《中華小說界》小說類型統計表[63]

小說類型	短篇	長篇	小說類型	短篇	長篇
言情小說	13	3	地理小說	1	0
復仇小說	6	0	外交小說	1	0
滑稽小說	24	0	愛國小說	5	0
諷刺小說	2	0	國民小說	1	0
社會小說	18	2	哲理小說	4	0
偵探小說	12	2	神怪小說	5	0
哀豔小說	1	0	奇情小說	3	0
歷史小說	7	2	名家小說	5	0
理想小說	2	0	俠情小說	3	1
倫理小說	3	0	立志小說	1	0
紀事小說	7	0	實業小說	1	0
警世小說	7	0	醫學小說	1	0

---

[63] 資料來源：筆者根據 1914 年 1 月至 1916 年 6 月共 3 卷 30 期《中華小說界》雜誌統計。

小說類型	短篇	長篇	小說類型	短篇	長篇
義俠小說	3	0	國事小說	0	2
科學小說	2	0	苦情小說	1	1
醒世小說	1	0	志異小說	5	0
冒險小說	1	0	軼事小說	2	0
諷世小說	5	0	外交小說	4	0
家庭小說	4	1	因果小說	1	0
寓言小說	3	0	寫情小說	1	0
哀情小說	7	3	諧情小說	1	0
遊戲小說	2	0	尚武小說	1	0
政治小說	3	0	歐戰小說	1	0
軍事小說	5	0	政黨小說	1	0
義烈小說	2	0	愛情小說	1	0

　　上表是對《中華小說界》所刊載小說的匯總，這些不同類型，不同文體的小說，極大地豐富了讀者的業餘文化生活。

　　1914 年第 1 卷第 1 期的《中華實業界》廣告中對《中華小說界》的宣傳語為：「本雜誌材料豐富、文筆雅潔，多采短篇小說以快閱者之目，長篇小說按期接登不令間斷。封面五彩精印尤為優美。[64]」在《中華女子界》第 1 卷第 12 期(1915 年 12 月)刊載了宣傳《中華小說界》第 3 卷的廣告，廣告刊登了第 3 卷第 1 期的目錄，其宣傳語為「《中華小說界》第三年八大特色」，很好地介紹了雜誌並指出了《小說界》的特點：

　　一圖畫　每期卷首所輯，均為極難得之圖畫，一以增進智識喚起興味為主，至於文中插畫，尤不俟言。

　　二篇幅　擴充篇幅，增加最有趣味之短篇小說。

---

[64] <廣告>，《中華小說界》，1914，1(1)。

三文字　小說自有小說之文字，近時小說，過求文深，轉失真意，不可謂非賢者之故。本界著者均系小說經驗最富之文章家，故或撰或譯，句斟字酌，既不失小說之本真，尤適於一般之社會。

四價值近時小說，往往剽竊筆記，雜纂故事，強曰小說，名實混淆，莫此為甚。本報所載各篇，名符其實，與濫竽充數者不同。

五印刷一律用四號字直行排版，俾批閱之時，不費目力。

六起訖每篇均用各自起訖，無甲乙聯屬之弊，以便任意裝訂。

七雜俎增廣雜俎門類，以助閱者興趣。

八補白每篇終結之處，綴以補白，即至一行二行之餘隙，亦必有彌縫，分之固為雋語，合之亦一叢談。[65]

「社會小說」<黑帷>[66]是天笑、毅汗翻譯的作品，原文作者不詳。小說主人公賴士維本為一謹慎自好一少年，生活節儉。一日意外獲得了一筆大額遺產，賴士維狂喜之下在酒吧中狂飲大醉，出來後在路上攔了輛馬車，因為方向指示錯誤也不知道駛向了何處。待到賴士維醒來後，發現身處一房間之中，黑帷之後有一具屍體而另一房間有位美麗少婦在熟睡，這時少婦醒來大驚失色，指責賴士維是小偷。一會兒兩個員警來到，在賴士維衣服中發現了屋中的失竊物品，又發現了屍體和他衣服上的血跡，立刻將他逮捕。賴士維百般分辨，無奈之下用自己剛領到的支票賄賂這三人開脫自己。故事的結尾，原來一切都是騙局，錢財來得快也去得快。作者通過國外的故事影射國內的社會秩序和治安問題。

另外一篇「社會小說」<一文錢>[67]，作者春岩。作者通過發生在虛構廣東桃源村的故事，描繪了自己改良社會的理想，契合了當時流行於社會的實業救國思想。故事中的廣東桃源村是個商業繁華，交通發達的大鎮，當地居民卻為乞丐、盜賊問題而困擾。鎮中有一老翁，有過在美國的工作

---

[65] <廣告>，《中華小說界》，1916, 3(1)。

[66] 天笑、毅汗：<黑帷>，《中華小說界》，1915, 2(1)。

[67] 春岩：<一文錢>，《中華小說界》，1915, 2(4)。

經歷，在團拜會上號召全鎮開辦一樂善會，全鎮居民皆可入會，規定入會者發一儲錢罐，每天放入一文錢，每天必須不能間斷，五年後停止交費。不到一年，得到了五萬餘金，於是購辦織布機，開辦工廠並大量招聘貧民。隨著生意的興隆，工廠規模不斷擴大，當地就業問題得到解決，以往乞丐、盜賊洗心革面從新做人參加勞動，社會一片穩定。桃源村的成就也帶動了附近村鄰的效仿，工廠遍地開花，民族實業的崛起讓洋貨沒有了市場。在最後，作者感慨：「一文錢之功用可謂偉矣！」

沈瓶庵的「諷刺小說」<竊賊談話會>[68]辛辣幽默，作品描繪了一群竊賊在破屋中開會談話的故事。作者筆下的竊賊振振有詞，透過眾賊之口，展現了民國初年官吏腐敗、社會混亂的現狀。竊賊首領綽號「烏骨雞」談到：「竊鉤竊國，吾道大昌，諸兄弟好男兒，時哉！勿可失也！」竊賊決定展開偷盜比賽，三日後品評成績並發獎。三日後，竊賊聚首講述作案經歷，講到了所遇到的前清官吏、現今各級官吏、軍閥和不法商人的種種醜態，卻都偷盜失敗。結果到了故事的最後，最後一位到來的竊賊得手了，他進入警察局，偷走了員警查抄小偷的贓物。

除了一些相對嚴肅的話題，《中華小說界》的小說也注重呈現一些為普通民眾休閒的作品，比如偵探、滑稽類、情感的小說，滿足讀者獵奇、冒險、追求浪漫和愉悅的心理。這些小說佔據了雜誌相當的篇幅，大大增強了雜誌的可讀性。

《小說界》的小說，不僅有「滑稽」也有「哀情」，兩者形成了鮮明的對照，其中滑稽小說數量為各類小說之最。天笑和毅汗的「滑稽小說」<良醫>[69]就是一篇很有趣味的小說。作品描繪了一個軍中的懶漢經常偷奸耍滑請假病假，老軍醫容易敷衍，此君便總是能夠僥倖過關。後來負責的是位年輕的新軍醫，懶漢又故伎重演，新軍醫一眼識破卻不言明，檢查後告訴他得了一種怪病，必須要通過各種古怪的方法治療，這些折騰人的治療

---

[68] 沈瓶庵：<竊賊談話會>，《中華小說界》，1914，1(2)。

[69] 天笑、毅汗：<良醫>，《中華小說界》，1914，1(9)。

方法讓懶漢吃盡了苦頭，最後只能老實坦白。從此他老實做事，再也不敢耍小聰明了。

天笑和毅汗的<遠寺鐘聲>[70]冠以「愛國小說」，這則故事發生在法國阿爾薩斯，一老年牧師虔誠祈禱，希望世界和平，此公年少時也是熱血青年，現在已經不復當年雄心。正在祈禱時，聽見門前軍隊整齊步伐聲，見到一對德國軍人正開赴邊境，老牧師大驚，愛國之心激勵他奮力敲擊教堂大鐘，為己方軍士報警。德國人聽見鐘聲後破門而入，老牧師面對敵人橫眉冷對，大義凜然。愛國之情溢於紙上。

《中華小說界》還刊載武俠、愛情這些為當時所流行的元素，這些小說也別有特色，滿足讀者追求刺激和獵奇的心理。「義俠小說」<芙蓉女>[71]講述了作者在外遊玩時，從避雨的一老叟處聽來的故事。這個故事從一個江南家庭聚散離合的故事，折射出大時代的變遷。清末民初，義士周讓有子昭武，後來在路邊拾得一個女嬰並將其收養，取名芙蓉。此後昭武與家人發生矛盾離家出走，而芙蓉則服侍二老，十分盡孝。芙蓉十二三歲之時，清兵入侵江南，周讓投奔史可法抗敵與家人失散，而芙蓉陪伴母親外出避難。史可法兵敗，家人以為周讓已死，周妻也很快病故。其實周讓並未死去，他大病一場後被一讀書人收留，而此時芙蓉孝順的美名已經遠近皆知，周讓得之後與芙蓉父女相見，兩人定居下來。一日周讓上山未歸，芙蓉上山尋找，天黑後借宿一寺廟，開門的和尚讓她去附近一老嫗投宿，結果山中多賊，芙蓉為賊所擄，正在危難時刻之前遇到的那個和尚挺身相救，原來他就是芙蓉哥哥昭武。終於歷經波折之後，周讓一家人得以團圓。

（二）其他雜誌中的小說

中華系列的雜誌普遍把小說作為一個必要的欄目組成部分，比如在早期的《中華教育界》中經常能夠看到「教育小說」，在《中華婦女界》則有

---

[70] 天笑、毅汗：<遠寺鐘聲>，《中華小說界》，1916，3(1)。

[71] 江東老虯：<芙蓉女>，《中華小說界》，1915，2(3)。

「愛國小說」、「政治小說」、「家庭小說」、「救國小說」「短篇小說」、「倫理小說」、「成功小說」等。30 年代的《新中華》在創刊的第一年(1933 年)出版了 24 期雜誌，除了第 2 期之外，期期都有小說刊登。事實上，雖然在內容上偏重于時政，但《新中華》經常會刊載一定篇幅的小說並重視文學理論的探討。《新中華》每年都有一個「文學專號」，其中也少不了小說的內容，其中第 3 卷第 7 期還出版過「小說專號」，側重短篇小說的研究和介紹，此專號有小說十篇，並邀請十五位作家撰寫他們個人對於小說的研究和心得。

1. 《中華婦女界》：符合女性口味的小說

作為女性刊物，《中華婦女界》中的小說比較貼近女性心理和興趣，在題材和語言上都別有特色。以其中的「救國小說」和「愛國小說」為例，這兩類小說在此處往往並不是直接描寫英雄事蹟，而是通過男女情愛的背景來闡釋愛國的行為和意義。這樣的橋段更容易迎合女性讀者的胃口，滿足女性喜歡幻想和獵奇的心態。

署名曾用「笑」、「天笑」、「天笑生」的晚清著名小說家包天笑，在《中華婦女界》翻譯和發表了很多小說。「救國小說」<石油燈>[72]就是一篇非常有趣的作品，這個故事背景發生在瑞士，有位老婦人經濟優越，家中雖有電但鍾愛石油燈，家人勸說無效十分不解。老婦人在過生日的時候給兒孫們講述這盞燈的來歷：當老婦人還是少女之時，瑞士遭到外敵入侵，軍官查爾士受傷和衛兵躲到她的家中，敵兵隨後到來也恰巧駐紮在這裡。查爾士的衛兵偷聽到敵人晚上打算偷襲瑞士軍隊的計畫連夜去彙報情況，約好半夜以鐘樓燈光為號打伏擊。夜裡少女去點燈，而查爾士也趁機求婚。後來瑞士軍隊大勝，國家轉危為安的同時有情人也終成眷屬。半儂（劉半農）的「愛國小說」<南山情碣>[73]假託英國和荷蘭戰爭的背景，通過一個軍官

---

[72] 天笑、毅漢：<石油燈>，《中華婦女界》，1915，1(1)。

[73] 半儂：<南山情碣>，《中華婦女界》，1915，1(3)。

的視角，轉述一個關於情愛和民族大義相互取捨的故事。英國青年士兵托密和荷蘭少女美麗相愛，但是兩國開戰英軍被圍彈盡糧絕，托密奉命出去尋找增援。假說自己是逃兵求救于美麗，美麗用繩子助其下降懸崖逃跑，下到一半卻停住繩索，告訴托密她已經看出托密是要傳遞情報，如果協助就是自己賣國，之所以能下到一半就是因爲兩個人的感情，否則早就將他擊斃，並告訴托密如果敢於攀上就將其打死，而下落也會摔死。當時僵持許久，美麗睡著，托密拉住山崖旁邊小樹，奪路而逃，美麗發現後自殺殉國。托密完成任務後，回到軍營覆命後爲愛自殺殉情。士兵們將二人合葬。

2.《中華學生界》：一個著眼于培養學生修養的小說空間

　　刊載在《中華學生界》中的小說作品往往秉承了改進社會的教化思想，這本雜誌裡面的小說形式靈活、題材豐富，對於青少年起到了潛移默化的教化作用，很好的配合了《學生界》力圖培養學生智識和修養的雜誌宗旨。

　　<立志難>[74]是劉半農的作品，被標注爲「青年小說」，假託一個求學青年之口，講述自己的感悟。該青年讀書之時其父先後發了兩封信函勸誡其自立，初時不以爲然，而第二封信函到後不久父親便急病去世，悲痛之下以兩封信爲座右銘發憤圖強，抄錄之以勉勵其他青年自立自強、嚴於律己、謙虛謹慎，不可荒廢學業。劉半農另一篇的作品<拿破崙之恩人>[75]被冠以「少年小說」，作品講述了法國少年安東尼被養父母虐待，被偶然路過的法國皇帝拿破崙搭救。安東尼跟隨拿破崙回到巴黎後，表示不願入學而跟隨皇帝左右，但因爲年齡太小而無法直接參戰，拿破崙就安排他隨軍觀戰用以訓練他的膽色。安東尼始終很膽怯。後來在一場戰役中，大軍渡河但是橋樑被敵軍損壞，安東尼被安排守橋，通知後續部隊此橋不可通過。在等待的過程中安東尼發現了一個俄軍間諜，他回營報告情況卻引起了皇帝的誤會，後來在間諜向拿破崙射擊時候和勇敢與其搏鬥，被間諜的手槍殺死，

---

[74] 半儂：<立志難>，《中華婦女界》，1916，2(5)。

[75] 半儂：<拿破崙之恩人>，《中華學生界》，1916，2(1)。

從而救了拿破崙一命。劉半農的<終生恨事>[76]討論了關於寬恕和友誼的問題。腦雅克見其幼子喬治與小朋友發生衝突並惡語相向，就給他講自己少年時候的故事來懺悔。在腦雅克讀書之時有個良友滔穆，人品敦厚，後來腦雅克為追求刺激認識了不良少年約那司，一次他和約那司等人逃避禮拜去公園遊玩，被滔穆撞見，後來老師盤問滔穆雖然盡力掩飾，仍然被老師發現其中的問題，腦雅克覺得自己被出賣，十分嫉恨滔穆並表示不再原諒。過了幾天，滔穆發生意外重傷瀕死，腦雅克十分懊惱到滔穆家懺悔。包天笑署名為「天笑生」的「科學小說」<病菌大會議>[77]採用擬人化的方法，假託世界上有個「大不潔國」，眾位細菌來此開會。文章通過這種方式介紹了各種細菌的知識，呼籲社會關注衛生問題。

　　文學作品作為消費內容影響讀者是多方面，刊載於中華系列雜誌中的小說，有的能夠供人娛樂消遣時光，有的能夠發人深省教化讀者，還有的兼有二者作用。而一本雜誌中往往也會出現多種類型的小說，以上文介紹的雜誌為例，《中華小說界》小說類型比較多元化，而《中華婦女界》中的小說偏重情愛、家庭、倫理，更多的是滿足女性讀者的休閒需要。作為以學生為目標讀者的《中華學生界》，其小說則側重于教育意義，上文介紹《學生界》的四篇作品都立足教化而不媚俗，討論了是青少年修養和規範的問題：<立志難>討論的是青年的自立和自律；<拿破崙之恩人>討論的是知恩圖報和忠誠問題；<終生恨事>討論了擇友問題；<病菌大會議>討論的是良好衛生習慣的意義。總的來說，小說的審美功能、娛樂功能和教化功能都得到了中華系列雜誌編輯的認識，他們也往往選擇小說來作為雜誌的重要組成部分。

---

[76] 半儂: <終身恨事>,《中華學生界》, 1914, 1(1)

[77] 天笑生: <病菌大會議>,《中華學生界》, 1914, 1(1-11)。

第八章 中華雜誌出版與民國少年兒童生活

一、近代少兒報刊發展

和成人報刊類似，中國近代史中的少兒報刊最初也是由外國傳教士創辦的。最早的少兒雜誌是由美國長老會創辦于廣州的《小孩月報》(*Child Paper*)，該雜誌生命力非常旺盛，前後存續了四十年的時間，由於是教會興辦的雜誌其編輯作者也多爲傳教士，所以《小孩月報》帶有很強的宗教特徵。根據戈公振在《中國報學史》中的所載：「《小孩月報》于光緒元年(1875)年出版於上海，由范約翰(J. M. W. Farnham)所編輯，連史紙印。文字極淺近易讀，有詩歌、故事、名人傳一記、博物、科學等等。插圖均雕刻，銅版尤精美[1]。事實上，關於這本刊物在很多基本信息上還有很多分歧，比如創刊時間、創刊人等。除了《小孩月報》傳教士還興辦了一些兒童報刊，比如《孩提畫報》、《成童畫報》等。

直到 1897 年才出現了中國人自辦的少兒報刊《蒙學報》，這份雜誌由蒙學公會創立於上海，系該學會的機關刊物。雜誌每期分上下編提供課外輔導，上編供五至八歲的兒童，下編供九至十三歲兒童，內容包括文學、數學、智學、史事、輿地等學科知識[2]。《蒙學報》之後，進入 20 世紀的中國報刊業終於迎來了少兒報刊興辦的高潮，著名報人彭翼仲於 1902 年創辦了《啓蒙畫報》，該畫報具備了現代雜誌的特徵。1903 年又出現了我國第一份兒童報紙《童子世界》，由愛國學社創辦，帶有革命傾向。隨著現代出

---

[1] 戈公振：《中國報學史》，北京：生活.讀書.新知三聯書店，2011: 68。

[2] 曹芸：〈我國早期的少年兒童報刊〉，《江蘇圖書館工作》，1983，(2): 65-67。

版業的發展，出版機構逐漸在少兒報刊上開始發力。商務印書館很早就重視少兒類刊物，1909 年創辦《兒童教育畫》，1911 年創辦《少年雜誌》，1914年有《學生月刊》。隨著中華書局的異軍突起，兩家出版機構在各個方面都展開了激烈的市場爭奪。中華書局陸續出版的「八大雜誌」有三種與少兒有關，它們也與商務的雜誌存在一一對應的關係，其中《中華童子界》對應《少年雜誌》，《中華學生界》對應《學生雜誌》，《中華兒童畫報》對應《兒童畫報》。

　　和少兒雜誌密切相關的是兒童文學的發展，近代意義上的兒童文學出現在五四運動之後，用茅盾的話說：「『兒童文學』這名稱，始於五四時代。」[3]中國的知識分子們在 20 世紀思想解放的感召下，開始把兒童問題和兒童文學聯繫在一起，強調把兒童從封建主義的牢籠中釋放出來，重新發現兒童。在理念上，近代兒童文學開始以兒童為本位，在語言上教育部規定中小學使用語體文，兒童文學中白話文的傾向開始加強。1920 年 10 月 26 日，周作人在北平孔德學校發表題目為<兒童的文學>演講，這個演講也成為了中國兒童文學理論的基石。周作人指出應該樹立以「兒童為本位」的新兒童觀，而抨擊否認兒童獨立人格和需求的舊兒童觀[4]。早在周作人之前，魯迅在 1919 年 10 月寫了<我們現在怎樣做父親>[5]一文，魯迅沉痛指出：「直到近來，經過許多學者的研究，才知道孩子的世界，與成人截然不同；倘不先行理解，一味蠻做，便大礙於孩子的發達。所以一切設施，都應該以孩子為本位。」事實上，一批作家在 1921-1922 年前後提出兒童文學以「兒童為本位」，比如郭沫若、鄭振鐸、葉聖陶，其中鄭振鐸在<《兒童世界宣言》>中給兒童文學下了這樣一個定義：「兒童文學是兒童的——便是以兒童為本位，兒童所喜看所能看的文學。」 1921 年 1 月，中國新文學第一個文學團體「文學研究會」在北京成立，主要成員周作人、茅盾、鄭振鐸、

---

[3] 茅盾：<關於兒童文學>，《文學》，1935，4(2)。

[4] 轉引自蔣風、韓進：《中國兒童文學史》，合肥：安徽教育出版社，1998：94-95。

[5] 魯迅：<我們現在怎樣做父親>，《魯迅全集(第 1 卷)》，北京：人民文學出版社，2005：135。

葉聖陶等人都是五四時期兒童文學的主將，同年 7 月「創造社」在日本東京成立，也積極宣導並實踐兒童文學，這樣幾股力量綜合在一起，在 1922 年前後形成了「兒童文學運動」，成為中國兒童文學自覺的又一標誌[6]。隨著時代發展，理論層面對于兒童和兒童文學理解的加深，也使得出版社在創辦少兒雜誌時，會更加符合兒童需求，出版機構在刊物定位、欄目設置、話題選擇、語言風格上更加有的放矢。

二、中華書局的少兒雜誌佈局

中華書局對於少兒類雜誌建設十分投入，在整個期刊群設計上，強調覆蓋整個少兒讀者群體的年齡段，重視對不同年齡段讀者的區別化雜誌定位。編輯們的關注點從課堂到兒童課餘文化生活，在多個維度進行延伸，既強調讀者年齡段的差異化，又重視和學校教育內容、宗旨的銜接。

---

[6] 轉引自蔣風、韓進：《中國兒童文學史》，合肥：安徽教育出版社，1998：94。

表 8-1 中華書局主要少兒雜誌[7]

雜誌名稱	雜誌定位	存續時間	雜誌宗旨或特點
中華兒童畫報	家庭及幼稚園極適用。	1914.7-1917.2	本志就兒童天然審美之觀點，輸以種種知識，家庭及幼稚園均極適用。
小朋友畫報	供小學低年級及幼稚園兒童作課外作課外讀物，又可以供家庭中的學齡前兒童閱讀。	1926 年 8 月創刊，1930 年停刊，1934 年 7 月復刊。	幼稚兒童的恩物，家庭教育的利器。
中華童子界	小學生	1914.6-1917.10	本志材料豐富，趣味橫生，文字淺顯易解，圖畫鮮豔奪目，切合兒童心理。
小朋友	10 歲左右兒童	1922 年創刊，1937 年停刊，1945 年復刊至今。	陶冶兒童性情，增進兒童知識。
中華學生界	小學三年級至初中一年級兒童	1915.1-1916.6	本志裨益學生之身心，輔助教科之不及，對於科學和英文尤極為注意。

---

[7] 參考中華書局編輯部：《中華書局百年圖書總書目(1912-2011)》，北京：中華書局，2012：395-398。筆者在此基礎上參考中華書局出版的各雜誌廣告進行了補充。

少年週報	十歲以上的少年，年齡上比《小朋友》讀者高。	1937 年 4 月-8 月，11 月復刊。	灌輸少年時代知識，培養少年良好德行，陶冶少年活潑感情，訓練少年實用技能，而定價則力求其低廉，務使能普及于一般少年。

在《出版月刊》第 2 期的「讀書問答」這個欄目中，有位讀者諮詢家中有小孩四五人，初中、高級小學、初級小學、一二年級者皆有，負擔很重，欲訂閱一種符合全體程度的刊物，供這四五人共同閱讀。編輯在回答中言到：

令郎之程度，既如此不齊，欲單訂一種刊物，可使每個人滿足，殊覺困難。其實先生之環境難說窘迫。如年耗五元左右，每月只合四五角，諒亦不致如何困難。故最好訂閱本局發行之《少年週報》一份（全年五十二冊，五月底前訂閱，特價只一元二角），可供初中程度及小學高級程度者閱讀；《小朋友》一份（全年五十二冊，二元五角），可供小學高中級程度者閱讀；《小朋友畫報》一份（全年二十四冊，一元八角），可供小學一二念及程度閱讀。訂此三種雜誌，總共不過五元五角，以每月計算，月費不及五角，此區區小數，何處不可節省出之。[8]

從這一段帶有推銷性質的回答中也可以看到中華書局對於不同年齡段少兒在雜誌定位上的不同，從中也可以看出中華書局豐富的少兒雜誌產品線。有趣的是，在中華書局創辦的早期，陸費逵就已經有了區分書報功能的想法，並提出了閱讀指導意見指導中學生閱讀。對於書報陸費逵指出：「尋常閱書，固可助學問之研究，然其對於養成常識之價值，高於學問方面。所閱之書如科學小冊子、文學叢書、及處世、修養、傳記、遊記、筆記等，均極有裨益，日用檔尺牘等，為應世第一武器，尤不可忽。」「雜誌日報應選擇二三種（雜誌如《大中華》、《學生界》，報紙如《申報》、《時報》及各地日報）。須自首至尾悉心讀之，即廣告亦不可忽。尤當注意者為雜誌之論

---

[8] <讀書問答>，《出版月刊》，1937(2)。

文及日報之長篇記事，不可僅閱電報、雜記及有趣文字。[9]」這份意見注重課外讀物，還趁機推銷了自辦的雜誌。

從表 8-1 中可以看出，中華書局在創立之初就十分重視少兒雜誌佈局，力求雜誌產品覆蓋所有年齡段的少兒，在不同時點上始終努力完善期刊群，對有空缺的市場力圖去彌補。觀察這些雜誌，以目標讀者年齡為軸可以看到：年齡越高，雜誌在形式上圖片越少，語言越深奧，趣味性越低，說教成分越濃，而知識性則越強。這也符合少兒的心理特點和認知能力。

（一）針對學齡前兒童的畫報類雜誌

所謂畫報是以刊載照片和圖畫為主要內容的雜誌和報紙，以圖為主，文字為輔，主要用圖像傳遞資訊和知識。畫報圖文並茂，形象直觀、通俗易懂。位列「八大雜誌」的《中華兒童畫報》就是瞄準了低齡兒童，採用了畫報的形式，以圖片為主儘量減少文字，更加符合低齡兒童的認知能力和閱讀興趣。《中華兒童畫報》創刊於 1914 年 7 月，在「民六危機」停刊 (1916 年 6 月或 1917 年 2 月停刊)。其廣告中言到：

兒童心理無不愛閱圖畫，本書系就其天然審美之觀念，輸以科學上種種之智識，優點如下：(一)圖畫用意深切，均富興味，並有美術手工，誘導其練習；(二)文字每圖用簡單說明，使兒童閱之，漸知聯字造句之法；(三)童話詞意明淺，設想純正，期於無形之中，陶養其性情，培植其道德；(四)懸賞所設問題，以啟發兒童思想為主，投稿當選，贈以極有趣味之品[10]。

《小朋友畫報》于 1926 年創刊，該雜誌每期 30 頁左右，半月刊 1930 年停刊，1934 年復刊 7 月。刊物取材廣泛，堅持寓教於樂，主要欄目有常識故事、圖畫故事、公民美談、淺近寓言、衛生圖說、小童話、笑話、滑稽故事、童話、簡易謎語、小詩歌、小工藝、畫謎、計數練習、看圖填字、習字指導、兒童自由畫等欄目。《小朋友畫報》以圖畫為主，文字為輔，每

---

[9] 陸費逵：<敬告中學生>，《中華學生界》，1915，1(2, 4)。

[10] <廣告>，《中華婦女界》，1915，1 (5)。

頁圖畫只有寥寥數語。刊物印刷精美、設計精心，可以看出編輯們費了很大心思，比如在開發幼兒動手方面，就有繪畫補畫(請小朋友補充剩餘的圖畫)、書法描紅、手工製作等形式。在《少年週報》第 1 期的廣告中，《小朋友畫報》被定位為：

> 供小學低年級及幼稚園兒童作課外的補充讀本，又可供在家庭中的學齡前兒童閱讀，選材的範圍很廣。舉凡幼稚教育上應有的各科目，一律包含在各種兒童容易體驗得到的故事中，並用簡明的圖畫來表達，輔以淺近的文字，使兒童能夠自動的閱讀，更為啟發兒童的知識起見。文字的敘述，多富於彈性[11]

《小朋友畫報》有一個欄目是「致讀者的父母和教師」，類似於「編輯部談話」，該欄目通常用一整版篇幅提供本期雜誌的背景知識，刊載問答欄目中的答案，以及編輯對於家長培育幼兒的意見和想法，以便配合兒童更好的閱讀，起到編輯與小朋友的父母、師長這些監護人之間溝通橋樑的作用。以第 47 期<獻給讀者的父母及教師>為例，該文給出了家長如何使用本期雜誌對於兒童進行閱讀指導的意見：

> 炎夏過去，涼爽的秋季快到了，正是引導兒童們到野外去玩耍的時候。所以本期關於這方面的材料，比較側重一點。<上高山>可以鼓勵兒童發生野游的興趣，趁便請告訴他們何以上了高山，才能望見遠景，這是一則地理的常識。<這是什麼？>的謎底，是南瓜，對於年長的兒童，請把關係南瓜的種植情形告訴他。<我是健康的好孩子>一則，兒童見了一定要問：「為什麼吃了飯該漱口洗手？」趁便，就可以把手和口腔應該保持清潔的原因告訴他們。「四種動物」是將四種動物的特點提出來，使兒童仔細認識。<投環>不但可以鍛煉身體，也可以練習計數，所以是最好的遊戲。<寫寫看>是一則習字材料，對於已有寫字習慣的兒童，請把筆順詳細指示他們。<芭蕉葉>是一則苦學的美談，<奇怪的問題>和<采菱>二則，是內容很豐富的常識材料。<放學了>這張照片，是我們

---

[11] <廣告>，《少年週報》，1937（1）。

參觀上海萬竹小學攝得的，現在沒有征得他們校長的同意，刊登出來，所以特此聲明一聲，並致感謝[12]。

在這一期雜誌中，<上高山>的圖片內容是兩個小朋友登高眺遠，從山坡上遠望人家，遠處房屋鱗次櫛比，炊煙嫋嫋。<我是健康的好孩子>圖畫中有一張放著碗筷的飯桌，旁邊有三個身著學生服的小朋友，兩個小女孩在洗手洗毛巾，一個小男孩在漱口，輔以文字說明「我是健康的孩子，吃了飯，漱漱口，洗洗手」。如上文<獻給讀者的父母及教師>所示，編輯指導師長們如何使用這兩幅圖畫輔導兒童閱讀，第一幅可以借機激發兒童野遊興趣並介紹登高望遠的科學知識；另一副可以普及兒童科學知識的衛生常識，養成兒童的良好習慣。

（二）針對十歲左右兒童的雜誌

作爲「八大雜誌」之一的《中華童子界》創刊於 1914 年 6 月，月刊，該雜誌一直刊行到 1917 年 10 月(具體時間存疑)，共計 31 期。刊載于《中華實業界》中的廣告介紹其爲：

十年左右之兒童，每苦無良書可閱。為學校、家庭一大憾事。本社有鑑於此，特刊行此志，專供初高等小學生課餘之流覽，特色有四：（一）插畫趣味濃厚，有裨兒童智識；（二）我之童子時代，就著者兒童情形著于篇端，極有趣味，寓訓戒於遊戲之中，尤可陶冶性情；（三）材料豐富有趣，一冊之中，有故事、有遊戲、有科學、有小說、有圖畫類皆以巽語寓言，啟迪其智識；（四）懸賞問題，投稿當選，薄有贈品，其期養成自動能力[13]。

和其他面向成人的雜誌相比，《中華童子界》雖然也是以文字爲主，但是字間距變大，圖畫也更多，更利於兒童閱讀。雜誌在內容上側重於各種科學文化知識的介紹，欄目有：修身談、魔術談、植物談、地理談、數學談、理科談等。在「兒童笑話」欄目中，每期刊載一些笑話，其中比較有

---

[12] <廣告>，《小朋友畫報》，1934(47)。

[13] <廣告>：《中華實業界》1914，1（8）。

特色的是《童子界》保留了四格漫畫的格式。還有個「童子俱樂部」的欄目，每期刊載懸賞消息，懸賞謎題答案或是徵集優秀作品，其徵集的作品或爲圖畫，或爲題字或爲作文，給予中獎者一定的物質獎勵，獎品或是童話或是「趣味之物品」，增強和兒童讀者的互動。「我之童子時代」是徵集名家講述幼年生活，陸費逵就曾刊文講述兒時艱辛。雜誌同時還有魔術、兒童小說和兒童話劇的內容。在發刊辭中，編輯部將《兒童界》定位爲兒童伴侶，此發刊辭用擬人的寫法，將《中華童子界》比擬爲一歲的幼兒：「《中華童子界》，天稟聰穎，迥異常人，雖在幼稚時代，智識已稍具，出言尤多興趣，且善於人交。諸君倘若與之相遇，必愛莫能釋，而締交愈久，得益愈多。諸君之品學，將于《中華童子界》之年齡而俱長矣。」雖然生活中有父母師長親朋，然而「惟《中華童子界》，含蓄較廣，變化較多，故于諸君之父母師長友朋兄弟以外，欲求一循循善誘之人，以輔助學校家庭之不足者，捨《中華童子界》實不可多得。[14]」《童子界》文中的圖畫，畫風簡潔但涵義雋永，漫畫中人物造型可愛生動，符合兒童的審美心理和年齡特點，還有些圖畫是爲了配合文字敘事，起到了輔助理解加深印象的作用。

　　《小朋友》是中華書局發行量最大、發行時間最久的雜誌。1922 年 4 月，《小朋友》創刊，三個月之前另一本兒童雜誌《兒童世界》由商務印書館推出，兩本雜誌讀者定位相同，都是週刊並且都發行了很多年，堪稱中國近代兒童報刊的里程碑。用傅寧在<中國近代兒童報刊的歷史考察>一文中對這兩本雜誌的評價就是：

　　兩大出版機構在 20 年代的競賽，與 1915 年後相比， 發生了較大的變化。1.刊期都從月縮短爲週刊。2.內容在經過新文化運動之後全擺脫了陳腐之氣，不壓抑兒童天性，又不放作爲把關人的引導之責。3.語言上完全採用話文。4.生命力強， 雖歷經波折仍延續幾十年。說明中國近代兒童報刊經過近半個世紀的實終於經受住了市場和受眾的考驗，，兒童報刊的時代終於來臨了[15]。

---

[14] <發刊詞>，《中華童子界》，1914(1)。

[15] 傅寧：<中國近代兒童報刊的歷史考察>，《新聞與傳播研究》，2006(1)：2-9。

　　《小朋友》雜誌的宗旨是「陶冶兒童性情，增進兒童智慧」，「陶冶兒童性情」指的是培養兒童性格開朗向上，具有高尚的品德；「增進兒童智慧」指的是培養孩子成爲有真才實學，聰明能幹的人：簡言之，就是德才兼備的人[16]。

　　好的雜誌背後肯定有好的編輯力量。《小朋友》雜誌正是因爲始終擁有第一流的編輯人才，才能保持成功。第一任主編是黎錦暉(在任時間 1922年 4 月至 1926 年 5 月)，編輯有呂伯飲、吳翰雲、陳醉雲、陸衣言、潘漢年、王人路、漢光、趙藍天等人，這些人既是編輯又是作者。1926 年 5 月黎錦暉離開中華，主編由吳翰雲接任。雜誌辦到 1937 年 10 月 28 日，受抗戰影響而停刊，此後於 1943 年在重慶復刊，幾經波折持續至今[17]。對於《小朋友》雜誌的誕生，黎錦暉曾經用詩一樣的語言加以描述：

　　小弟弟，小妹妹，我願意和你們要好，我就是你們的小朋友，我的內容：有唱歌，有圖畫，有短篇故事，有長篇小說，有笑話，有小劇本⋯⋯材料很多，並且很有趣味。我每星期五出來一次，你們要看我，我在中華書局等著你們，若是你們要我每星期上你們的家裡來，就請訂一份。小朋友們呀！小朋友們呀！我愛你們，你們也愛我嗎？[18]

　　本刊創始時，五個人約定一同供給稿件，又各負專責，分工合作，由伯鴻(陸費逵)主持一切，指揮印刷發行，錦暉編輯，衣言排校，人路繪畫，黎明翻譯，各有專司[19]。雜誌在編輯上呈現出民族化、通俗化、趣味化的特點。用黎錦暉自己的話說：「每期雜誌，像個小小的迷宮，總有些有趣的讓孩子樂於思考的民間謎語或畫謎吸引著孩子。兒歌到口就好唱，歌舞劇

---

[16] 小朋友編輯部：<《小朋友》七十年>，《長長的列車——《小朋友》七十年》，上海：少年兒童出版社，1992：3。

[17] 聖野：<《小朋友》創刊七十年的回顧>，《浙江師大學報(社會科學版)》，1993(2)：67-72。

[18] <《小朋友》宣言>，《小朋友》，1922(1)。

[19] 黎錦暉：<《小朋友》創刊經過>，《長長的列車——《小朋友》七十年》，上海：少年兒童出版社，1992：431。

到手就好演，不要太多佈景或道具[20]。正是這種貼近兒童心理的編排牢牢地吸引住了民國時期的眾多小讀者。《小朋友》雜誌注重本土化，顯得很有特色。在黎錦暉和吳翰雲主持雜誌時注重民族化和通俗化。用陳伯吹的話說，(《小朋友》雜誌)文學性稍差些，不如比她早四個月出世的姊妹刊物《兒童世界》，能經常介紹著名的世界兒童文學作品《湯姆叔叔的茅屋》、《瑞士家庭魯濱遜》、《阿麗絲漫遊奇境記》、和《潘彼得》等等。不過《小朋友》有它自己的特點，就是刊載了較多的民間故事，比較的民族化、大眾化、兒童化，這是重要的一著。當然兩者各有自己的個性和特點，因此各有千秋[21]。但是從另一方面來看，《小朋友》雜誌更加側重民間文學的挖掘，刊載的作品更加有親和力，而黎錦暉則在嘗試走一條雅俗共賞的路，他的主要著眼點，是通俗的「俗」，他十分注重于民間文學寶藏的發掘。《小朋友》所發童話、寓言故事，大都帶有濃重的鄉土味[22]。

值得一提的是，《小朋友》是橫版印刷的，文字方向也是從左至右，這在中華書局刊物中是並不多見的。《小朋友》週刊在欄目設計，內容選擇、語言風格、雜誌定位處處顯示出了精妙之處，其主要特點是雜誌本身品質過硬且符合兒童的心理，既滿足了對於兒童的各種需求，起到了教育作用，而雜誌也取得了利潤的最大化。

（三）少年雜誌

《中華學生界》是一本面向學生的雜誌，創刊於 1915 年 1 月，月刊，1916 年 12 月停刊。雜誌方針是培養學生的智識和修養，其內容主要是政治論述、社會議題、科普知識、新奇事物、世界教育、名人傳記、小說等。除此之外對於學術界的動向、科學的成就也廣為介紹。作為一部定位為學

---

[20] 聖野：<種花人手記>，《長長的列車——《小朋友》七十年》，上海：少年兒童出版社，1992：471。

[21] 陳伯吹：<《小朋友》創刊七十周年紀念>，《長長的列車——《小朋友》七十年》，上海：少年兒童出版社，1992：444-445。

[22] 聖野：<《小朋友》創刊七十年的回顧>，《浙江師大學報(社會科學版)》，1993(2)：67-72。

生課外讀物的雜誌，其目標讀者主要是中學生和師範生這樣比較高年級的學生。雜誌鼓勵讀者參與創作，在第創刊號中的<本社徵文>[23]刊載其徵文廣告，徵集內容有：學生日記、旅行記、我最嗜讀之書、升學實驗談。獎品上，也於其他同類雜誌中相似，對於稿件被採用者贈送書券一至十元。主要作者爲：陸費逵、范源廉、嚴楨、陳霆銳、半農、葉達前、范石渠、歐化等人。作爲一份少兒雜誌，《中華學生界》在風格上中規中矩，老成持重。

　　《少年週報》創刊於 1937 年 4 月，32 開，每期 60 頁左右。在<《少年週報》發刊敘例>[24]中談道：「本局刊行《少年週報》的目的，在使少年以至低廉的代價每週得讀此週報，藉以明白世界大勢，獲得種種知識及技能，以成爲良好的少年。分析言之，本刊的宗旨：是灌輸少年時代知識，培養少年良好德性，陶冶少年活潑感情，訓練少年實用技能。而定價則力求低廉，務求能普及于一般少年。」在《少年週報》創刊號裡面的「編輯室」談話裡面寫道：「本期是創刊號，編者只是將各類的文字，每類都刊載了一篇，讀者稍一留意就可看出來的。這樣一方面表示了本報的性質，一方面告訴讀者本報需要讀者說明的範圍。[25]」

---

[23] <徵文廣告>，《中華學生界》，1915（1）。

[24] 本報同人：<《少年週報》發刊敘例>，《少年週報》，1937（1）。

[25] <編輯室談話>，《少年週報》，1937，1：11。

三、編輯特色

（一）注重市場細分

定位準確是雜誌成功的前提條件。顧名思義，少兒雜誌目標讀者群體就是少年兒童，對這個這個年齡段的分類繼而討論相應的辦刊方針卻是極其複雜的。以兒童爲例，年齡相差幾歲甚至一兩歲，其認識能力、成長階段、性格特點就會差異巨大。中華書局在成立之初就非常重視少兒雜誌，並一早就認識到了按照目標讀者年齡區分的重要性。甚至可以說，中華書局對於少兒類雜誌市場的規劃，主要體現在對目標讀者年齡的細分，表現爲相同年齡段的雜誌前赴後繼的現象，比如畫報類先是有《中華兒童畫報》，此後又有《小朋友畫報》。關於兒童年齡分期的標準有很多種，在實踐起來也很不統一。周作人在<兒童的文學>中認爲兒童學上的分期大約分作四期，一嬰兒期(1 至 3 歲)，二幼兒期(3 至 10)，三少年期(10 至 15)，四青年期(15 至 20)。周作人以此爲基礎，將各種文學形式和年齡做了匹配，他的年齡段劃分是幼兒前期文學(1-3 歲)：詩歌、寓言、童話；幼兒後期文學(3-10 歲)：詩歌、童話、天然故事；少年期文學(10-15 歲)：詩歌、傳說、寫實的故事、寓言、戲曲。體現了早期的分期思想[26]。而按照方衛平、王昆建的《兒童文學教材》一書的界定：兒童文學的服務物件包括了 3 歲到 15 歲的全部兒童。在具體分期上一般分爲三個階段：幼兒期(3-6 歲)、童年期(7-12 歲)、少年期(13-15 歲) [27]。事實上，方衛平、王昆建的分期標準近似於中華書局雜誌的定位。中華雜誌的目標讀者市場劃分，也是把少兒讀者分爲三類，最低年齡段爲學齡前兒童(按《中華童子界》的廣告爲「家庭

---

[26] 周作人：<兒童的文學>，《周作人演講集》，石家莊：河北教育出版社，2004: 35-43。

[27] 方衛平、王昆建，《兒童文學教材》，北京：高等教育出版社，2009: 62。

及幼稚園」）、十歲左右兒童(比如《小朋友》週刊)、10 歲以上少年(比如《少年週刊》)，應該說，中華書局在少兒雜誌建設方面，在不同時期對於其讀者年齡定位標準基本是一致的，並始終致力於覆蓋所有的少年兒童。在中華書局成立的早期，出現了以「八大雜誌」對壘商務印書館期刊方陣的盛況，其中有三本可以歸爲少兒類雜誌:《中華兒童畫報》、《中華童子界》、《中華學生界》。需要說明的是，《中華學生界》以學生群體爲目標讀者，主要是針對中等學校的學生，其讀者群體年齡要高於《中華童子界》的讀者，通過和 1937 年出版的《少年週刊》比較，可以發現兩者在內容和欄目設置上十分近似，可以將其也歸入少兒雜誌的行列。其實在實踐層面，中華書局在 1937 之前出版了三十餘種雜誌，從雜誌種類上看，少兒類佔了最大的比例。從早期「八大雜誌」開始，直至 1954 年公私合營，少兒類雜誌始終是中華雜誌建設的重點，除了受戰爭影響，只有爆發「民六危機」的 1917 年至 1922 年《小朋友》創刊這段時間沒有少兒類雜誌的存在。

在<《少年週報》發刊敘例>裡面，對於中華書局自 1922 年來出版的少兒刊物做了一個梳理和總結。這段話體現了中華書局重視讀者市場細分，重視兒童不同階段認知能力、心理需求差異，並兼顧少兒不同階段需求的思想。這則發刊詞是這樣介紹和《少年週報》和《小朋友》的關係:

本局刊行《小朋友》週刊，供小學三年級至初中一年級兒童閱讀，已歷十五年，出至七百餘期，頗得一般家長及小學生之贊許，《小朋友》三字已成社會上流行之名詞，又為小學低級刊行《小朋友畫報》，中間因編輯人他去，中途停刊，然復刊以來，又已三年，小小朋友多引為好朋友。

每接到《小朋友》讀者來函說道:「我定閱《小朋友》已幾年，從前認識良友，但現在年歲漸長，智識漸高，覺著閱《小朋友》週刊不如從前興趣濃厚。可否刊行一種「少年朋友」，以便與中華書局繼續做朋友[28]。

除了年齡，性別也是市場細分的標準，在 1922 年出版過《小弟弟》和《小妹妹》雜誌。這兩份雜誌針對五六歲的小孩子，採用彩色精印，是看

---

[28] 本報同仁: <發刊敘例>,《少年週報》, 1937 (1)。

圖識字(注音)旬刊。對於少年讀者,中華書局雜誌更多側重的是灌輸知識,養成品行,用《中華學生界》的廣告語表述是「本志裨益學生之身心,輔助教科之不及,對於科學及英文尤極爲注意。[29]」總的來說,從兒童文學的角度來衡量中華系列少兒雜誌,最爲典型的是目標讀者爲童年期(7-12歲)年齡段的雜誌。《小朋友》週刊作爲當時發行量最大的雜誌,和《兒童世界》代表了民國少兒類雜誌最高的編輯水準。

(二)體裁和內容上注重豐富

中華書局從創辦少兒雜誌時起,就已經意識到了不同讀者群體適用不同內容和文體。比如《小朋友畫報》主要是圖爲主文字爲輔,主要利用色彩和線條來傳遞資訊、講述故事,並借用師長的輔導來體驗內涵。這類畫報以圖敘事並圖文相輔,給尚未或淺層次掌握文字的幼兒以美感,通過啓迪幼兒心靈,打開兒童認識世界的大門,使得兒童產生早期閱讀興趣。許多優秀的繪畫作品,雖看起來簡單,但含義雋永,讓人有思考和咀嚼的餘地。而《小朋友》週刊目標讀者是認識了一千字左右之兒童,《小朋友》的編輯們活躍使用各種文體,包括兒歌、兒童詩、童話、寓言、兒童故事、兒童小說、兒童科學文藝、兒童戲劇文學,幾乎包含了現代意義上兒童文學裡面所有的體裁。對於少年讀者,雜誌往往以灌輸科學文化知識和世界局勢,介紹性和議論文字較多,實際上,在這個層級已經看不出和成年人雜誌的區別。總得來說,中華書局編輯的少兒雜誌在內容上難度適中,符合其目標讀者的認知水準,在題材和文字上注重通俗易懂,給小讀者以美和愉悅的享受。

無論是編輯還是作者,熟練掌握各種兒童文學體裁對於雜誌發展至關重要,在《小朋友》和《兒童世界》初創的時期(兩家雜誌同年創立於1922年),兒童刊物和兒童文學還不成熟,比如兒童科學散文、兒童戲劇等形式

---

[29] <廣告>:《大中華》,1915,1 (8)。

還尚未成立[30]。《小朋友》和商務的《兒童世界》一道爲兒童文學的文體創立與完善起到了重要的作用。曾經擔任過《小朋友》週刊主編的黎錦暉也是該雜誌最爲出色的作者。作爲一個音樂家，黎錦暉開掘各種文藝形式爲小朋友服務，他創作了大量的兒歌、小說、童話，其中最爲有特色的還是兒童歌舞劇。兒童歌舞劇這種藝術形式是以兒童爲表演者，採用歌舞的方式表演，所有的情節、人物、音樂、化妝等都有說明。黎氏給歌舞劇賦予了新的靈魂和意義，他注重把「愛」和「美」注入作品。在他的領導下，《小朋友》週刊不僅給予兒童美的享受，也起到了給推廣國語的作用。

（三）重視對少兒的教化作用

中華書局對於自辦的雜誌，始終堅持向讀者發揮正面影響和進行教育的理念。《中華學生界》對學生勸誡、宣教的文章很多，側重社會責任感的灌輸，開篇第一篇文章就是沈恩孚的《學生之修養》，作者指出教育之目的是：「爲國家也，爲社會也。[31]」陸費逵刊發的<敬告中學生>指出當時受過中等教育的青年在青年人口中比例僅爲百分之一二，而能讀書往往家庭條件較好，所以「其境遇之可喜，責任之重大，復何待言。吾願諸君念此而自警惕也！」陸費逵指出當時條件下能夠做到中學生已經是極爲難得，這些人將來會成爲社會中堅，需要嚴格要求自己，勇於承擔責任。「其爲國家之中堅者，須具普通之學識能力。其具此能力者，以中等學生爲最易而最多。他日國家社會，將以中等學生爲之中堅，可斷言也。」而中學生必須要有人格之修養，做到德才兼備，若無法兼顧至少要保持道德。同時青年人一定要潔身自好，嚴格要求自己。培養常識涵養，而培養常識的途徑有「多閱書報」、「多遊歷而注意觀察」、「留意師長及名人之談話」、「多赴講演會遊藝會」[32]。《少年週刊》在第 1 期徵稿廣告中對於「修養」的要求是：

---

[30] 武志勇：<論鄭振鐸主持的《兒童世界》的編輯特色>，《編輯學刊》，1996（3）：71-78。

[31] 沈恩孚：<學生之修養>，《中華學生界》，1915，1(1)。

[32] 陸費逵：<敬告中學生>，《中華學生界》，1915，1(2, 4)。

「請名人述其少年時候的生活，在平易的言談之中，提出于少年身心修養之有益之方法或理論；或請專家介紹修養方法；或就我國或世界名人言行摘選注釋，務期少年讀後，于行爲上發生良好的影響。[33]」

教化兒童，塑造其品格是中華書局始終致力的方向。從某種意義上講，中華少兒雜誌的編輯們對於雜誌裡面故事的選擇和加工，受到了小說界革命中對小說功用的啓發，編輯們希望這些故事能夠打開兒童的心扉，兒童除了讀懂故事本身還能從故事中收穫些什麼，受到教育作用。對於小朋友，在故事的刊載上注重樹立典型榜樣和傳統美德教育，或是讚揚美好品德和操守，或是批判社會醜惡現象，使得兒童受到薰陶樹立正確世界觀，對兒童性格成長和品行培育產生潛移默化的影響。

比如《小朋友》第 307 期(1928 年 5 月 17 日)的刊登了麗娜的<廉潔的紀念品>[34]一文，講述了陸龜蒙家中「廉石」的故事。陸龜蒙先祖陸績，爲官廉潔，無論百姓送什麼東西一概不收，家中始終貧困。在告老還鄉的時候需要渡海，因爲他行李過於簡單，船家很驚訝，一再追問是否還有別的東西，陸績表示實在是沒有了，船家說如果沒有足夠的重物，船隻恐怕在大海中會傾覆，陸績不得已拿了塊大石頭壓倉。待到回家，鄉親鄰里得之此事因果後對其敬仰有加，而陸家也以此石頭爲永久紀念品。當時教育沒有普及，能夠上學還是很難得。《小朋友》教導大家要懂得世間疾苦，珍惜機會努力學習。舒新城對孩子們提出了自己的殷切教導：「看到別人的不幸，自然要本著同情心去幫助他們。但是，你們自己的生活，都是靠爸爸、媽媽、哥哥、姐姐照拂，當讓不能獨立去救急別人的事情。不過有一件事，是你們能做到的，就是好好的求學。」「倘若你把學求好了，你能增進別人的幸福，同時也能保持自己的幸福。[35]」

[33] <創刊號廣告>，《少年週報》，1937（1）。

[34] 麗娜：<廉潔的紀念品>，《小朋友》，1928（307）。

[35] 舒新城：<寄《小朋友》>，小朋友編輯部：《長長的列車——《小朋友》70 年》，上海：少年兒童出版社，1992：25。

　　對國民進行愛國主義教育是中華書局的一貫宗旨，對於少兒也不例外。《小朋友》週刊就曾經出版過「提倡國貨號」、「雙十節號」等專號加強愛國主義教育。「九一八」事變發生之後，《小朋友》還于 1931 年 9 月 23 日出版了一期「抗日救國特刊」，雜誌呼籲這些未來的主人翁，如今也能承擔責任，除了不用日貨之外，還」應當吃苦耐勞，鍛煉身體，努力求學，增進知識；對國際的情形，仔細研究，拆穿日本的陰謀。到那時，我們建成了一個強盛的國家，還有誰來欺辱我們呢！[36]」需要說明的是，支援國貨是民國時期一項重要的愛國活動，在不同的時期幾度轟轟烈烈過，在《小朋友》雜誌第七十期「懸賞」欄目中出現了這樣的題目：「小朋友，我們為什麼要支援國貨，請你們將這個理由說出來？[37]」

　　《小朋友畫報》出版到第 46 期(1937 年 2 月 16 日)，時值傅作義指揮的百靈廟戰役大勝。編輯們興奮之餘利用這個契機宣傳抗日，在《畫報》第一頁刊載了手繪的百靈廟圖，配以文字說明「百靈廟在綏遠」。在<致讀者的父母和教師>一文中，《小朋友畫報》的編輯寫道：

　　百靈廟，是在綏遠的北面，屬烏蘭察布盟，本名貝勒廟。前清康熙征葛爾丹，曾駐紮於此，現在尚存有康熙營盤的遺址。此地不但是宗教上著名的地方，並且以前蒙古地方自治政協委員會的所在地，是通外蒙及新疆的要道。可惜去年冬季，因一部分蒙人受了外界的煽惑，進兵擾亂綏遠，我國忠勇的將士，便秉承中央政府的命令，起來抵抗，揭破敵人的奸計。現在，請諸君把去年冬初綏遠戰爭的大要，告訴小朋友們聽[38]。

---

[36] <《抗日救國特刊》寄語>，小朋友編輯部：《長長的列車——《小朋友》70 年》，上海：少年兒童出版社，1992：20。

[37] <懸賞>：《小朋友》，1923，70。

[38] <致讀者的父母和教師>：《小朋友畫報》，1937，46。

（四）注重與讀者互動

　　除了徵文，中華書局的少兒雜誌編輯還開動腦筋，開辦一些欄目來和讀者互動。以《中華童子界》為例，期期有懸賞類欄目「童子俱樂部」和讀者互動，徵集圖畫、作文、書法等作品。以其 1914 年 11 月第 5 期的「童子俱樂部」為例，這一期是「作文懸賞」，題目是「我最愛之教師」，要求是：「字數以一百字為限，違者不錄，優等者增以優等趣味之品位。諸君欲應此懸賞時，需將答案謄清，旁注姓名、住址、年齡。[39]」

　　和「童子俱樂部」性質相似，「懸賞」欄目也是智力問答的性質，這個欄目可以說是《小朋友》週刊最有特色的一個欄目，深受讀者的關注和喜愛。對於「懸賞」的答案，《小朋友》雜誌並不是在下一期揭曉，而往往等上幾期，時間間隔通常在一個半月到兩個月左右，給予小朋友充分的時間準備，並在部分雜誌中附有專門的懸賞紙，就是專門的答題紙。這樣做有兩個原因，第一是因為《小朋友》雜誌是週刊，在那個時代的發行條件下，雜誌寄送到讀者手中讀者然後再進行回饋，這一來一往所費時間不短，熱心的小朋友讀者即便有心所答，可能也會誤了截止時間。第二給是小朋友讀者充分時間思考，並方便小朋友把幾期的答案匯總在一起寄出，問題回答正確者或文藝作品優秀者能夠得到各種獎品。需要說明的是：「懸賞」欄目和小讀者的互動只限於購買刊物的小朋友，這樣做是因為雜誌可能為少數人購買而多數傳閱。「懸賞」欄目要麼在規則裡說明「不是用懸賞紙寫的，恕不錄取」，或是要求小朋友在答題的時候，把問題下面的印花剪下來貼在答案上。這樣做不僅是獎勵了小讀者的購買行為，同時可以激發潛在小讀者的購買欲望，兒童心理特點是喜歡攀比，如果有的小朋友可以作答，而有的小朋友沒有資格，那就會造成沒有購買《小朋友》雜誌的小朋友產生購買的意願。第 44 期《小朋友》公佈了以往「懸賞」和讀者互動的成果。標題是<懸賞故事畫揭曉>，內容是：

---

[39] <童子俱樂部>：《中華童子界》，1914，5。

1.（ㄇㄧㄠ，你弄錯了。）本懸賞共收到 15827 件，計應送贈品的 14727 件。

2.（螢火和青蛙。）本懸賞共收到 17256 件，計應送贈品的 16285 件。

3.（老師來了。）本懸賞共收到 13275 件，計應送贈品的 12179 件。

4.（傘變帆船。）本懸賞共收到 14567 件，計應送贈品的 13787 件[40]。

通過這則啟事可以看到「懸賞」欄目對於小朋友的吸引力，每期都能收到過萬名的讀者參與。參加一個欄目的讀者數目尚且如此，雜誌的讀者規模可想而知。按照中華書局的說法，《小朋友》週刊單期發行量能夠達到 10 萬冊，不管這個數字是否有誇大的成分，但肯定是規模不小的。

中華書局的編輯們認識到少年兒童普遍具有渴望得到承認和滿足的心理，除了有獎問答類的欄目，中華書局雜誌對於學生群體經常開闢一個「成績」欄目，比如《中華婦女界》和《中華學生界》鼓勵學生投遞習作，擇優刊登於雜誌。《小朋友》雜誌專門開闢了「讀者照片」這一個欄目，每期刊載小朋友的照片，標明「愛讀小朋友的照片」，在徵集簡章中要求：「凡愛讀本刊的小朋友，都可以投寄照片，刊入本刊照片欄，但每人只限一次。[41]」除了照片，《小朋友》雜誌還別出心裁的讓小朋友讀者撰寫刊名，一人一次，每期更換。可以說，《小朋友》週刊是中華書局最重視和讀者互動的雜誌。中華書局還很重視現有讀者的資源，利用《小朋友》的現有讀者群體推廣《小朋友》雜誌和之後編輯的《小朋友畫報》，並給予推薦的小朋友以獎勵。

---

[40] <懸賞故事畫揭曉>，《小朋友》，1922，44。

[41] <徵集照片簡章>，《小朋友》，1929，212。

第九章 雜誌相關的重點人物

在中華書局，大家長陸費逵是最高負責人，全權負責中華的大小實務。在他病逝於香港之前，中華書局每一本雜誌的創立，雜誌人事任免，辦刊方向以及一些具體經營策略的執行，或多或少都有他的參與和影響。除了管理，陸費逵還是一個卓越的作者，他的作品見諸於多種雜誌。一本雜誌要辦得好，編者和作者都很重要。在中華書局所辦系列雜誌中，其主編在很多時候並不標明，只是注明是某某雜誌社，而編輯們往往是撰稿的主力，尤其是一本雜誌在剛開始創刊的時候，許多編輯撰述豐碩，並不止為一本雜誌出力。除了專門聘請的編輯，中華雜誌還擁有一個強大的作者群。總的來說，無論編輯還是作者，為中華雜誌發展、壯大做出過貢獻的往往都是那個時代的精英。

知識分子們以中華書局雜誌為舞臺，傳播思想探討問題，他們通過各種形式的交往相互影響，而雜誌為他們構建了一個廣闊的意見表達和社會參與的公共空間。和中華書局雜誌所產生關聯的主要知名人士有：

一、陸費逵

陸費逵(1886-1941)，字伯鴻，號少滄，曾用筆名白、飛、飛庵等，祖籍浙江桐鄉，出生於陝西漢中，自學成才。其自述為：「我幼時母教五年，父教一年，師教一年半，我一生只付過十二元的學費。[1]」陸費逵未滿 17

---

[1] 陸費逵：〈我的青年時代〉，俞筱堯、劉彥：《陸費逵與中華書局》，北京：中華書局，2002：481。

歲時與同學創辦正蒙學堂，任堂長兼顧教學工作，八個月因爲經費短缺而停辦。1904 年與同學集資 1500 元，在武漢開辦新學界書店，任經理。早期的陸費逵已經擁有了革命思想，他在書店銷售革命圖書，發表鼓吹革命的文章。後來發起組織革命團體日知會，開始從事革命活動。隔年陸費逵擔任《楚報》的記者和主筆，期間發表了大量時評，因爲揭露粤漢鐵路密約引起社會的巨大反響而遭到了清廷的干預。《楚報》被張之洞查封，陸費逵逃奔上海，被昌明公司上海分店的聘爲經理兼編輯員，從此正式進入上海這個民國經濟、文化的中心，開始在出版業施展拳腳，成就了爲後世敬仰的豐功偉績[2]。其時恰逢上海書業商會成立，陸費逵也是發起人之一，他起草章程，擔任評議員兼書記。1906 年，陸費逵脫離昌明公司進入文明書局，期間編輯教科書並撰寫文章，其編寫的教科書廣受歡迎。1908 年，商務印書館的元老高夢旦遇到時年 23 歲陸費逵，交談之後大奇其才，覺得對方見識不凡，遂聘請其加盟商務。陸費逵進入商務後立刻展現出才幹，開始擔任編輯員編寫教科書，一年後迅速擢升爲商務印書館出版部長兼交通部長、師範講義社主任，並創辦《教育雜誌》。陸費逵不僅業務精通，在理論上也是著述頗豐。他發表了一系列針對中國教育極有見地的文章，呼籲教育改革，提倡文字改革和白話文。金鱗非久居池中之物，陸費逵胸懷大志，在思想上傾向革命，對於國家局勢變化敏感。武昌起義後，陸費逵感到清廷難以長久，故而私下募集親友秘密編印適合新形勢的教科書，以圖一飛沖天。果然，清政府被推翻後，新成立的國民政府對於舊式教科書一概廢除，中華書局編輯的這一套圖書搶佔了市場的空白，立刻獲得了成功，爲中華在民國出版業發展贏得了第一桶金。從此之後，陸費逵的一生都與中華書局休戚相關，直到 1941 年病逝於香港。

　　陸費逵的成就主要體現在兩個方面：一是出版，二是教育，這兩個方面是一體的。身爲出版家的陸費逵創辦中華書局，編輯出版書刊，開設包

---

[2] 沈芝盈：<陸費伯鴻行年紀略>，俞筱堯、劉彥：《陸費逵與中華書局》，北京：中華書局，2002：493-533。

含印刷部門的多元化業務；身爲教育家的陸費逵編印教科書和工具書，抒發教育思想，提倡文字改革。這幾重身份在民國這個特殊的時期，在陸費逵身上得到了和諧統一的體現。與商務印書館的現代企業管理方式不同，中華書局更像是個傳統的企業，陸費逵作爲大家長統帥全域。陸費逵苦心經營三十年，使得中華書局成爲國內最大的兩家民辦書局之一，彩印業務全國第一，印刷設備當時號稱遠東第一[3]。

作爲出版家，他知人善任，體恤下屬，珍惜人才，他爲中華書局制定了一套選撥和培養人才的制度。對於優秀人才，陸費逵傾心對待，他和舒新城的交往成爲民國時期出版業的一段佳話，而錢歌川、黎錦暉等人也對他感恩戴德。他強調修養對於做人做事的作用，四處宣講修養問題。他給中華書局開設的國語專修學校國語商業學校上課，演講內容被整理成爲<書業商之修養>[4]，他強調：「書業商的人格，可以算是最高尙最寶貴的，也可以算是最卑鄙齷齪的。此兩者之判別，惟在良心上一念之差。」在實業救國思潮高漲的時候，他創辦雜誌《中華實業界》支持，同時在理論上指出中國實業不振的原因是實業人才的素質欠缺。他在《中華實業界》中連載<實業界的修養>，在《進德季刊》上發表<工商界做人的條件>、<我對商界人才之意見>等文章，強調要加強實業家和實業人才的素養。陸費逵的修養包括了品德了才幹兩個方面，而兩個方面都不可以偏廢。在他創設的少兒類刊物辦刊中，也有增進少兒素養的內容。他給《中華童子界》的「我之童子時代」欄目寫稿，講述自己艱辛的童年，勉勵小朋友自強自立。

作爲教育家，陸費逵領導的中華書局直接和教育相關的事業就是出版教科、教輔圖書、詞典，而創辦《中華教育界》也是一種重要的實踐方式。陸費逵關注時事，思想豐富，涉獵多種學科。他在民初與教育總長蔡元培探討教育方針，在《教育雜誌》、《中華教育界》等雜誌發表文章闡釋思想。他思想開明，力主教育改革反對尊孔讀經等舊式教育並支持男女同校。在

---

[3] 陸費銘中、陸費銘琇：<《陸費逵年譜》讀後感>，《出版史料》，1992 (4): 88-90, 97。

[4] 陸費逵：<書業商之修養>，《中華書局月報》，1923 (7)。

教育思想方面，陸費逵是實利主義教育的代表人物。1913 年陸費逵參加在北京召開的讀音統一會，支援國家的語言和文字改革，此後又在中華書局編輯局開設機構國語部，出版國語教材並開設國語專修學校。

　　由於雜誌和書籍在形式、文化功能的不同，陸費逵在主導中華期間，除了著力於各種圖書之外，對於雜誌也不曾偏廢，從成立伊始就創立了《中華教育界》，此後更是一發而不可收。對於雜誌的社會功能，陸費逵有自己獨到的認識。他將自己振興民族，開啓民智的期待寄託到了書刊之中。總結中華出版的雜誌，可以看到陸費逵對於雜誌的定位是明確的，他期待中華書局創辦和印行的雜誌，能夠改善社會風氣、增進民族智識、爲政府出謀劃策，並豐富讀者的文化生活。在當時的環境下，報刊兩種媒體已經開始出現了分野。雜誌以其著重議論的特點更加注重思想的傳播和知識的普及，這是長於記事的報紙所沒有的特徵。這一點爲陸費逵所深刻認識，陸費逵作爲中華書局的負責人，在辦刊方面極有心得。他經常爲中華書局出版的雜誌書寫發刊詞，描繪雜誌的藍圖。這些發刊詞不僅闡釋了雜誌的宗旨和方針，也表明了陸費逵對於不同種類雜誌功用的理解，體現作爲出版人的社會抱負和歷史責任感。受「實業救國」的思潮影響，陸費逵開創了《中華實業界》，在《中華實業界》的<發刊詞>中，他寫到：「客歲遊日，見彼國實業之發達，實業雜誌之流行，中心怦然，知實業雜誌爲振興實業之不二法門。」在《大中華》的<發刊詞>中，陸費逵指出：「一國學術之盛衰，國民程度之高下，論者恒於其國雜誌發達與否覘之，蓋雜誌多則學術進步，國民程度愈高，則雜誌之出版愈進也。」除了把握經營方向，制定雜誌的大政方針，陸費逵在經營書局之餘還作爲作者撰寫了大量的文章。尤其是爲《中華實業界》、《中華教育界》、《大中華》、《新中華》等雜誌撰寫的文章，體現了陸費逵的對社會、經濟、教育等問題的抱負和見解。

　　民國時期的出版業競爭激烈，中華書局作爲當時的一流出版企業，面對當時出版巨無霸商務印書館在企業經營策略方面，主要是跟進和模仿。無論是圖書還是雜誌，在選題和立項上經常採取「搭順風車」的方法，導

致的結果就是知名產品上經常出現一一對應的局面。商務有《辭源》，中華有《辭海》，商務有《四部叢刊》，中華有《四部備要》。在雜誌上也是如此，所謂的中華「八大雜誌」對應著商務當時出版雜誌的五種，此後出版的雜誌也往往和商務印書館有著對應。這一方面是因為兩家出版機構經營理念和業務範疇的相似性，另外一方面是商務印書館出版的雜誌往往在市場上比較成功，這些成熟的產品類型十分值得模仿。中華書局的這種跟進不是簡單的抄襲和複製，而是在仔細研究對手基礎上的創新和填補空白。

　　中華書局事無巨細，都有陸費逵的影子。對於陸費逵的行事風格，吳鐵生的評價是：「精明強幹，秉性剛強，大權獨攬，辦事有決斷，有魄力。用人信任不疑，有『見事明，處事敏之稱』」，稱讚他在下級有了錯位勇於承擔責任，做事預見性強[5]。而書局同仁對其的評價是：「自奉薄、責己厚、知人明、任事專，智察千里而外，慮周百年之遠[6]」。對於雜誌的出版，陸費逵要求極其嚴格。在他於 1936 年 2 月 24 日給舒新城的信中談到了控制雜誌誤期的要求：「對《小朋友畫報》建議兩期同印，編輯者于兩月前交稿。在制度上「雜誌發稿、校齊、付印、出版、請囑秘書用卡紙填日期，到期向主管者查詢，絕不對不准誤期。如偶因事遲誤，須開快車趕到，下期不誤。各雜誌如 3 月份不能趕到不誤期，只好換人或停刊。[7]」陸費逵對於中華雜誌刊載其他出版機構圖書廣告是很不贊成的。他給舒新城的信中寫道：「頃見《小朋友》週刊大介紹其他家之書，太不成話，本局刊行雜誌為宣傳本版之書。以後各雜誌每期須介紹本版：《新中華》介紹政治、經濟、文學，《小朋友》介紹兒童書，《教育界》介紹教育書，《英文週報》介紹英文書。[8]」范軍和歐陽敏在總結近現代傑出出版人的企業家精神時，認為出

---

[5] 吳鐵生：<我所知道的中華人>，《回憶中華書局》，北京：中華書局，2001：25。

[6] 沈芝盈：<陸費伯鴻行年紀略>，俞筱堯、劉彥捷：《陸費逵與中華書局》，北京：中華書局，2002：528。

[7] 錢炳寰：<中華書局史事叢抄>，俞筱堯、劉彥捷：《陸費逵與中華書局》，北京：中華書局，2002：292。

[8] 同上。

版家除了具有同時代企業家的共性之外，更是具備特殊性，也即是擁有滿腔的人文情懷和強烈的文化追求[9]。這一點在陸費逵身上得到了充分的體現。

二、梁啟超

　　梁啟超(1873-1929 年)，字卓如，號任公，別號飲冰室主人，廣東新會人，著名的政治家、思想家、學者，其思想博大精深，涉獵廣泛，對近代史上的多個學科發展貢獻巨大。梁氏自幼接受傳統教育，聰穎好學，世人以為奇才。1889 年梁氏中舉，後遇康有為，隨其在萬木草堂學習三年，隨後來到北京參與 1895 年的「公車上書」，主筆《萬國公報》宣傳變法，組織「強學會」。後來應黃遵憲的邀請，來到上海擔任《實務報》的撰述，之後赴湖南講學，在「百日維新」時期受光緒帝召見，授六品卿銜，命其辦理京師大學堂、譯書局事物。變法失敗後避禍日本，先後創辦《清議報》、《新民叢報》，思想上偏於保守。1905 年，同盟會機關報《民報》在日本創刊，和梁啟超主持的《新民叢報》為中國前途問題展開辯論，其實是革命派和保皇派的一次思想交鋒。1912 年，受袁世凱的邀請，梁啟超回到了闊別十四年的祖國。參與政府建設，組織政黨，曾擔任過袁世凱政府的司法總長和幣制局總裁。後來袁世凱稱帝，梁啟超與蔡鍔組織護國革命反袁。張勳復辟失敗後，梁氏曾在段祺瑞政府中擔任財政總長。1918 年，總統徐世昌任命梁啟超為巴黎和會中國代表團顧問赴歐洲，梁啟超在歐洲思想再次發生重要變化，回國後專事著述和教學，棄政從教，先後組織共學社和講學社，1925 年被清華國學院聘為導師，並任京師圖書館館長，後來擔任司法部儲才館館長。

---

[9] 范軍、歐陽敏：＜論近現代傑出出版人的企業家精神＞，《華中師範大學學報(人文社會科學版)》，2013，52(6)：154-160。

　　在梁啓超一生中，創辦、主編的報刊有 17 種，還參與了十幾份報刊。在漫長的報刊實踐中，梁啓超對於報刊的社會功能也有自己的深刻認識。早在參與變法之前，他就認識到了報刊有「去塞求通」的功能，在他的<論報館有益於國事>中，梁啓超指出：「上下不通，故無宣德達情之效」，「內外不通，故無知己知彼之能，上下、內外不通則國必不能強」，梁氏認為報紙能夠實現資訊傳播，起到溝通的作用。此後，梁啓超對報刊的功能有了更加深入的理解，他開始認為報刊具有引導國民的功能和政府監督的功能，在 1902 年的<敬告我同業諸君>中，梁啓超指出報館的兩大功能：「某以為報館有兩大天職：一曰，對於政府而為其監督者；二曰，對於國民而為其嚮導者是也。」「報館者即據言論出版兩自由，以實行監督政府之天職者也。[10]」加盟中華書局之後，梁啓超也在《大中華》中提出了對於報刊的期待和自己的抱負，即是開啓民智，增加社會力量。梁啓超參與的報紙之所以產生重大的社會影響，除了思想閃光，在編輯理論上有獨到的見解之外，他的文字激昂，引人入勝也是重要原因。

　　進入現代之後，輿論被人們稱之為除了行政、立法、司法三大權利之外的「第四種權利」。新聞媒體開始介入社會公權力的運行，這一點隨著報刊業的繁榮而作用愈發明顯。梁啓超作為近代中國知識分子的傑出代表，對於媒體的功能認識是深刻的。他的文章通過媒體成為實踐其政治抱負的重要工具。作為《大中華》雜誌的旗幟性作者，梁啓超將其思想通過雜誌傳播開來，打下了鮮明的個性烙印。當時的綜合類雜誌有很多，而商務印書館出版的《東方雜誌》獨領風騷。中華書局不甘心風頭被搶奪，精心組織策劃，邀請當時的超級政治和學術明星梁啓超為主任。1915 年 1 月，《大中華》橫空出世，以其名頭響亮、編輯和作者隊伍超級強大在民國初年的時政議論中留下了閃亮的一筆。在《中華實業界》第 2 卷第 2 期的宣傳廣告中，對於大中華的宣傳語是「空前之大雜誌」，對於梁啓超的定位是「撰

---

[10] 宋石男：<梁啟超與中國早期新聞思想啟蒙>，《社會科學研究》，2009（5）：150-154。

述主任」，而撰述員則包括王寵惠、范源廉、湯明水、吳貫因、梁啓超、林紓等數十人。

　　結合丁文江所編撰的《梁啓超年譜長編》，可以勾勒出在 1915 年，時年 43 歲的梁啓超和中華書局的淵源。是年正月，中華書局發行之《大中華》雜誌出版，該局與先生定三年契約，請其擔任主任撰述。在這一年中，日本提出了「二十一條」的計畫，二月份袁世凱聘梁啓超爲政治顧問，隨後先生受其命令考察沿江各省司法教育，此後梁啓超與馮國璋面諫袁世凱，七月梁被推定爲憲法起草員，八月梁啓超發表<異哉所謂國體問題者>，十二月，梁啓超瞞過袁世凱耳目的監視，離開北京正式從事反袁活動[11]。作爲政治人物，梁啓超的文章與國家政治生活息息相關。1915 年 5 月份政府承認修改後的「二十一條」，這期間作爲時政類刊物，梁啓超在《大中華》刊載了多篇討論中日關係的文章，同年 8 月在袁世凱追隨者鼓吹帝制時撰文反對。除此之外，《大中華》還刊載了他在這一時期的幾乎所有學術著述。

　　梁啓超是個社會活動家，各種事物繁忙，這不免對他創作產生影響。1915 年，梁啓超在廣東時給女兒寫信，時間爲 6 月 5 日，信中談及寫作的痛苦：「在粵購得鄉先正書畫數事頗可喜，途中不能作文，《大中華》相促迫，殊爲狼狽，今晚擬拼命成數千言耳。」而在 8 月 22 日給女兒的信中也談到：「吾旬日來寫字極多，文字仍然澀滯，受外界牽迫，心緒至不寧謐，可恨也。[12]」梁啓超在中華書局的出版活動很活躍，一是作爲撰述主任爲《大中華》寫稿，同時編著《時局小叢書》，其在《大中華》中的廣告云：「現在時局變化不測，其影響于吾國者甚大，不惟政治財政與有關係，即實業及社會上種種事情，亦無一不視時局爲進退也，梁任公先生有見於此，特與同志分纂此書。[13]」另外，梁啓超還於 1916 年當選爲中華書局的董事，《飲冰室合集》也是中華書局出版的。梁啓超在《大中華》中的文章有政

---

[11] 丁文江、趙豐田：《梁啟超年譜長編》，上海：上海人民出版社，2009：702-720。

[12] 丁文江、趙豐田：《梁啟超年譜長編》，上海：上海人民出版社，2009：717，720。

[13] <廣告>，《大中華》，1915，1（1）。

論、有學術，在《大中華》前期文章數量多且集中，後來梁氏積極參加政治活動，與蔡鍔配合反袁，在雜誌中文章日漸稀少，和中華書局的聯繫也不太緊密。總的來說，梁啓超對於當時整個社會消沉的現狀是很不滿的，面對袁世凱稱帝，而日本步步緊逼的國家危機，他很希望普通大眾能夠覺醒起來，對於社會有所擔當。除了一些學術文章，他的政論對於國民給予了很高的期待，在文化上反對尊孔復古，在政治上抵制變更國體稱帝並痛斥侵略中國的日本。在《大中華》第 1 卷第 9 期上出現一篇啓事如下：「敬啓者，本雜誌撰述主任梁任公先生近以養病津門，本期文稿遲未寄到，而出版已經逾期，承各處函促，未便再緩，本期只得暫闕任公先生之文即付刊行，尚祈鑒諒是幸。[14]」隨著護國運動的發展，曾經想推出政壇的梁啓超又一次捲入了時代的漩渦之中，他的重心也轉向了革命行動，與中華書局的合作也逐漸終結。

表 9-1 梁啓超在中華雜誌發表的文章[15]

文　章	發表刊物和時間
發刊詞	《大中華》第 1 卷第 1 期
歐戰之動因(歐戰蠡測之一)	《大中華》第 1 卷第 1 期
吾今後所以報國者	《大中華》第 1 卷第 1 期
政治之基礎與言論家之指鍼	《大中華》第 1 卷第 2 期
孔子教義實際裨益于國民者於今日國民者何在？欲昌明之其道何由？	《大中華》第 1 卷第 2 期
歐戰之動因(歐戰蠡測之一續)	《大中華》第 1 卷第 2 期
中日最近交涉平議	《大中華》第 1 卷第 2 期
余之幣制金融政策(連載)	《大中華》第 1 卷第 2、3 期
各國交戰時之舉國一致(歐戰蠡測之三)	《大中華》第 1 卷第 3 期

---

[14] <啟事>，《大中華》，1915，1 (9)。

[15] 筆者根據《大中華》雜誌自行整理。

文　章	發表刊物和時間
作官與謀生	《大中華》第 1 卷第 3 期
中國與土爾其之異	《大中華》第 1 卷第 3 期
菲斯的人生天職論述評(連載)	《大中華》第 1 卷第 4、5 期
中日交涉叢評兩篇：《中日時局與鄙人之言論》、《解決懸案耶新要求耶》	《大中華》第 1 卷第 4 期
中日最近交涉平議五篇：《外交軌道外之外交》、《交涉乎命令乎》、《中國地位之動搖與外交當局之責任》、《再警告外交當局》、《示威耶挑戰耶》	《大中華》第 1 卷第 5 期
痛定罪言	《大中華》第 1 卷第 6 期
敬舉兩質義促國民之自覺	《大中華》第 1 卷第 7 期
復古思潮平議	《大中華》第 1 卷第 7 期
異哉所謂國體問題者	《大中華》第 1 卷第 7 期
國體問題與外交	《大中華》第 1 卷第 7 期
憲法起草問題答客問	《大中華》第 1 卷第 8 期
良心麻木之國民	《大中華》第 1 卷第 10 期
論中國財政學不發達之原因及古代財政學說之一斑	《大中華》第 1 卷第 12 期
禹貢九州考	《大中華》第 2 卷第 1 期
告小說家	《中華小說界》第 2 卷第 1 期
國文語原解	《大中華》第 2 卷第 1 期至第 5 期
實業與虛業	《中華實業界》第 2 卷第 2 期
五年來之教訓	《大中華》第 2 卷第 10 期

三、舒新城

　　舒新城(1893-1960)，湖南淑浦縣人，原名玉山，學名維周，字心怡，號遁庵，又號暢吾廬，是我國民國時期著名的教育家、出版家，民國時期中華書局的二號人物。舒新城在加盟中華書局之前始終從事教育事業。出身貧寒的舒新城自幼喜愛讀書，思想進步。其五歲入私塾，中途因為經濟問題一度輟學在商店當學徒，1907 年進入鹿梁學院，第二年轉入淑浦縣立高等小學，1911 年因為鬧革命被學校開除。辛亥革命後，舒氏入常德省立二師附設單級教員養成所、長沙遊學預備科，在長沙遊學預備科時專攻英文，後來學校解散旋即入武昌文華大學中學部學習。1914 年，他在沒有中學文憑的情況下冒名考入湖南高等師範本科英語部，並於 1917 年畢業後進入長沙兌澤中學任教。1919 年，他擔任福湘女學教育學教員，後任教務主任，此後因發表文章問題不容於教會教育界被迫辭職，隔年擔任湖南第一師範學校教師，在那裡受到杜威實用主義教育理論的影響，與夏丏尊共同推動中學選科制和能力分組的改革。1921 年舒新城來到上海擔任中國公學中學部主任，從 1922 年開始研究並積極宣導和實施道爾頓制，但遭到了同事們的反對而被迫辭職，第二年任國立東南大學附屬中學及江蘇省立第一中學教員，開始在各地宣講道爾頓制。1924 年，舒新城為了研究實際教育問題，在全國各地調查中等教育並發表一系列著作，內容涉及道爾頓、心理學等內容。同年被惲代英與張聞天推薦給成都高師校長吳玉章，被聘為該校教育學和心理學教授，任職不足八個月就被校方排擠，在友人協助下才得以脫險[16]。1925 年之後，舒新城開始致力於教育理論研究，開始關注中國教育史問題。1926 年，舒新城籌措資金，組織了一個編輯班子編寫辭

---

[16] 舒紹祥：<舒新城傳略>，《懷化師專學報》，1990 (5)：48-50，113。

書，當年他與余家菊開始合編《中國教育詞典》，由中華書局於 1927 年出版，在編寫過程中得到了陸費逵的大力支持。

直到 1922 年舒新城和中華書局才真正結緣，當年陸費逵來到吳淞中國公學演講，結識了在此任教的舒新城，兩人都是有名的教育家，對於教育問題都有自己深刻的見解，故而陸費逵對舒一見傾心並有意邀請他加盟中華書局，而舒新城當時無意放棄當前的教育工作而始終未曾允諾。直到 1925 年，舒新城來到南京，此時的他連年在各地任教，各種經歷使得他心生倦意，沒有拒絕陸費逵邀請他參加《辭海》的工作。到了 1927 年，舒新城已經實際上主持《辭海》工作，第二年正式成為《辭海》主編。1930 成為中華書局編輯所所長兼圖書館館長，1937 年陸費逵赴香港，舒新城代理中華書局總經理[17]。

舒新城與出版業的緣分始于求學時代，在湖南高師期間他擔任過《湖南民報》的編輯兼撰述，1919 年還與他人合作創辦過《湖南教育月刊》，該《月刊》刊發 5 期後停刊。舒新城對於教育事業矢志不渝，重視教育方面的理論建設。早在他加盟中華書局之前，就已經在報刊上發表很多相關文章並編寫了圖書，在《教育雜誌》、《中華教育界》上經常能夠看到舒新城的文章。

在教育思想方面，舒新城始終是道爾頓制的堅定擁護者，也是這種教學法在中國的先鋒和主將。道爾頓制主張廢除年級和班級，學生在教師指導下自學，使得學生自主性大大增強，和老師溝通也更為緊密。他著書立說，在《教育雜誌》、《中華教育界》、《新教育》等雜誌發表了多篇關於道爾頓制的文章[18]。在實踐方面，他於 1922 年將上海吳淞中學的一間教室改造成為實驗室進行實驗，將道爾頓制進一步改造以適應中國的國情，並引起了社會的關注。但是這種教學法卻產生了很多問題，引起了眾多老師和

---

[17] 舒池：<舒新城和《辭海》>，《辭書研究》，1982（1）：178-182。

[18] 趙豔紅、黃少英、趙豔玲：<舒新城與道爾頓制在中國的傳播>，《河北大學學報(哲學社會科學版)》，2008（4）：72-75。

學生的不滿，導致舒新城被迫離開這所學校，此後他開始在全國多地發表道爾頓制和相關教學法的演講，力圖推廣這種教學法。道爾頓制由於現實中的種種問題，其熱潮逐漸開始消退，1930 年代後基本上退出了中國的歷史舞臺[19]。

舒新城的主要著述體現在教育方面。對於道爾頓制的論述，早期有發表在 1922 年《教育雜誌》中的「道爾頓制專號」影響巨大，此後又整理出版了《道爾頓制概要》(中華書局 1925 年版本)、《道爾頓制研究集》(中華書局 1929 年版)、《道爾頓制概觀》(中華書局 1930 年版)《道爾頓制討論集》(中華書局 1932 年版)。在教育史方面有《近代中國教育思想史》，此書被視爲是第一本關於中國近代教育思想的專著，還編纂了《近代中國教育史料》四冊。

在出版實踐方面，舒新城以主持《辭海》的編輯工作而聞名。《辭海》的編纂計畫最早起於 1915 年，但因爲種種原因始終沒有進展。其最早負責人爲徐元誥，後來由舒氏接手，詞典部也幾經搬遷，從南京、杭州一直到上海，歷經了將近十年(1927 年-1936 年)的編纂才得以問世。舒新城對這部詞典的貢獻居功至偉，承擔了組織工作並規劃了編輯方針、辭典體例、收詞原則。舒新城始終堅持愛國立場，堅持不改變政治條目上涉及日本人侵略內容。辭典問世之後，舒新城仍然承擔修訂工作直至到生命的結束。可以說，舒新城的後半生都奉獻給了《辭海》。

1933 年舒新城主持的《新中華》問世，作爲編輯所長他還撰寫了大量文章發表在《新中華》、《中華教育界》等刊物上，甚至在《小朋友》上也有他的作品，1947 年主持了《中華教育界》的復刊。舒新城做事謹慎穩重，深得陸費達信任和器重。他長期擔任編輯所長，在中華進行組織改革之後，陸費達仍然是想方設法在職位上給予舒新城保留重要性，甚至在陸費達遺囑中，也將身後公司職務及個人股權委託舒新城執行。在業務方面，一絲

---

[19] 趙豔紅、黃少英、趙豔玲：〈舒新城與道爾頓制在中國的傳播〉，《河北大學學報(哲學社會科學版)》，2008（4）：72-75。

不苟且精明強幹是舒新城的工作特點。韓石山曾經記載過舒新城的一件趣
事。當年舒新城曾經向傅雷為《新中華》約稿，傅雷寫了一篇《音樂在歷
史上的地位》郵寄到舒新城處。舒在信中批道：「發《新中華》，查《美術
旬刊》是否發表過。[20]」並在美術旬刊四字用括弧標注為「美專出版」。當
時傅雷在美專任教，舒新城唯恐其用舊稿應付。可以說，舒新城把一生都
奉獻給了教育和出版，而兩種事業在他加盟中華書局之後得到了融合和統
一。

四、陳啟天、余家菊、左舜生和李璜

陳啓天(1893-1985)，字修平，別號寄園，筆名翊林，明志，湖北黃陂
人。陳啓天早年入私塾，13 歲考入武昌高等農務學堂附小開始接受新式教
育，18 歲入該校附中農科。革命黨發動武昌起義時，陳啓天加入革命隊伍，
後退伍還鄉。陳氏于 1912 年入武昌中華大學政治經濟別科，師從劉文卿學
習陽明學，畢業後任教于中華大學中學部、文華大學及長沙第一師範學校，
從事新文化運動，1920 年加入「少年中國學會」致力於學術研究和社會實
踐。陳啓天的學習生涯並沒有結束，在 1921 年又進入南京高等師範教育科
攻讀教育學與心理學，在此期間給《中華教育界》和《少年中國》月刊，
開始提倡國家主義，1925 年畢業後直接進入中華書局擔任編輯，主編《中
華教育界》，同年與曾琦、李璜、左舜生創辦《醒獅》月刊，隨後加入中國
青年黨，發起國家教育協會。陳啓天堅定擁護國家主義，通過刊物發表了
大量文章[21]。在 1930 年代至 1940 年代初，主要對法家進行系統的研究[22]。
在 1925 年加入中國青年黨後，陳啓天的政治色彩不斷加強，1927 年他當

---

[20] 韓石山：<舒新城的氣度>，《讀書》，1990（10）：142-143。

[21] 劉紹唐：《民國人物小傳(第八冊)》，臺北：傳記文學出版社，1987：319-321。

[22] 程燎原：<論「新法家」陳啟天的「新法治觀」>，《政法論壇》，2009，27(3)：3-18。

選爲中央執行委員會委員兼訓練部主任，此後不斷投身于黨務建設，隨後流露出反共的傾向並主張對日作戰，抗戰勝利後出任國民政府委員，此後更是在國民政府中擔任各種要職，1948 年成爲經濟部長，東南長官公署政協委員會委員，1949 年離開大陸赴臺灣，在 1969 年當選爲中國青年黨主席，1984 年病逝[23]。陳啓天對 20 世紀思想界的貢獻，最爲突出的是在教育方面以及國家主義和新法家主義的思想。

余家菊(1898-1976)，湖北黃阪人，字景陶，又字子淵，出生在一個書香世家。1909 年余家菊進入縣立道明高等小學開始接觸新式教育，1918 年畢業于私立武昌中華大學，隔年加入少年中國學會，從此立志投身於中國的教育事業。1920 年餘氏年考入北京高師教育研究科，第二年留學英國，留洋期間先後進入倫敦大學和愛丁堡大學學習，他在海外求學期間發表了大量的教育學論文並翻譯國外的著作，注重宣傳和引進西方的教育思想。1923 年，余家菊和李璜的論文集《國家主義的教育》一書由中華書局出版，這本書的出版也標誌著國家主義教育學派開始形成[24]。余氏於 1924 年回國，擔任武昌高等師範教育系主任，同年組織並參加「國家教育協會」，與曾琦、李璜、李瑛、張夢九、左舜生、陳啓天等在上海創辦了《醒獅》週報，1925 年加盟中華書局，同年加入中國青年黨並參與創辦「國家教育協會」，1926 年任教南京第四中山大學，並在各地宣講國家主義教育。此後又先後于東北馮庸大學、北平大學、北平師範大學、中國大學擔任教學工作[25]。余家菊在政治活動上也有參與，在 1926 年加入中國青年黨，並于當年該黨第一次代表大會上被選爲中央委員，連續擔任四界國民政府國民參政會參議員，1937 年秋赴任河南大學教育系主任，在校期間開拓改革積極引入西方思想，1949 後定居臺北直至病逝。余家菊把一生都奉獻給了中國

---

[23] 劉紹唐：《民國人物小傳(第八冊)》，臺北：傳記文學出版社，1987：319-321。

[24] 楊思信：<對 20 世紀 20 年代國家主義教育學派的歷史考察>，《學術研究》，2008 (7)：110-116。

[25] 余子俠、鄭剛：<余家菊國家主義教育思想論析>，《江漢大學學報(社會科版)》，2006，23(4)：83-87。

的教育事業，他著作等身，著作十六部，論文多篇。他在教育學方面主要
的成就體現在這幾個方面：教育思想如國家教育主權的維護、鄉村教育領
地的開拓以及義務教育理論的闡釋等進行勾勒[26]。

　　左舜生(1893-1969)，湖南長沙人，譜名學訓，字舜生，別號仲平，筆
名黑頭、阿斗。左舜生早年接受傳統私塾教育，此後又先後就讀於長沙官
立第十八初等小學和長邑高等小學，繼而進入長沙外國語專門學校學習了
英文和日文，1914 年進入上海震旦學院學習法語，與曾琦、李璜同學，後
因經濟原因輟學。1919 年左舜生加入了少年中國學會，1920 年進入中華書
局擔任編譯所新書部主任，參與出版了《新文化叢書》、《教育叢書》、《少
年中國學會叢書》，並任少年中國學會的評議部主任負責編輯《少年中國》
月刊，1924 年參加創辦中國青年黨機關報《醒獅》週刊並任總經理，隔年
正式加入中國青年黨。左舜生在歷史學方面頗有建樹，從進入中華開始就
開始從事此方面研究，其出版的著作有：《近代中日外交關係小史》、《近代
中英外交關係小史》、《辛亥革命小史》，其後還編輯了《中國近百年史資料》
初編及續編四冊。1926 年在中華書局資助下，左舜生赴法國留學，第二年
回國仍然在中華工作，並為《醒獅》、《長夜》、《長風》雜誌撰稿。1927 年
共產黨長沙暴動之後，左舜生開始流露出反共產黨的立場，與陳啓天等人
創辦《鏟共》半月刊，此後又創辦《民聲週報》，先後供職於復旦大學、大
夏大學、中央政治學校。左舜生積極從事青年黨事務，與國民黨關係不斷
密切，並在言論上積極反共，一度出任國民政府農林部長。1949 年後，他
幾度輾轉於香港和臺灣之間，曾在香港創辦《自由陣線》等刊物，晚年以
學者面目示人，潛心從事歷史學研究，1969 年赴台灣促進中國青年黨團
結，當年病逝於臺灣[27]。

---

[26] 余子俠：<綜析余家菊在中國近代教育史上的貢獻>，《華中師範大學學報(人文社會科學版)》，
　　2007，46(5)：114-120。

[27] 劉紹唐：《民國人物小傳(第一冊)》，臺北：傳記文學出版社，1987：33-34。

　　李璜(1895-1991)，四川成都人，別名幼椿，號學純，又號八千。 1908
年，李璜進入成都洋務局英法文官學堂學習，1904 年入上海震旦學院修法
語，在校期間結識了曾琦、左舜生，此後又參加了少年中國學會，同年底
赴法國留學。在法國期間，與曾琦等人發起建立了中國青年黨，回國後在
多所高校任教，在 1927 年創辦《新路》週刊。抗戰開始後，被聘爲國防最
高委員會參議，連續四屆擔任國民參議會參政員，並任《中國日報》社社
長。抗戰勝利後，一度擔任國民政府經濟部部長，1949 年去香港，後赴臺
灣[28]。

　　「五四」運動之後再次興起的國家主義與中國青年黨密不可分。早在
1923 年 12 月，曾琦、李璜、何魯之等人在法國巴黎成立了中國青年黨。
曾、李二人返回中國後，1924 年會同陳啓天、左舜生、余家菊等人創辦《醒
獅》週報作爲國家青年黨的機關報，是爲「醒獅派」，大力宣傳國家主義的
思想。1925 年 7 月，余家菊、范壽康、唐戟、周調陽、李璜、舒新城、穆
濟波、李琯卿、左舜生、常道直、楊廉、祝其樂、陳啓天等 27 人創立「國
家教育協會」，這個協會的成立也標誌著國家主義的達到了高潮，協會整合
了各種資源和思想，開始通過《醒獅》、《中華教育界》、《國家與教育週刊》
等媒體，並輔助以演講、贊助青年同志團體等方法推廣國家主義[29]。

　　醒獅派成員懷有政治抱負，他們積極擴大中國青年黨的影響，同時大
力向國民推介愛國主義，主張國家主義教育。值得說明的是國家青年黨曾
昌盛一時，號稱中國除了國民黨、共產黨之外的「第三大黨」。陳啓天、余
家菊、左舜生、李璜這幾個人都是「醒獅派」的代表人物。他們全都是著
述高手，撰寫了大量高品質的著作和論文，而《中華教育界》則正是他們
發佈思想的重要平臺。1927 年 4 月，國內政治環境風雲突變，在國民黨發
動「清共」以後，國家主義派也在受打擊之列，曾琦因爲活動積極而被捕，

---

[28] 王志洋: <李璜>，《民國檔案》，1994（2）: 135-137。

[29] 楊思信: <試論清末民初國家主義教育思潮及其影響>，《江漢大學學報(人文科學版)》，2008，
　　27(2): 80-86。

李璜被通緝，左舜生因為得到了陸費逵的幫助而平安無恙，還保住了他在青年黨中的領導地位[30]。實際上，國家主義派在 1926 年起就遇到強大的阻力，結果是幾位最為活躍的核心成員紛紛離開了政治和媒體的舞臺。李璜赴四川成都大學任教，陳啓天在這一年底辭去了《中華教育界》總編，在1926 年應孫傳芳之邀請赴金陵軍官學校任教，而左舜生赴法留學。幾個人分散之後，就很難相互再聯繫工作。

近代中國面臨各種內憂外患，思想文化衝突十分激烈，在這種背景下民族意識開始抬頭。國家主義教育作為一種重要的社會思潮，在 20 世紀20 年代興盛一時，為中國回收教育權運動做出了重要貢獻。陳啓天、余家菊、左舜生、李璜是最為積極的幾位宣傳者，前三位作為中華書局的編輯，而李璜也在中華書局的雜誌裡發表了大量的文章，他們最為顯著的成績是推進了國家主義教育思潮的發展，促使了教育權的回收。然而，由於這幾位人物在後期政治立場的變化，導致大陸對他們的研究十分不充分。

五、黎錦暉

黎錦暉(1891-1967)，字均荃，湖南人。黎錦暉出身於湖南湘潭望族，家學淵博，兄弟姊妹均各有成就，其兄黎錦熙是著名語言學家。他在少年之時接受傳統教育，而後接受新學並接觸音樂，於 1910 年考入長沙鐵道學堂，後轉入長沙嶽麓山優級師範學校，畢業後擔任音樂教員。此後黎錦暉來到北京，先後擔任《大中華民國日報》編輯，眾議院秘書廳書記等職務。1914 年黎錦暉回到長沙，在宏文圖書編譯社擔任編輯，編寫小學教科書，並兼任一些學校的音樂課。1916 年，黎氏再次來到北京，擔任眾議院秘書廳議事科職員，這一年，他的長兄，黎錦熙組織了「中華國語研究會」，受

---

[30] 邱陵、張生：<以「書生名士」出現的政治人物——記左舜生>，《民國春秋》，1994（1）：27-28，41。

此影響黎錦熙也開始關注國語問題。次年教育部成立「國語統一籌備會」黎錦暉被聘任爲委員，此後又參加了一系列戲曲、音樂方面的工作。1931年，黎錦暉受陸費逵聘任來到了中華書局，編寫教材、推廣國語、創辦雜誌並撰寫了大量的文藝作品。1926年，受到工潮的影響，黎氏離開了中華書局，創辦「中華歌舞專門學校」投身歌舞事業，此後又創辦了「明月歌舞團」等歌舞社團在各地演出。從離開中華書局到抗戰之前，黎錦暉主要的事業是歌舞。1937年「七七事變」之後，黎氏投身抗日宣傳事業，後於1940年加入中國電影製片廠。1949年後，黎錦暉留在大陸，繼續進行文藝方面的工作直到病逝[31]。

　　來到中華之前的黎錦暉曾短暫當過編輯，而中華書局才成就了他的編輯生涯高峰。民國初年國語運動聲勢不斷壯大，從1920年開始，當時的教育部鑒於社會壓力，在隨後幾年中頒佈了一系列規定，廢除了「讀經」，廢除了「國文科」爲「國語科」，用語體文取代文言文[32]。1919年時，中華書局面臨著初級小學教科書是採用國語還是繼續國文編寫的問題，同年陸費逵北上北京，拜訪「國語統一籌備會」的重要成員黎錦熙，黎錦熙向陸費逵推薦了自己的弟弟黎錦暉編寫的教科書書稿。陸費逵採納後以《新教材教科書國語讀本》出版，銷路極佳，從此對黎錦暉讚賞有加，邀請其加盟書局。

　　由於形勢的需要，中華書局特地在編輯所下開設了國語部，而後改名爲國語文學部，而黎錦暉也成爲了這個新部門的部長，國語文學部在黎錦暉領導下工作業績顯著，在1923年一年居然出書361種。爲了推廣國語，1921年教育部「國語讀音統一會」主辦，由中華書局承辦的「國語專修學校」成立，黎錦暉成爲這個學校的靈魂人物，開展各種活動，面向全國宣

---

31 孫繼南：〈黎錦暉年譜〉，《齊魯藝苑》，1988（1）：52-55。

32 黎澤渝：〈著名音樂家黎錦暉先生對國語運動的貢獻〉，《北京師範學院學報(社會科學版)》，1992（6）：50-52，68。

傳國語。在此期間，他還創作了大量朗朗上口的歌曲，這些歌曲也為普及國語做出了巨大的貢獻[33]。

在中華效力了五年的黎錦暉，最為顯著的編輯業績是編寫了兩套小學教科書，創辦了《小朋友》、《小弟弟》和《小妹妹》雜誌，其中《小朋友》雜誌是其雜誌編輯事業的高峰。對於《小朋友》雜誌，黎氏不僅是主編參與編務，更是撰寫了大量各種體裁的文學作品，包括了小說、童話、歌謠，尤其是開始的幾十期讀者來稿不多，黎錦暉身兼作者辛苦地支持著雜誌的發展。他的作品，尤其是他創作的兒童歌舞劇在當時社會上非常有影響力，在《小朋友》刊載的歌舞劇有：《麻雀與小孩子》、《葡萄仙子》、《月明之夜》、《三蝴蝶》、《春天的快樂》等等。這些作品贏得了眾多小讀者的喜愛。1924年的 103 期《小朋友》選登了汪繼伯小朋友的來信<要求黎先生多做歌曲>[34]，信中要求錦暉先生：「請你在《小朋友》上，每期不斷的給我們一些歌劇，或歌曲！我想你，只要把頭腦一抓，眉毛一皺，筆頭一搖，就做出來了，總一定不忍拒絕我這個小小的要求吧？」黎錦暉善於利用各種平臺推廣國語事業，甚至在其編寫的歌舞中也貫徹了這一理念。在他發表在《小朋友》雜誌中的兒童歌舞劇《麻雀與小孩》的卷首語提到：「學校中各科的教材，有許多可以採入歌劇裡去(如本劇包含國語文學、公民道德、自然知識、圖畫、手工、音樂和體育)，這些知識，每個學生都可以唱熟。」他認為唱歌是幫助小朋友學習國語的最好方式，同樣在這一篇文章中，黎錦暉指出：「學國語最好從唱歌入手，既練熟了許多國音、標準詞，及標準句，又可以使姿態、動作、心情與歌意十分融洽，於是所學的歌句，便成功了許多應用的國語話。」黎錦暉擔任主編時期的《小朋友》注重雜誌的趣味性和通俗性，作品朗朗上口而且易於閱讀。作為一本面向兒童的雜誌，其目標讀者定位是初識文字的兒童，在內容上注重雅俗共賞並注重民俗作品

---

[33] 吳永貴：<音樂家黎錦暉在中華書局做編輯的日子>，《出版史料》，2008（4）：88-92。

[34] 汪繼伯：<要求黎先生多做歌曲>，小朋友編輯部：《長長的列車——《小朋友》七十年》，上海：少年兒童出版社，1992：16。

的挖掘。而《小朋友》雜誌也與商務印書館的《兒童世界》被認爲是中國
近代史最有代表性的兒童刊物。

　　黎錦暉最爲知名的成就體現在音樂方面，他創作了大量的流行歌曲而
被廣爲傳唱，被譽爲「中國流行音樂之父」。除了音樂，他畢生投身於國語
運動。從 1916 年到 1978 年，黎錦熙始終在領導全國國語運動、文字改革
運動的組織中任委員或常委，主持或參與了一系列的國語方案比如注音符
號的修訂、注音符號草體的創制等，以及許多推行國語、推廣普通話的法
令[35]。

　　對於中華書局而言，黎錦暉是中華書局史上最爲知名的兒童作者和編
輯，是兒童文學里程碑刊物《小朋友》週刊的創始人。加盟中華書局的黎
錦暉，編教材、編雜誌、推廣國語。雖然停留時間不過五年，但是在中華
書局這個大舞臺上，多才多藝的黎錦暉長袖善舞，留下了精彩的一筆，而
中華書局對於黎錦暉也禮遇有加，即是在黎錦暉離開中華後，也對他的作
品支付版稅。

六、包天笑和劉半農

　　包天笑(1876-1973)，江蘇吳縣人，原名清柱，後改名爲公毅，字朗孫，
筆名有天笑、笑、釧影、天笑生等，是著名的翻譯家、小說家、編輯記者，
「鴛鴦蝴蝶派」的開山祖師。他一生著作極多，被譽爲「通俗文學之王」。
包天笑早年考取功名，曾中秀才，學習過日語和英語，後來來到上海主持
金粟齋譯書處，出版了一些新學著作。1901 年創辦《勵學譯編》，他的第
一部翻譯小說《迦因小傳》就是發表於此，隨後創辦《蘇州白話報》，1906
年擔任《時報》新聞編輯並編輯副刊《餘興》，在此供職 14 年。這段時間

---

[35] 黎澤渝：<著名音樂家黎錦暉先生對國語運動的貢獻>，《北京師範學院學報(社會科學版)》，1992
　　(6)：50-52，68。

也是包天笑一生中最輝煌的時期。在《時報》期間，包天笑開始兼職給其
他雜誌社幫忙編輯或是寫稿，先後主編了《小說時報》、《婦女時報》、《小
說大觀》、《小說畫報》等刊物，並發表和翻譯了大量的小說。離開《時報》
之後他創辦《星期》雜誌，1924 年加入上海電影明星公司改編自己的作品
為電影。進入 30、40 年代，包天笑主要以創作為主，抗戰勝利後離開大陸，
一度去過臺灣，最後定居香港。作為作家，他的三部教育小說，即<馨兒
就學記>、<苦兒流浪記>、<埋石棄石記>在《教育雜誌》刊載後又作為單
行本刊行，被視為包天笑最高的文學成就。從 1913 年開始，包天笑給中華
書局雜誌供稿，這也是他供職在《時報》的時期。包天笑的小說類型多樣
深受讀者歡迎，在類別上有「教育小說」、「偵探小說」、「愛情小說」等，
作品有原創有翻譯，還有少量戲劇和評論文字。包天笑在創作時大量借鑒
了西方的文學表現手法，這期間他的署名主要是「天笑」和「天笑生」。一
直到 1917 年中華書局爆發「民六危機」而引起雜誌大規模停刊，中華系列
雜誌始終是包天笑小說的重要發表平臺。他的筆名頻頻見於中華系列雜
誌，有合作也有獨立作品，而合作作者主要是張毅漢(署名「毅漢」)，幾
乎有「小說」欄目的雜誌都可以見到包天笑的作品：《中華教育界》中有<
兒童曆>(第 2 卷第 1-12 期)、<薔薇花>(第 3 卷第 2 期，天笑、毅漢譯自伯
倫那梨星)、<留聲機>(第 3 卷第 7 期，天笑、毅漢譯自伯倫那梨星)；發表
《中華小說界》中的小說作品有<電話>(第 1 卷第 1 期)、<八一三>(第 1 卷
第 1-11 期，卓呆、天笑)、<橢圓形之小影>(第 1 卷第 4 期)、<發明家>(第 1
卷第 7 期)、<笑將軍>(第 1 卷第 7 期，天笑、毅漢)、《冤》(第 1 卷第 8 期)、
<良醫>(第 1 卷第 9 期，天笑、毅漢)、<大好頭額>(第 1 卷第 8 期，天笑、
毅漢)、<黑帷>(第 2 卷第 1 期，天笑、毅漢)、<飛來之日記>(第 2 卷第 2 期)、
<荔枝>(第 2 卷第 6 期)、<吾侄麥司之書翰>(第 2 卷第 7 期)、<大理石像>(第
2 卷第 7 期，天笑、毅漢譯)、<三十八年>(第 2 卷第 9 期，蟄庵、天笑譯)、
<喬奇小傳>(第 2 卷第 10 期，天笑、毅漢譯)、<遠寺鐘聲>(第 3 卷第 1 期，
天笑、毅漢)、<京漢道中>(第 3 卷第 2 期)、<加拿大歸客>(第 3 卷第 2 期，

天笑、毅漢譯)、<禮物>(第 3 卷第 4 期，天笑、毅漢譯)、<笑>(第 3 卷第 6
期)等。在《中華學生界》中有<病菌大會議>(第 1 卷 1-11 期)、<兒兮歸來
>(第 1 卷第 3 期，天笑、毅漢)、<假裝會>(第 1 卷第 10 期)。《中華婦女界》
中的作品有<石油燈>(第 1 卷第 1 期，天笑、毅漢譯)、<女小說家>(第 1 卷
第 3 期，天笑、毅漢譯)、<贈書女>(第 1 卷第 4 期，天笑、毅漢)。《大中華》
有<拿破崙之情網>(第 1 卷第 7 期)。

　　劉半農(1891—1934)，江蘇江陰人，原名壽彭，改名複，初字半儂，後
改半農，號阿曲，是民國時期著名的文學家、教育家和語音學家，中國新
文化運動時期的風雲人物。劉半農早年在家鄉接受傳統教育，十一歲進入
翰墨林小學，十五歲進入常州府中學堂，在學堂時與校方發生衝突退學，
此後受辛亥革命的影響投身革命軍，不久又返回江陰。1911 年開始，劉半
農擔任上海中華新報特約編譯員。1912 年，他來到上海，因爲才氣結識了
當時的小說家徐卓呆，在徐的推薦下在 1913 進入中華書局擔任編譯員，
1916 年，因爲中華書局的經濟危機離開轉而進入《新青年》雜誌。隨後開
始執教生涯，先是在北京大學任預科國文教授，1920 年赴歐洲留學獲得法
國博士學位，回國後繼續在多所高校擔任教職，後來在 1934 年外出進行學
術研究時染病，不幸返京後病逝。民國初年之時的劉半農，主要的作品是
通俗小說，發表在《時事新報》、《中華小說界》、《小說月報》、《小說海》、
《禮拜六》等雜誌上。這段時間的創作經歷，使得他和鴛鴦蝴蝶派聯繫起
來。身爲中華職員，劉半農給中華系列雜誌撰文不輟，主要作品是小說。
在《中華小說界》、《中華女子界》、《中華學生界》都能經常讀到，僅發表
在《中華小說界》的小說就有：<匕首>(第 1 卷第 3 期)、<黑行囊>(第 1 卷
第 5 期)、<頑童日記>(第 1 卷第 6 期)、<洋迷小影>(第 1 卷第 7 期，譯自安
徒生)、<財奴小影>(第 1 卷第 8 期)、<倫敦之質肆>(第 1 卷第 8 期，譯自狄
更斯)、<默然>(第 1 卷第 10 期)、<詠而歸>(第 1 卷第 11 期)、<此何故耶>(第
1 卷 11 期、12 期連載，譯自托爾斯泰，)、<福爾摩斯大失敗（1-3 案）>(第
2 卷第 2 期)、<影>(第 2 卷第 3 期)、<帳中說法>(第 2 卷第 3、4、5 期，譯

自 Donglas Jerrold)、<燭影當窗>(第 2 卷第 5 期)、<憫彼孤子>(第 2 卷第 5
期)、<英王查理一世喋血記> (第 2 卷第 8 期，譯自 Guizot)、<誅心>(第 2
卷第 9 期)、<希臘擬曲.盜釭>(第 2 卷第 10 期)、<如是我聞>(第 2 卷第 11
期，譯自托爾斯泰)、<暮寺鐘聲>(第 2 卷第 12 期，譯自歐文)、<我矛我盾
>(第 3 卷第 1 期)、<拿破崙死之翻案>(第 3 卷第 2 期)、<呱呱默默>(第 3 卷
第 3 期)、<福爾摩斯大失敗(第 4 案)> (第 3 卷第 4 期)、<福爾摩斯大失敗(第
5 案)> (第 3 卷第 5 期)、<愚民術>(第 3 卷第 6 期)。劉半農在民國初年撰寫
的小說作品類型豐富，不僅有原創也有翻譯作品，體現了他扎實的寫作能
力和充沛的想像力。

七、錢歌川

　　錢歌川(1903-1990)，湖南湘潭人，原名慕祖，自號苦瓜散人，又號次
逖，筆名歌川，味橄，秦戈船，著名翻譯家、編輯、文學家、語言學家。
錢歌川早年留學日本，畢業于東京高師，回國後先後在老家和上海擔任教
職，並以賣文為生。1930 年，在夏丏尊的推薦下錢被中華書局聘為編輯。
1936 年錢歌川離開中華書局去英國進修並遊覽歐洲，1938 年來到新加坡講
學，1939 年才回到國內，被聘任為武漢大學的教授，並擔任《世說》雜誌
主編。抗戰勝利後錢氏擔任中國駐日本代表團主任秘書，後赴臺灣，在臺
灣大學先後擔任教授兼文學院長職務，臺灣南部成功大學教授、海軍官校
教授、陸軍官校教授，1964 年再次到新加坡任當地多所大學的教職，晚年
來到美國專事寫作。
　　在中華，錢歌川展現了他多才多藝的一面，在雜誌方面擔任《新中華》
三位主編之一，錢主要負責文藝部分。除了編輯工作，錢歌川還撰寫了大
量的文章，尤其是用筆名「味橄」發表的散文更是為讀者所喜愛，錢歌川
在《新中華》上刊載的散文有<最初的印象>》、<飛霞妝>、<帝王遺物>、<

閑中滋味>、<吃過了嗎>、<演戲之都>、<遊牧遺風>、<春風塚青>、<北門
鎖鑰>，之後結集為《北平夜話》出版。此後更是一發不可收，在國內外
先後出版了《詹詹集》、《流外集》、《偷閒絮語》、《巴山隨筆》、《遊絲集》、
《蟲燈纏夢錄》、《竹頭木屑集》、《狂瞽集》、《罕可集》等，總計有二十多
本散文集。從數量上看，僅次於周作人，超過林語堂和梁實秋[36]。錢歌川
的散文，題材廣泛，文字生動，含義雋永，自成一派風格。除了《新中華》
的工作，憑藉他非凡的英文造詣，錢歌川在中華書局還擔任了《中華英語
半月刊》的主編，並翻譯和編寫圖書，比如他曾經主編了「英文研究小叢
書」，共計 29 種。除了在文學、出版方面的造詣，錢歌川還以翻譯功力和
理論見長，在他逗留新加坡期間講授十年翻譯課程的講義，在 1973 年由臺
灣開明書店出版，該書在臺灣和大陸影響極大，經久不衰。

---

[36] 陳子善：<錢歌川和他的散文>，《書城》，1995（4）：33-34。

第十章 雜誌特色與中華書局經營策略

　　中華書局能夠屹立於民國出版業，其先進的經營策略和管理體系是重要原因。在具體策略上，中華書局比較注意受眾市場的細分、重視品牌建設和市場推廣。在雜誌建設方面，中華書局創辦雜誌的優勢體現在一是強大的集團支援後盾，二是企業的市場信譽度的和品牌知名度，三是完整的編印發產業環節。

一、雜誌的時代魅力

（一）與時俱進的形式發展

　　中華書局的雜誌貫穿整個民國期間，在發展的過程中體現出與時俱進的特點。但這種發展和演進並不是標新立異，特立獨行，而往往在風格上保持厚重凝實，體現出領航者的氣魄。縱覽中華書局前期出版的雜誌，它們在特色上有傳承，而形式上又有發展。總之就是保持自己的格調，而又力爭與讀者保持親密感。

　　中華系列的雜誌，在設計上特別喜歡在封面上刊載主要內容的目次，比如《大中華》、《中華學生界》、《中華教育界》、《新中華》等，稱為「本期要目」，標明本期主要文章，使得讀者一目了然，這種形式一直保持了下去。除了兒童類雜誌外，大部分雜誌封面風格簡介，中規中矩，而內容也是老成穩重而不乏尖銳，體現了中華書局大氣而不失進取的風格。

　　隨著時代的進化，標點符號也開始複雜化和體系化。民國政府對於標點的規範標準制定很晚，直到 1930 年 5 月 21 日，當時的教育部發佈《劃一教育機關檔案格式辦法》，規定了包含逗號、句號等 14 種標點，並率先在教育系統使用。1933 年，交通部通過「檔採用句讀及分段辦法案」，對上述辦法中的 7 種標點率先使用。1933 年 8 月，由行政院議決，《各部會審查處理檔改良辦法》頒佈，規定各省、市政府應與 10 月 1 日實行，同年 10 月《國民政府訓令第 500 號》抄發《檔標點舉例及行文款式》，要求全國從第二年執行[1]。早期的中華雜誌，尤其是民初的雜誌，都是以圓圈或黑點為標注，一句話的結束也就是圓圈或黑點的結束，在人名、地名等情況下偶爾會用橫線。進入 20 年代之後，中華雜誌已經出現了現代化的標點，此後雜誌的標點使用不斷成熟，到了 30 年代，在《新中華》的徵文廣告中多次聲明：「賜稿務望繕寫清楚，並加新式標點。」

（二）重視圖像敘事

　　民國時期，民眾文化程度低，接觸信息的管道不多，對外部世界認識非常有限。直到 1923 年，中國的第一家無線廣播才姍姍來遲。在各種媒介形式中，紙質媒介為近代中國接受現代文明起到了最為主要的作用。圖書傳遞資訊時效性差，而報刊雜誌則更為靈活，對於開啟民智，傳播西方文化做出了重要貢獻。在符號上，除了文字，雜誌中圖片也起到了重要的傳播文化和資訊的作用，讀者通過圖片，溝通並感知世界、認識社會。

　　中華系列的雜誌都非常重視對於圖片功能的挖掘與拓展，喜歡選擇插畫來豐富雜誌的內容，這些插畫大部分都是從社會上徵集來的。在整個民國時期，除了專門針對低年齡段幼兒的畫報，中華書局在其主要雜誌中都保留了「插畫」這樣一個欄目[2]。所謂的「插畫」其實就是插圖，彩色印刷，

---

[1] 王銘：<論民國時期對檔的標點、分段>，《檔案學研究》，2002（6）：30-32。

[2] 以筆者所見，《中華教育界》、《中華小說界》、《中華實業界》、《大中華》、《中華婦女界》、《中華學生界》、《新中華》、《少年週報》、《進德季刊》刊物中都有彩色插圖。

大部分爲照片，也有些是美術、書法等藝術作品。這些插圖不是在正文之中，而是單獨列出來在正文之前，每期根據需要調整，頁數不等。除此之外雜誌正文中還有一些輔助性插圖。

與文字相比，圖像更爲直觀、形象，在媒介中圖像的使用可以彌補文字表達手段的缺陷，畢竟有些場景無法用文字得以再現。作爲新聞圖片，圖像是對真實場景的真實再現，它準確生動的記錄了新聞場景，使得觀眾認識到發生世界各地的事件和社會生活方式。以時政類雜誌《大中華》爲例，在第 1 卷第 1 期裡面目錄頁前的插畫有<袁大總統最近攝影>、<辛亥中國陸軍大操攝影>五幅(夜宿之營帳、地雷轟發、步隊開槍射擊、炮隊開炮轟擊、氣球隊偵查、馬隊進行)、<我國自辦之京張鐵路攝影>六幅(北京西直門停車場、南口製造廠、青龍橋停車場、居庸關山洞北口、張家口涵洞、永定河十二號橋、張家口車站第一次通車)，還有<雖敗猶榮比利時王攝影>、<歐洲大戰攝影>的組圖，這些圖片有的獨佔一個版面，有的幾個圖合用一個版面，很好的契合了主題。《大中華》雜誌還頻繁刊載各國歷史名人，尤其是領導人的照片。《大中華》第 1 卷第 1 期的第一幅圖片是大總統袁世凱正裝圖，圖中袁世凱身著大元帥服，面色嚴肅，目光炯炯，極有威嚴。除了一些新聞類的圖片，還有很多圖片呈現的是摩登生活方式，此外還有一些藝術作品的展示，體現出文人雅趣。

女性雜誌的插畫也非常有特色，《中華婦女界》在廣告中徵集內容爲：各地風景、名媛淑女、結婚攝影、著名之字畫刺繡(新舊男女均可)[3]。這些插畫在目錄中被稱爲「圖畫」，而正文中也會有少量的圖片出現，多爲文字內容的配圖。「圖畫」的內容大多是女性肖像和女性生活的各種風采，彰顯出民國初年的女性世界風貌，紙張都是採用昂貴的銅版紙，黑白或彩色印刷，主要分爲兩個類型：女性生活和女子才藝。在這些圖像中，傳遞出新時代女性的知性與傳統兩個特徵。圖畫中的女性，無論中外，都是嚴肅

---

3 <廣告>，《中華婦女界》，1915，1（4）。

的、端莊的，而不是妖嬈的、摩登的、另類的。雜誌構建出的女性形象是
受過現代教育的，同時也是持家的、相夫教子的。

重視新女性形象建設是《婦女界》插畫的特點之一。例如第 1 卷第 7
期的<唐謝耀鈞女士家庭生活攝影>展示了唐女士的一系列圖片，包括本人
倩影和藝術作品。據照片下的文字介紹，唐女士留學于英國，善於書畫，
精通英語。在其照片中，唐女士身著民國時期女子慣常服裝，場景有讀書、
會計、刺繡、縫紉等八種，此外還有女士的英文信、鉛筆畫和書法[4]。中華
女子才情豐富而苦無展現之場所，《婦女界》還收錄了大量的女性創作的藝
術作品，其中有書法、有刺繡、有繪畫，體現了民初女性的才學和智慧。
女性教師和學生是照片的重要題材，這隨著女性教育的發展而不乏來源，
幾乎每一期都有這種照片刊載，其中有：<吳縣私立正本高初等女學校攝
影>(第 1 卷第 1 期)、<湖南私立周南女子師範學校附屬小學移植攝影>(第 1
卷第 1 期)、<同裡麗則女學教員學生攝影>(第 1 卷第 9 期)、<上海光華女學
校全體攝影>(第 1 卷第 11 期)等等。這些受到民國教育的女性，衣飾和髮
型現代，舉止優雅，很多女士穿著皮鞋，服飾多為民國時期的典型婦女服
飾，上裝往往是側開的立領的，這種立領在當時被稱作「鳳仙領」，相傳為
名妓小鳳仙所創，可以使女性的臉顯得更加嬌小而惹人憐愛。在民國，引
導服裝流行趨勢的主要有青樓女子、電影明星和知識女性(名媛淑女和女學
生)，前兩類人在《婦女界》中幾乎沒有出場，淑女和女學生的著裝，其服
飾都是精緻和時髦的，還有部分服飾帶有明顯中西合璧的風格。而風行一
時的「文明新裝」也常常在圖片中可以見到。這是一種襖裙的組合，在當
時女學生界頗為流行[5]。

照片中還有很多是西洋女子和西洋家庭，這些域外人士的出場，展現
了更多層次的生活。西洋女子的形象大多也是居家的，其家庭也是溫馨的、
傳統的。<比利時王之家庭>(第 1 卷第 2 期)描繪的是比利時王室的生活照，

---

[4]　<廣告>，《中華婦女界》，1915，1 (7)。

[5]　周夢：《傳統與時尚：中西服飾風格解讀》，北京：生活.讀書.新知三聯書店，2011：106-114。

照片中男子身著西式禮服正裝在沙發上閱讀，女子在輔導小男孩拉小提琴，三人皆神情專注。<比利時王后哀麗莎白及公主梅麗育珊看花之圖>[6]的圖景是一個年約七八歲的公主，因個子不足站在椅子上欣賞花壇裡面的花卉，其母手臂環攏，給孩子耐心講解。第 1 卷第 12 期有一頁插畫名爲<保加利亞之婦人>[7]，圖片有兩張，標記爲「已受教育者」居上，照片中有十幾位身著現代服裝的女性聚在一起合影，她們衣著時髦，髮型現代，年齡在二十歲左右，神態自若而悠閒，有幾位女性還擺弄造型，看起來與西歐女子無異，整張照片顯得活潑而現代，很像學生的畢業合影照。而居下者爲「未受教育者」，照片中是三位身著傳統民族服裝的女性，髮型、裙裝和鞋子從上到下看得出帶有明顯的地域特色，她們眼神茫然，背景是矮舊的房屋。雖然都是黑白照片，但是對比明顯。

二、廣告與營銷

（一）雜誌廣告分析

　　中華書局創辦的雜誌中，無一例外都會有廣告，其中大部分爲本局廣告，對於局外廣告，中華也不是來者不拒，而是有著嚴格的把關。在《少年週報》的<發刊敘詞>中特別說明：在廣告方面亦限制極嚴，凡不正當之書報、藥品以及煙酒等廣告概不刊載。對於正當之國貨廣告，則特別提倡[8]。體現了媒體自律，重視社會責任的一面。廣告是現代媒體收入的重要來源。在民國時期，外來的廣告收入對於雜誌生存發展也有重要意義。雖然中華系列雜誌主要刊載的都是本局廣告，大部分是圖書廣告且集中於教科書。

---

[6] <插畫>，《中華婦女界》，1915，1（7）。

[7] <插畫>，《中華婦女界》，1915，1（12）。

[8] 本報同人：<發刊敘例>，《少年週報》，1937（1）。

但是很快的，中華書局意識到其雜誌也可以成為發佈其他商家廣告的平臺，以《中華實業界》為例，招登廣告的啟事出現在 1914 年的第 1 卷第 4 期——<《中華實業界》招登廣告>，其內容云：「本雜誌閱者，最多為廠店等大商家，工廠登廣告於此，極有益於批發實業。[9]」從此之後外來廣告數量有了一定的增加。多數中華系列雜誌都會在封底刊登廣告價目表。

　　不同的廣告適用於不同的投放物件，這一點在中華書局創始之初就已經得到了認識。早在 1915 年第 1 卷第 2 期的《中華實業界》刊載了一篇<吸引顧客之方法>，署名為心一，作者分析了雜誌廣告和報紙廣告的區別，以及不同類型廣告選擇投放雜誌的策略：

　　關於雜誌廣告的論述，雜誌廣告與日報廣告性質頗異，凡事關於一時者，如商店之開張，新貨之上市，貨物減價，均宜於日報而不宜於雜誌廣告者也。然人生日用之物，歷久而不變者，如肥皂、牙粉、糖果、餅乾之類，則以雜誌廣告為最宜。然廣告之適宜與否，仍視雜誌之性質，譬如《中華教育界》宜刊載書籍、文具、儀器、學校之廣告，《中華實業界》宜刊載商店、商品及各種實業之廣告，《中華小說界》宜刊載新出小說、遊戲品以及種種消遣之具之廣告[10]。

　　無獨有偶，1923 年 4 月，在《進德季刊》的廣告頁中，有一則廣告宣傳中華書籍雜誌作為廣告投放平臺的優勢，其內容為：

　　（A）登廣告於雜誌書籍的利益：

　　1. 雜誌書籍永久存在，所以廣告的效力也永久存在。

　　2. 定價要比日報低廉的多。

　　3. 讀一本雜誌或書籍，總得翻閱幾遍，所以書裡的廣告，能使讀者隨時注意。

　　登廣告於中華書局各種雜誌書籍，有下列各種優點：

---

[9] <《中華實業界》招登廣告啟事>，《中華實業界》，1914，1(4)。

[10] 心一：<吸引顧客的方法>，《中華實業界》，1914，1(2)。

1. 各種雜誌、書籍、編輯的都是當世名家，而印刷又很精美。所以訂閱者日有增加。

2. 國內外都有分館和代理處，所以銷路遠至南洋群島及國外各地。

3. 效力偉大，廣告費低廉[11]。

這則廣告體現了中華書局對於雜誌廣告的理解和重視態度。中華書局上下經過多年的經營和摸索，對於雜誌廣告的精髓和優缺點了然於心，能夠最優化的利用資源。

女性雜誌，其目標受眾是接受過文化教育的青年或青少年女性，或爲學生、職場女性，或爲家庭主婦。在《中華婦女界》的廣告中，內容多爲學習用書、時尚小說、婚育知識等等，比如《結婚論》、《文明結婚證書》、《母道》、《胎教》這樣的圖書，有針對性的投放廣告和宣傳。《中華實業界》其性質類似於一份商務雜誌，受眾是眾實業人士，其目標人群社會階層高，大多受過好的教育，經濟實力雄厚。《實業界》的廣告，內容遠比一般中華系列雜誌爲多，在形式上也更爲靈活，更能激發消費者的想像力，其囊括的廣告門類也更多，包括本局書刊廣告，以及其他公司的保健品、圖書、銀樓、化妝品等等。這裡面的廣告，尤其是非中華書局內容的廣告，其視覺衝擊更強，其中尤以藥品廣告最有特徵。以同爲 1914 年的《中華實業界》與《中華教育界》比照(見附錄 1)，《實業界》中的廣告明顯數量多、種類豐富。而刊載在《中華教育界》等中華雜誌的教科書廣告，普遍而言在七八月份比較集中，其比例比其他月份爲高，這也是爲了配合秋季入學的需要。

一部辭書僅僅通過廣告用語的誇張，是很難說服顧客，使其信服而加以購買的。在這種情況下，中華書局往往採用在廣告中刊載部分詞條內容的做法。《中華大字典》是中華書局傾注了很大精力的作品，圖文並茂，製作精良。在《大中華》雜誌廣告中(第 1 卷第 12 期)，出現了以摘錄部分詞

---

[11]　<廣告>，《進德季刊》，1923（2）。

條進行辭典推廣的方式，稱之爲「選字樣本」，通過這種方式，使讀者瞭解該詞典的編輯風格，特色和品質。

縱覽整個民國時期，藥品和補品廣告總是口號誇張，圖文並茂，在形式上新奇特，以期達到特定的宣傳效果。爲了吸引眼球，這些廣告也不免有失實之處，儘量爭取擴大外在刺激作用于消費者，希望引起預期的觀念改變和購買行爲。這些藥品和補品廣告始終是中華系列雜誌的常客。《實業界》在1914前後多次刊載了「仁丹」、「清快丸」的廣告(見附錄1，兩種產品的廣告分別在1914年《中華實業界》出現了6次)。清快丸是一種據說日本大阪高橋盛大堂藥局製作的一種保健品，其刊載的廣告構圖是一個穿西裝，戴禮帽手持皮箱的紳士在觀看一個看板。看板最上方是一個口中銜著一方匾額的狗頭，匾額中寫的是「懷中良劑清快丸」，這也是清快丸的品牌logo。狗頭下方是宣傳語，開頭便是「華佗仿藥」，內容也是各種包治不適症狀「諸病均可立奏奇效。」仁丹是民國時期一種通行的保健類藥物，以仁丹鬍的形象深入身心，即便是在普遍抵制日貨的背景下也沒有受到多大影響，其主治功效是防止中暑，緩解暈車暈船。這款仁丹廣告長期在《中華實業界》刊載，其廣告插畫也幾經改變，但始終保持了的頭戴禮貌，身著盛裝，有兩撇小鬍子男人的logo，十分有趣。

廣告中的西洋化審美傾向和西洋化品質判斷標準始終貫穿著中華系列雜誌各類廣告的始終，與傳統文化形象的構建相映成趣，體現了當時中西方文化交融的情景。中國精益眼睛公司的廣告就是很典型，該廣告自稱爲「中國第一家自製吒力克鏡片」，在介紹中借用所謂西洋各國專家之口來宣傳產品：「本公司自製各種光學鏡片，頗承各界交口稱美，西洋專家亦稱爲我中華民國獨一無二之新產品。」然後又宣稱：「凡東西洋專家所能造者，本公司無不能照造照配。[12]」民國時期，提倡使用國貨的口號在社會上反響很大，在普通民眾和知識分子中間有著深刻的影響力。作爲商家其宣傳契合了當時社會潮流，堅持了「自製」的「國貨」，同時針對民眾對於國貨

---

[12] <廣告>，《中華實業界》，1914，1 (11)。

品質的憂慮，又借用西洋專家的評定，而後又宣稱本公司能夠製造東西洋之所能，這是在凸顯民族自豪感的同時表明了自身的品質。

作為圖書雜誌的編輯，在內容製作時也不免為素材而捉襟見肘，在很多時候苦於無米下鍋。在中華系列雜誌中，除了募集教材、教授案之外，也出現過收集資料的廣告。《中華教育界》第 11 卷第 5 期出現了一則<中華書局徵求諺語童謠>[13]的廣告，其內容為：「本局著手編輯《中華諺語集》、《中華童謠集》，兩書雖條理粗具而聞見終隘，因此徵求海內熱心同志贊助。」除了搜集圖書素材，雜誌中的廣告還廣為徵集教科書、教案等材料支持教科書出版業務。

民國時期的圖書，尤其是大部頭的詞典、古籍類圖書，出版機構往往會採取預購的形式，採取打折的方式鼓勵讀者在圖書出版之前進行預訂。這樣讀者的預付款可以投入圖書的編輯印刷過程，這麼做可以加快資金周轉，緩解企業資金壓力，同時也能降低經營風險，摸清市場銷路，如果銷路良好即可大量印刷。比如中華書局的《中華大字典》就採取了這一策略。《中華大字典》於 1909 年編纂，1914 年定稿，於 1915 年出版，參與編務者有三四十人[14]。在 1915 年的《實業界》廣告第 2 卷第 2 期公佈了延展預約辦法：「本書預約，早已截止，現因各省紛紛函購，特再售三個月，民國四年三月底止。外阜函購，發信日在此期內，亦照預約辦理。[15]」在廣告中，除了對內容的介紹外，還不忘打名人牌，利用名人效應，把袁世凱和黎元洪的題字都作為廣告。

中華書局習慣性地把本局所有雜誌集合在一個廣告內，有時會不分本局和局外代為刊行的雜誌。在 1922 年前後《中華教育界》中的雜誌廣告，其推介的產品為：《中華教育界》、《戲劇雜誌》、《改造》、《教育彙刊》、《教育叢刊》、《中華英文週報》。事實上，這六種雜誌中，只有《中華教育界》

---

[13] <廣告>，《中華教育界》，1922，11（5）。

[14] 魏勵：<《中華大字典》述評>，《辭書研究》，2008（6）：85-94。

[15] <廣告>，《中華實業界》，1915，2（2）。

和《中華英文週報》兩本雜誌是中華自辦的。中華書局還經常把代辦的雜誌目錄作爲廣告內容刊登在雜誌之中，給讀者以直觀的印象。中華系列雜誌互相做廣告，以中華實業界爲例，第 1 卷第 1 期用一整頁做《中華小說界》廣告，接著第 2 期、第 3 期用一整頁做《中華教育界》廣告，此後又把八種雜誌（「八大雜誌」）放在一個版面作爲廣告，這種列舉全部雜誌的廣告形式一直得到了保留。在《中華小說界》第 1 卷第 7 期還出現了整合性的徵稿啓事。其內容爲：

本局刊行《中華教育界》、《中華實業界》、《中華小說界》以來，疊承海內諸君子紛紛投稿，無任感佩。爰定簡章，籍酬雅意。各處來稿以未經送等他家雜誌及各處日報中者為限；來稿無論或譯或撰均所歡迎，倘經選登，自當贈酬金。定例如左：

譯稿：每千字自一元至三元。

撰稿：每千字自一元至五元。

如有鴻篇巨製當於定例外另行酬議。

來稿譯自東西問者請將原文一併寄下。來稿無論登陸與否概不寄還，外阜諸君最好掛號寄下，即以郵局回單蓋戳為憑，恕不另作覆書。

來稿請寄上海虹口東百老匯路愛字二十九號中華書局總公司編輯所收。

民國三年六月一日 中華書局編輯所訂[16]。

在稿件來源方面，除了中華書局的編輯和特聘作者外，中華系列雜誌都廣泛地向社會募集稿件。比如以上那則三本雜誌集體性的徵稿啓事，再比如針對《中華婦女界》雜誌的「本刊徵文」：

（一）吾家之家計（詳述人口之多少，生活之狀況，收支之概略，及該地物價等，以為主持家政者之模範。）

（二）就學之經驗（詳述就學之歷史，效果利害等以為後來婦女就學之指南。）

---

[16] <廣告>,《中華小說界》, 1914, 1 (7)。

(三)子女職業談(述自己及親友並所知之婦女所操何種職業,狀況如何,對於經濟上、衛生上、道德上之利害如何。)

(四)吾家擅長之烹調法(不拘種類不拘多少,以味美而不害衛生者為佳。)

投稿者任做一題或數題,錄取後當刊入本界並酬書券一元至十元,卷上請書明姓名、學校、年級、住址、籍貫及年歲。[17]。

除了稿件,雜誌還募集照片,這份廣告的內容是:

(一)各地風景,(二)名媛淑女 ,(三)結婚攝影 ,(四)著名之字畫刺繡(新舊男女均可)。如需償還照費或用後將照片寄還,來函聲明均可遵辦。來件寄至上海東百老匯路念九號中華書局總公司徵文部收[18]。

中華雜誌大量地刊登了讀者的來稿和照片。這種集稿方式豐富了雜誌內容,提升了雜誌的品質和影響力。

(二)中華書局營銷策略分析

事件營銷是中華書局經常使用的營銷策略。在「國語運動」時期,國音國語類圖書和採用了國語的教科書廣告集中刊載于《中華教育界》。「九一八」之後,全國上下一片憤慨,中華立刻推出了相應的圖書,在《中華書局圖書月報》第 3 期的一頁廣告中列出三本圖書介紹國內局勢,標題為「勿忘國恥」,宣傳語為「國難聲中全國同胞不可不看!」在《大中華》第 1 卷第 6 期出現了一則啓事——<本雜誌改用本國造紙啓事>,這份啓事其實也是一則廣告,只是內容比較高明,在當時的背景下有消費愛國主義的嫌疑,其內容云:「本雜誌每期行銷將及二萬,向用西洋紙印訂。現在競用國貨,實為國民天職。本局特向財政部在湖北設立之造紙廠訂購本國紙件運申加工印訂,既可提倡國貨又免利權外溢。[19]」聯繫到當時的國內環境,中華書局利用了當時國人抵制日貨,宣導國貨的精神,刊發這則廣告,體

---

[17] <廣告>,《中華婦女界》,1915,1 (4)。

[18] <廣告>,《中華婦女界》,1915,1 (4)。

[19] <本雜誌改用本國造紙啟事>,《大中華》,1915,1(6)。

現了中華書局的「中華」的特徵。事實上，作爲競爭對手，中華書局在早期一直攻擊其直接競爭對手商務印書館有日本股份的問題，一度讓商務十分難堪。迫於壓力，商務印書館最後退出了日本股份。

打折促銷是民國時期出版業最常見的營銷手段，而打折的手段則是多種多樣，其主要形式一是在書刊上打折促銷，二是贈送書券，其實也是變相的打折。直接打折是中華雜誌最常見的促銷手段。在《中華教育界》15卷第 1 期的「本志特別啟事」中刊載了一下的內容：「本志第十四卷一期至十期初版稿罄，現已再版，內有『中國小學研究號』兩厚冊，『收回教育權運動號』一冊，凡欲補訂全年者，仍可照優待辦法向上海本社訂閱，只收半價七角五分。」同樣在 15 卷第 1 期的「中華書局特價書截止展期」廣告，將表格中一些圖書的優惠活動展期：「本局下列特價各書原定陽曆六月底截止，茲以滬上罷市多日，又值暑假已屆，學生教員多數回裡，致欲購者不免向隅。茲將截止期展至陽曆九月底，特此廣告。[20]」 1936 年《新中華》「新年特大號」中的廣告還是採用打折促銷形式，這份促銷廣告宣佈不僅訂閱雜誌八折優惠，而且本雜誌新編圖書四種(每種八萬字左右)《各國現行政制鳥瞰》、《通俗法律講話》、《白銀問題與中國貨幣政策》、《新近作家小說選》作爲贈品附送，贈送方式規則是依據讀者所訂閱雜誌刊期的多少而贈送不同種類的圖書[21]。在 1914 年第 1 卷第 7 期《中華實業界》中還出現了中華書局贈券的廣告，贈券的範圍很寬泛，不僅包括了教科書在內的圖書，還包括了雜誌。對於雜誌，廣告中寫明：「凡購敝局出版雜誌、預約各書及儀器文具者，每現款一元贈書券兩角，每現款五角贈送書券一角。[22]」在《中華實業界》在第 1 卷第 9 期採用跨版插頁的方式刊載了《童子界》和《兒童畫報》的預售廣告，同時此插頁還是優惠券，體現了中華系列雜誌豐富的營銷手段。

---

[20] <廣告>，《中華教育界》，1926，15（1）。

[21] <廣告>，《新中華》，1936，4（1）。

[22] <廣告>，《中華實業界》，1914，1（7）。

敝局近編童子界畫報兩種，於陽曆七月一號出版…敝局既承各校來函商権，益自勉勵，特設優待券一種，凡持此券訂購《中華童子界》和《兒童畫報》全年者，當再打八折，實收大洋八角，外阜郵資照章另加……[23]

這兩本雜誌每期的正常定價都是一角，零售全年一元二角，訂購全年優惠爲一元，憑此優惠券訂購一年者僅需八角，實在是折上加折。與前文《童子界》和《兒童畫報》預售廣告類似的是，《中華實業界》第 1 卷第 10 期在封面後廣告頁刊載了<《中華學生界》徵文>，這個徵文不僅僅是單純的徵文啓事，也是個提前發售的廣告。其內容如下：

本局現定民國四年一月刊行《中華學生界》雜誌，月刊一冊以輔助學生德智德育為目的……

來文不拘門類，道德、衛生、科學、軍事、傳記、遊戲、小說、入學實驗成績、畢業實驗成績……章程如下：撰著者每千字酬銀四元至一元五角，譯著者每千字酬銀三元至一元，小品文字酌送書券，入學實驗成績畢業實驗成績，刊登者為贈本志一冊至全年[24]。

除了刊載在報紙和雜誌上的廣告，中華書局還創辦了專門雜誌推介書刊作爲宣傳工具，但這些雜誌往往壽命不長，比較有影響的刊物有《中華書局圖書月刊》和《出版月刊》。這兩本雜誌，「主要是爲中華書局本版書的銷售服務，是中華書局對外宣傳的視窗和展示自己的重要舞臺」[25]。

《中華書局圖書月刊》創刊於 1931 年，月刊，雜誌內容分爲三部分：第一部分是中華書局同仁撰寫的一兩篇與圖書、出版產業或本局相關的論文和隨筆，使得雜誌更有可讀性以拉近與讀者的距離；第二部分是中華書局出版的圖書提要，提要結構是編者、冊數及頁數、價目、紙張裝訂及版本、目次、內容大要；第三部分是中華書局近期圖書出版目錄，主要是教

---

[23] <廣告>，《中華實業界》，1914，1 (9)。

[24] <啟事和廣告>，《中華實業界》，1914，1 (10)。

[25] 張志強、肖超：<民國時期中華書局的出版類期刊研究>，《河南大學學報(社會科學版)》，2013，53(5)：144-149。

科書。第一部分的論文與隨筆部分不乏名家名作，比如<中華書局二十年回顧>(陸費逵，第 1 期)、<中華書局一份子談話>(陳協恭、舒新城、李廷翰、王瑾士，第 1 期)、<國際出版業一瞥>(錢歌川，第 2 期)、<對日問題研究書目>(杜定友，第 3 期)、<書籍與家庭>(錢歌川，第 4 期)、<出版界應努力的兩條道路>(胡哲敷，第 5 期)、<出版界與圖>(杜定友，第 6、7 期)，其中錢歌川的<書籍與家庭>一文寫的尤爲精彩，文章從「九一八」事變講起，指出在中國之所以學生能成爲抗日的急先鋒，就是因爲他們接近書本。而我們希望：「每個家庭之中，都要有百卷的圖書，藉此以維繫家族間的感情，食後的團樂，大家高高興興地集於瀟灑的書齋，互相展讀趣味深厚的有趣的書籍，解疑釋難，各舒所惑。[26]」而<讀書與習慣>(胡哲敷，第 8、9 期)建議拿讀書替代一切不良習慣，而有了讀書習慣則會把讀書視爲日常生活必不可少的工作，其他一切的不良習慣自然不容易侵入[27]。在這些論文回顧歷史，談論文化，很好地契合了中華書局構建品牌，建設文化的思路。這份雜誌的主要目的是刊載中華書局新出版書刊資訊和書評，推介出版物。

　　《出版月刊》創刊於 1937 年 4 月 5 日，雜誌爲 16 開，每期 30 頁左右，欄目有漫談、論著、新書介紹、書評、新書推薦、讀者指導、大眾講座、時論選錄、時事、兒童之頁、讀書問答等。刊物主旨是：「培養讀書興趣、介紹本局各種出版圖書，解答各地讀者對於本局出版物之一切垂詢，使出版者與讀書界得以溝通意見。」在陸費逵撰寫的發刊語中，先是對世界和我國的出版形勢做了介紹。然後陸費逵指出：「(我中華書局)最近每年刊行四五百種，二三千冊，雖每日每月刊登日報廣告，但恐讀者或未盡寓目，且不便保存。今刊行此《出版月刊》，以介紹于讀者，倘國內能有同樣出版家數十個，則不難追蹤各先進國了。至於本局之印刷，在國內已首屈一指。有最新式的廠屋，最新式的機械，熟練的工作，認真的管理。[28]」在<編輯

---

[26] 錢歌川：<書籍與家庭>，《中華書局圖書月刊》，1931，4。

[27] 胡哲敷：<讀書與習慣>，《中華書局圖書月刊》，1931，8。

[28] 陸費逵：<發刊語>，《出版月刊》，1937 (1)。

後記>中為了避嫌，也主動提到了：「不過有許多人或許要誤會，以為這是中華書局的宣傳刊物！」「似乎凡是涉及「宣傳」的東西，都似乎是和別種普通刊物大異其趣的。」編輯繼續開脫說：「誠然，這是蔽局的宣傳刊物，但我們把『宣傳』兩個字的意義，認為是『傳播』、『廣告』則有之，卻不願抹煞一切而作種種『瞎說』或『瞎話』。[29]」

中華書局重視人才以人為本，陸費逵和舒新城、錢歌川等人的交往堪稱民國時期雇主雇員關係的佳話。除了雇員，中華書局在陸費逵的領導下也非常重視和讀者的互動，重視收集訊息對雜誌進行調整。中華系列雜誌與讀者互動的方式有很多種，除了採納讀者來稿、鼓勵讀者參加欄目互動之外，中華書局還很重視讀者的意見與回饋。《新中華》第2卷第7期雜誌在廣告頁中用折頁的方式加了一份 <《新中華》讀者意見表>，有趣的是，在這份調查問卷之後其實還是一份訂單，整合了兩種功能，編輯在徵集意見的同時還不忘給雜誌爭取訂單。該意見表採用開放式的問題，類似現今的結構性訪談提綱，請讀者填寫完畢後寄回中華書局。該意見表需要讀者回答姓名和位址，其問題有：

一‧君對於本志的感想如何？

二‧君對於本期的感想如何？

三‧本期內容君最愛讀者為何？

四‧創作與翻譯孰佳，其理論為何？

五‧君讀本期內之翻譯不感困難否？

六‧君最愛讀何種翻譯作品？

七‧君對於本期內之作品何者最不滿意，其理由為何？

八‧君對於大眾文學之意見如何？

九‧君愛讀隨筆文學否？

十‧君對於現代中國的創作感有不足否？願讀世界文學名著否？

---

[29] 編輯後記：《出版月刊》，1937（1）。

十一. 君對於本志每期寄發手續尚感有缺陷否？[30]

《新中華》雜誌十分重視文藝內容建設，該期雜誌是「文學專號」，這份調查表共 11 個問題，調查了讀者對於雜誌的整體看法，對於本期的內容的評價，以及讀者對於文藝的品位和喜好傾向，最後一個問題瞭解了讀者對於訂閱的意見。答案是開放性的，徵集讀者對於雜誌的意見。

在和讀者的互動形式上，除了開放式的問題也有封閉式問題。《中華教育界》在第 15 卷第 7 號發佈了<教育問題徵求意見表>(填此表者優待半價訂閱，辦法是全年的《中華教育界》十二冊定價是一元五角，而填表寄至本社者，只收半價七角五分)，落款是「《中華教育界》社編」。該調查表連續刊載了 6 期。這份問卷是國家主義派掌控《中華教育界》時期編制的，內容如下：

本社現有下列十個問題，徵求教育界人士正反兩方面的意見，以供將來探討的參考。填者對於各條表示意見的方法，極其簡便。即是：對於某條贊成的，就在該條後面括弧內寫個加號如(+)；對於某條反對的，就在該條後面括弧內寫個減號如(-)。

今後中國教育宗旨應否還有國家主義的精神？

今後中國應否明定小學宗旨為實施國民教育？

各省教會學校應否收回由中國人自辦？

今後中國學校應否酌量實施軍事教育？

新制小學應否教授英語？

學校應否設有宗教的課程與儀式？

有關國恥的史地教材應否編入教本以激勵民氣？

中小學中國史地教授應否與外國史地教授並重？

留學生歸國後應否由國家考試，頒給國家學位？

學校應否允許傳教士充當教師？

---

[30] <《<新中華>讀者意見表》>，《新中華》，1934，2 (7)。

除了用問卷的形式徵集回饋，中華書局還非常重視重要作者的意見。1936 年 5 月 2 日，《新中華》雜誌社由舒新城、倪文宙在上海新亞酒樓約請作者交換意見，有李先生、楊東蓴、周予同、郭一岑、張宗麟、錢亦石、王造時參加[31]。

三、中華書局的經營管理特色

（一）多元化戰略

民國時期的出版社，或多或少都有幾本雜誌，但卻幾乎沒有創辦報紙的先例。一般來說，報紙是通常影響力大於期刊，但開辦、維持費用和投入的人力也比期刊要高[32]。相比之下，雜誌才是出版機構的寵兒。作爲像商務、中華這樣的龐大托拉斯出版集團，其多元化經營策略是必不可少的。以中華書局爲例，除了出版圖書雜誌，還擁有規模龐大且先進的印刷設備，不僅能夠爲本局印製書刊並外接業務。除此之外，中華書局還開辦了函授學校和國語專修學校，並有工廠製作文具和教具。在企業戰略層面，中華書局的多元化經營戰略取得了很好的成效。

所謂多元化經營戰略，學者們的概念表述不一。早先普遍認爲是指企業進軍不同領域的行業或業務，進入 80 年代之後，理論界更多是從產業經濟的角度出發，強調各個經營業務之間的關聯性和協同作用，而不是只考慮涉及行業或業務種類的多少[33]。這種經營方式的好處是可以分散經營風險，爭取協同效應和充分利用資源等等。中華書局的多元化戰略直接體現在產品和業務的多元性上。中華書局作爲出版社編印書刊，同時還接洽局

---

[31] 錢炳寰：《中華書局大事紀要：1912-1954》，北京：中華書局，2002：143-144。

[32] 毅長嶺：＜晚清報刊的兩個基本特徵＞，《國際新聞界》，2010（1）：69-74。

[33] 李慶華：《戰略管理》，北京：中國人民大學出版社，2009：234。

外印刷業務，創辦教具場，興辦函授學校。在這些業務中除了出版最爲出色的是印刷業務。陸費逵很早就意識到了自辦印刷對於書局的作用，在創局當年就開設了印刷廠，初時規模不大，僅有印刷機 6 台。1913 年陸費逵赴日考察時目睹日本印刷業之發達，深有觸動，回國後花費鉅資在靜安寺路購地 43 畝興建印刷廠，該廠於 1916 年落成後，不僅承接本局排印件外還接納社會業務。印刷所不斷購置機器設備，培養和引進人才。即便是 1917年書局萬分困難的時機，仍然聘請了留英的唐鏡元，留日的丁乃剛，日籍的津金良吉、岡野、杉山正義和德籍的史密茨等技師。「民六危機」之後，印刷所承接的大宗業務獲利頗豐，爲中華書局恢復元氣有了重要作用。陸費逵還很有遠見地提前發展凹版印刷技術，在「一二八」事變之後爲了預防戰爭把上海印刷廠遷入公共租界東部的澳門路，並在香港也建了印刷廠。1935 年國民政府規定統一使用法幣，中華書局把握時機大肆印刷鈔票。隨著抗戰爆發，通貨膨脹，社會對於鈔票需求量更大，中華趁機進一步引進設備贏得了亮麗的業績。甚至於印刷一度超越出版，成爲公司盈利的主力。印刷廠是生產性企業，爲了追求生產效率，合理利用設備，對工人增加勞動強度和延長勞動時間是很常見的現象。陸費逵利用升工和年終考勤獎等方式來鼓勵員工，最多時候一個員工一個月能夠拿到兩個月的工錢。對於工作特別勤奮的工人，可以縮短提升的時間[34]。

從中華書局的廣告來看，書局對於其印刷水準和能力是十分自信的。在《新中華》1934 年第 5 期中的廣告是關於中華書局印刷廠的，其廣告語爲「中國唯一的彩印家」，內容爲：

本社彩印部設備完全、技術精良，有全張橡皮機九部，半張橡皮機四部，以及彩印機、凹版機，金屬版機、石印機、雕刻機、電鍍機等，應有盡有。每日可印《申報》大小紙張一百萬張以上，歷年所印財政部公債票、庫券，中央、

---

[34] 吳中：〈近代出版業的開拓者陸費逵〉，俞筱堯、劉彥捷：《陸費逵與中華書局》，北京：中華書局，2002：119。

中國等銀行之股票、支票、簿據，南洋兄弟煙草公司之嘜紙、申報館最近出版之中國分省新圖、以及永安等公司、紗廠、絲廠之商標等無不讓顧客滿意[35]。

這一廣告同時對於中華引以爲傲的「聚珍仿宋體」也做了說明，強調「本社聚珍仿宋體」，其實這則廣告係用此字體印成，字形挺拔清秀，使得印刷品顯得十分清俊大方。

而 1934 年第 10 期刊載在《新中華》的印刷所廣告則更爲煽情。這份廣告的標題是「中華書局之印刷何以最精美」，廣告爲：

印刷術近年進步，日新月異，機械時有改良，技術尤多新法。蔽局印刷所從事印刷事業二十餘年，各種印刷均極精美，彩印及仿宋版，更久執印刷界之牛耳，究其所以精美之故，綜言之約有五端……[36]

20 世紀 30 年代的中華書局印刷所，其設備規模已經成爲國內首屈一指的印刷機構。印刷所不僅爲中華自印書刊，還廣爲社會各界提供印刷服務，爲中華書局帶來了滾滾財源。正是由於印刷能力的保障，中華雜誌才能夠準時刊行，以精美的形式呈現出在讀者面前。同時這種內在多元化的產業鏈，也有效地節約了企業的運營成本。

除了書刊、印刷業務，中華書局還在發行所兼營文具儀器、標本、樂器等商品，並在 1929 年成立了中華教育用具製造廠製造各種教育文具、儀器等產品，進一步豐富了產品。抗戰前夕，中華書局發行所門市設有圖書第一到三櫃，分別爲書籍櫃、期刊美術櫃、西書櫃，又設文儀一櫃(儀器文具櫃)、文儀二櫃(玩具樂器櫃)及名片櫃[37]。

由民營出版機構承擔近代中國遠端教育，也是一道民國期間一道獨特的風景。在培訓學校方面，中華書局最有代表性的是成立於 1926 年的中華書局附設函授學校。其實早在 11 年前，中華書局的最大競爭對手和模範對象——商務印書館就開設了中國人第一家函授學校。在商務之後，其他出

[35] <廣告>，《新中華》，1934，2 (5)。

[36] <廣告>，《新中華》，1934，2 (10)。

[37] 高信成：《中國圖書發行史》，上海：復旦大學出版社，2005: 326。

版機構也紛紛模仿，文明書局、中華書局、開明書店、世界書局、大東書局先後都開設了函授學校。民國五大書局都有自己的函授學校，而尤以商務和中華這兩家出版機構成績尤為突出，它們的函授學校存續時間長，招生規模大，社會影響範圍廣，對中國的近代教育做出了重大的貢獻。中華書局的函授學校教授英文，在眾多媒體上刊登廣告招收學員。該函授學校英文科分為兩種，一種為本科(學歷教育)，分為初等、中等、高等三級，程度約與初中、高中相當；另設選科(非學歷教育)，任選一科或數科，由淺至深均有。採用教員批閱作業和解答疑惑的方式，對於讀完相當課程的學員授予證書。函授學校 1933 年一度停招，1935 年得以恢復，除了英文科還增設了國語科，本科學制還是分為初、中、高三級，選科停辦，1936年 8 月加入了商業本科，1939 年 3 月又增設書法科。中華書局函授學校的師資力量非常強大，多為留學歸來的人員，校長為吳健，後來為舒新城[38]。1920 年，當時的教育部下令各國民學校將初級小學國文改為語體文。為了順應形勢發展，中華書局除了出版相應教材之外，還開辦了國語專修學校，從 1922 年開始每年舉辦暑期講習科，對象是學校校長和國文教員。成立於1921 年的上海國語專修學校由中華書局承辦，書局每年注資 1200 元[39]。

（二）書刊並舉的經營方式

在中華諸多產品中，書刊產品是最為倚重的兩種，而這兩種產品也存在著天然的聯繫。中華書局的管理編輯人員開動腦筋，創新機制，書刊並舉，現將這種經營方式分析如下：

1. 人員和內容的互相使用

---

[38] 丁偉：<民國時期中華書局附設函授學校辦學經歷概述、特點總結與其啟示>，《蘭州學刊》，2012（7）：62-72。

[39] 黎錦暉：<我在中華書局的日子>，俞筱堯、劉彥捷：《陸費逵與中華書局》，北京：中華書局，2002：33。

　　中華書局的編輯往往是身兼多職，雜誌編輯編輯圖書，圖書編輯也編輯雜誌或給雜誌寫稿。中華書局從上到下，從陸費逵到普通職工，只要有編輯和寫作能力，基本上都為雜誌建設出過力。比如黎錦暉就是一個很好的典型。在國語運動時期，多才多藝的黎錦暉被聘入中華書局，他剛開始擔任教科書部的編輯，不久書局在編輯所下開設了國語部，黎錦暉擔任部長開始大展拳腳。1921 年 11 月，教育部「國語讀音統一會」在上海創設國語專修學校，中華書局贊助經費，黎錦暉先是擔任教務主任，旋即被委任為校長。黎錦暉頭腦靈活，他成立「國語宣傳隊」深入基層到各地中小學宣傳白話文和國語，取得了極好的效果。除了編輯《小朋友》雜誌創刊外，黎錦暉還承擔了管理工作。他組建國語部時親自選撥組建團隊，陸續聘請了十八位青年編輯，號稱「十八羅漢」。這個團隊幹勁足、富有創新精神。除了編輯雜誌，以黎錦暉為核心的國語部曾創出一日編一書，年編輯出版 360 本書的奇蹟[40]。

　　在中華，一人身兼數職很常見，而在雜誌上刊登的文字也往往會集結成書，實現了內容的最大利用化。在為《小朋友》雜誌服務期間，黎錦暉創作出童話《十兄弟》、《十姊妹》、《十個頑童》數十篇，創作兒童詩歌、表演歌曲《三個小寶貝》、《可憐的秋香》等五百多首，兒童歌舞劇《麻雀與小孩》、《小小畫家》、《神仙妹妹》、《小羊救素聞》等十二部，以及愛國歌曲《總理紀念歌》等。這些作品都陸續發表在《小朋友》上面，之後又由中華書局單獨結集出版，又徵集各地童謠萬首以上，和吳啓瑞、李實合編成《歌謠》八冊等等[41]。1924 年到 1925 年中華書局把《小朋友》上刊登的作品，變成了一套叢書《我的書》，收入了黎錦暉、吳翰雲、呂伯枚、陸衣言、王人路、陸費遙、章達年、漢光、趙藍天、播漢年、鮑維湘、陳醉雲等人的作品[42]。這種現象在民國時期其實非常普遍，比如清末曾樸開設

[40] 黎遄：《民國風華——我的父親黎錦暉》，北京：團結出版社，2011：51。

[41] 黎遄：《民國風華——我的父親黎錦暉》，北京：團結出版社，2011：49。

[42] 聖野：〈《小朋友》創刊七十年的回顧〉，《浙江師大學報(社會科學版)》，1993（2）：67-72。

小說林社就曾經這樣利用過雜誌內容資源[43]。在中華書局，這種經營技巧也是很早就開始使用了。除了黎錦暉，其他人比如陸費逵、舒新城、錢歌川等人，中華書局也曾將其部分作品同時或先後加工為書刊。比如陸費逵的《國民之修養》和《實業家之修養》兩本圖書，都是先在雜誌刊載然後集結成書。

2. 銷售發行管道的一體性

　　中華書局在創立之初就重視分局建設，以此作為開拓業務的支點，在1916 年的時候就有了 40 處分局，當然這些分局也承載了雜誌銷售的任務。中華書局最早設立的分局有南昌和天津，效益不錯。為了在節約資金的情況下開拓業務、擴大規模，中華選擇一種充分利用社會其他資源的方式來發展，比如和當地士紳合作，利用他們的影響和資金，使他們也參與中華書局的建設並共同分成，用比較小的投資而能快速擴張。這些分局為書局的早期發展起到了重要的作用，而後中華書局覺得終究不妥，遂逐漸收回自辦。在分局制度建設上，也從早期的一片空白到逐漸完善。1925 年中華總務部制定了《通則甲編》和《通則乙編》，成為管理分局的內部成文法規。早期的書局分局擴張極快，至 1913 年，各地分局已經有十三處之多[44]。到了 1915 年 7 月，在《中華實業界》封三的聯繫方式中，可以看到各省分局已經達到 24 處。對於雜誌的訂閱方式，其聯繫方式是「上海中華書局暨各省分局」。而到了 1916 年，分局已經達到了 40 餘處。中華的分局還開設到了臺灣、新加坡。參照錢炳寰編的《中華書局大事紀要(1912-1954)》的記錄，中華書局在「民六危機」到抗戰爆發時期，分局數量始終是比較穩定的。分局的職能主要體現在發行本局出版物、銷售文具等產品、承攬大宗印刷業務、收集競爭對手情報或市場訊息方面[45]。正是因為這些分局，中

---

[43] 徐蒙：<曾朴的編輯出版活動>，《山東圖書館學刊》，2010（2）: 62-65。

[44] 陳世覺：<我的回憶>，中華書局編輯部，《我與中華書局》，北京：中華書局，2002: 177-182。

[45] 章雪峰：<供給足而呼應靈——概說中華書局的分局>，《出版史料》，2005（3）: 88-95。

華書局的書刊才能營銷全國各地，使得讀者們一睹中華書局各種雜誌的風采。

除了分局，對於偏遠地區的書刊，郵寄也是一種重要的管道。從民初開始，中華的圖書雜誌就開始了郵購的銷售方式並一直持續了下去。民國時期的郵資很低廉，這種情況對於書刊的發行有推動作用。1933 年，在《新中華》創刊號中夾有「訂單說明」，內容是：「若貴處有中華書局分店，即請將定費送至該劇，直接訂閱；如無分店，則請由郵局將定費買好匯票，連同訂單掛號寄至附近中華書局分店，或上海四馬路中華書局總店。如貴處附近之郵局不能匯款，即請用二角以下之郵票代金，惟須作九五折計算 (外國郵票不收)。[46]」可見當時訂閱中華雜誌的方法主要是通過各地中華分局和郵局，所以分局的發展規模和郵政的覆蓋能力是雜誌銷量的重要因素。

（三）現代企業制度

雜誌的持續發展離不開科學的組織架構。在今天，一件產自於大型企業的產品，其生產、流通必然會經過多個部門的通力合作。中華書局經過多年的發展，逐漸擁有了現代化的組織機構和運營模式，其一本雜誌產生和發展，也缺少不了相關部門的努力。而在「民六危機」的刺激之下，以陸費逵為代表的中華管理層此後非常重視規章制度的制定和執行，使得龐大的中華組織架構分工明確，運轉有序。透過 1937 年《少年週報》第 1 期訂閱廣告的信息，我們可以看到這一點：「凡訂閱本刊，請逕函上海福州路中華書局發行所定書課。定戶查詢雜誌，或更改地址，請將定戶姓名，定單號數，原在何處訂購，原寄何處，逕函上海哈同路中華書局郵寄課。如惠登本刊廣告，以及送交廣告校樣及廣告費及或結算廣告帳款等，統祈逕函上海澳門路中華書局總辦事處廣告課。以免郵件輾轉延誤。[47]」 1937 年「八一三」淞滬戰爭前夕，中華書局發展到了民國時期的頂峰，透過這則

---

[46] <訂單說明>，《新中華》，1933，1 (1)。

[47] <廣告>，《少年週報》，1937 (1)。

廣告，可以一窺中華書局在鼎盛時期的組織架構，其組織完善，分工明確，的確有現代企業的風範。在中華書局的管理層面，最有特色的是其財務制度、還有企業文化和人力資源建設。

1. 財務制度

　　總的來說，中華書局在 1917 年「民六危機」爆發之前的財務制度是很混亂的，而這場危機爆發，也與副局長沈知方和湘局經理王衡甫的挪用公款有關。中華書局創立早期，企業擴張非常快，但是制度建設卻並不周密，表現為始終沒有成立專業的財務部門，幾位領導者沒有財務知識，也沒有招聘專門的人才進行監管和控制，公司財務很混亂[48]。在「民六危機」處置過程中，很重要的一項自救措施就是審核帳目完善財務監察制度。為了維持企業的正常運轉，吳鏡淵以墊款人的身份出現，並作為主要成員參與了「維華銀團」為書局注入資金。吳鏡淵是理財高手，開展了對企業的整頓和財務的監察，包括對於總店和分店都進行了一番整理。在吳鏡淵的努力下，中華書局建立了一套行之有效的制度，並重視堵塞漏洞，掌握稽核。中華書局從此之後再也沒有犯過嚴重的財務錯誤。

2. 企業人力資源和文化建設

　　中華書局制定了完備的人力資源制度，書局從成立到 1949 年之前，職工人數最多時高達 5，000 餘人，職工來源有二：一是經熟人介紹，二是聘請或通過考試錄用。職工入崗位之後，先做助理工作然後視能力逐步提升，一經聘任，公司不輕易辭退[49]。中華書局還開設職員訓練所。根據高善對 1936 年的回憶，當時的職員訓練是企業培養人才的機構，所面向社會招考學員，向錄取者提供津貼食宿，待遇還不錯，結業後正式進入書局工作。訓練所原來規定半日上課、半日參加工作。課程上有教育學、政治經濟、

[48] 章雪峰：<絕大之恐慌——中華書局史上的「民六危機」>，出版學術網[EB/OL]. [2009-02-24]http: //www.pubhistory.com/img/text/3/1003.htm

[49] 吳鐵生<解放前中華書局瑣記>，見：中華書局編輯部.回憶中華書局.中華書局，2001：79-81。

會計以及各項業務[50]。上海有量才夜校、中華職業補習學校等業餘學校，如果中華書局員工參加學習並成績通過，書局報銷學費。而分局在用人上自由度比較大一些。中華書局對於員工的吸引力主要體現在待遇的豐厚上，除了工資，公司還重視績效考核，對於表現優異的員工提供獎勵金，甚至還有股份獎勵。在 1920 年，中華成立了壽險部，爲員工解決後顧之憂。

中華書局還非常重視企業的文化建設。中華書局進德會是個由中華書局職工成立的組織，成立於 1921 年 10 月，主要是豐富職工課餘文化生活和技能培訓的作用。協會招收職工會員，收取會員費用，設有學藝部、遊藝部、運動部、總務部、通信部、交際部，開辦職工書報閱覽室、補習學校、函授班。進德會活動豐富，組織音樂班，檯球隊、枰棋組、國技班、劇團等。進德會成立之後，似乎員工對此並不在意。袁聚英和周文彬對成立一年的學會進行總結，用他們的話說：「大家對於會務好像敷衍小孩子一樣，似乎沒有注意組織這種團體是何種用意，會務能否發達于同人有何種切身關係，所以大家總打不起精神，仍舊保持那種獨善其身的態度。[51]」這一情況在後面得到了好轉，從《進德季刊》中可以看到協會活動益發豐富，會員人數和會費穩重有升。1924 年 7 月出版的第 3 卷第 1 期提到向會員有兩項重要的事蹟彙報：「第一件是像我們這樣一個經濟上絕無基礎的團體，現在居然已經儲蓄了一千五百元以上的基本金，專作本會建築會所之用；第二件是我們年來盼望爲同人醫治疾病謀一種便利的設備，現在居然已經完全實現。」對於成立進德會的緣由，這篇文章中寫道：「到五四運動之後，大家才知道群眾的力量是很大的，又感著終日工作沒有娛樂來消遣，生活常不免枯燥無味。在九年(1920 年)秋間，有人倡議組織團體迎合同人們正當需要的事情，不料時機未熟，贊助者少，事遂中寢。至十年秋同人等又舊話重提，決定要幹，於是集合了各機關同人，開會研究辦法，商定章程，分隊徵求會友，這時多數人，都抱著誠摯的願望，紛紛加入。徵求

---

[50] 高善：<談談職員訓練所>，《回憶中華書局》，中華書局，2001：215-216。
[51] 袁聚英、周文彬：<對於本會會務一年來的回顧和將來的希望>，《進德季刊》，1923，2(1)。

截止後，選舉職員，于十一年元旦，開了一個雛形的成立大會。[52]」中華同人進德會的宗旨是：「以增進知識高尚人格爲宗旨」，而會員標準則是：「本局同人均得爲本會會員[53]」。

四、與商務印書館的雜誌競爭

作爲民國期間最爲優秀的兩家出版機構，商務和中華淵源極深，除了人員上的互相流動，在產品類型、經營策略、管理模式上也很有相通之處。兩家出版機構的競爭，儘管一度出現了令人遺憾的手段，但就整體而言，在大多數情況下是良性的有益競爭[54]。對於中華書局而言，在經營策略上始終選擇模仿和追隨商務印書館，這一點表現在多個層面，不僅是圖書，在雜誌的讀者定位和辦刊策略上，中華也基本上採用「跟進」的策略，往往是在商務印書館推出一種在市場上比較成功的雜誌之後，中華再行創立一種性質相似的去搶佔市場。尤在中華書局創立早期，中華書局更是以商務印書館爲參照物件，在各種雜誌上模仿和跟風，兩家競爭往往也很激烈。1919 年中華書局《中華英文週報》創刊，售價四分，廉於商務的《英語週刊》，導致後者被迫下調售價[55]。和商務印書館的出版的雜誌相比，中華書局雜誌普遍生存時間短，發行量和社會影響力上稍遜一籌，但這並不意味著中華書局的雜誌品質低下，很多刊物都有自己的鮮明特色並贏得了廣大讀者的認可。

---

[52] 袁聚英、程本海：＜會務報告＞，《進德季刊》，1924，3(1)。

[53] ＜中華書局同人進德會簡章＞，《進德季刊》，1923，2(1)。

[54] 周武：＜論民國初年文化市場與上海出版業的互動＞，《史林》，2004（6）：1-14，123。

[55] 錢炳寰：《中華書局大事紀要：1912—1954》，北京：中華書局，2002：45。

表 10-1 中華和商務主要對壘雜誌表[56]

出版機構	中華書局	商務印書館
雜誌名稱	中華教育界	教育雜誌
	中華小說界	小說月報
	大中華、新中華	東方雜誌
	中華童子界	少年雜誌
	中華學生界	學術雜誌
	中華婦女界	婦女雜誌
	中華英文週報	英文週報
	小朋友	兒童世界
	中華兒童畫報	兒童世界

縱覽整個民國，時政綜合類刊物中最有代表性的是商務印書館編輯的《東方雜誌》，該雜誌也是民國期間出版時間最長的雜誌之一。對於這本雜誌，如今大陸的商務印書館對其介紹爲：

《東方雜誌》創刊於 1904 年（清光緒三十年），是我館繼《繡像小說》後創辦的第二種雜誌，也是我館的標誌性刊物。歷任主編有孟森、杜亞泉、錢智修、胡愈之、李聖五、鄭允恭、蘇繼廎等。最初爲月刊，中途改爲半月刊，後復爲月刊。創刊時爲 24 開本，後改爲 16 開本。1948 年終刊，其間曾因日軍侵華造成短暫休刊

......

---

[56] 參考吳永貴：<陸費逵與中華書局對中國文化的貢獻>，俞筱堯、劉彥捷：《陸費逵與中華書局》，北京：中華書局，2002，172—173。筆者在此基礎上進行了增補。

　　《東方雜誌》斷斷續續存在了 45 年。它緊跟時代的脈搏，忠實地記錄了我國近現代發展的歷史軌跡，成為我國近現代期刊史上影響最大、刊齡最長的綜合性雜誌[57]。

　　值得指出的是：《東方雜誌》在大陸 1948 年停刊後，於 1967 年在臺灣地區得以復刊並出版到 1991 年，作為一份雜誌真可謂生命力頑強。

　　《大中華》和《新中華》在一些基本出版資訊上就能看出兩者相互競爭的端倪：《大中華》出版時是月刊(1915 年 1 月)，《新中華》(1933 年 1 月)出版時是半月刊，每個月 10 號、25 號出版，對應中華這兩部時政類刊物存在期間，《東方雜誌》出版週期分別是月刊和半月刊。兩者在內容上也存在很大的競合，討論的社會問題也非常接近。

　　作為兩家出版機構的旗艦刊物，《中華教育界》和《教育雜誌》更是存在著對應關係。兩本雜誌在目標讀者、風格、功能、欄目設置、話題選擇等方面都很相似。王楚雄對這兩本刊物的比較是：

　　在四大期刊（《新教育》、《教育雜誌》、《中華教育界》、《教育與職業》）中，《教育雜誌》最老，辦刊風格也最傳統，刊物體現出綜合性和守成性的特點，為清末傳入日本教育模式立下功勞；《中華教育界》是作為《教育雜誌》的對手刊物而出現的，它的文章注重理論探討，比《教育雜誌》更重開拓和創新。但二者均要扮演各自出版機構銷售圖書的角色，而教科書的市場主要在基礎教育，所以，這兩份期刊的主要閱讀對象是中小學教師[58]。

　　兩家出版機構的女性雜誌非常相似。和《中華婦女界》對應的是《婦女雜誌》，《婦女雜誌》是中國近代史上歷史悠久，發行最為廣泛的女性刊物，創刊於 1915 年 1 月 5 日停刊於 1931 年，和《中華婦女界》幾乎同時問世。這兩本雜誌在創立之初都沒有把關注點放到女性權利、婦女解放這樣的宏大問題，而是把立足點放在女性本身，關注女性的婚姻、家庭、就

---

[57] ＜《東方雜誌》簡介＞，商務印書館官網[EB/OL].[209-07-09] http: //cpem.cp.com.cn/Home/AboutTEM

[58] 汪楚雄：《啟新或拓域：中國新教育運動研究(1912-1930)》，濟南：山東教育出版社，2010: 215-216。

業、生活等切身問題。兩家雜誌創立時在一些欄目上也有交叉,比如都有「圖畫」、「論說」、「小說」欄目,另外一些欄目名稱雖不相同但是內容一致,比如都含有家務、健康、科學知識、詩詞文藝等知識,兩種雜誌在主旨上此時都標榜「賢妻良母主義」。《女子世界》在五四運動時受到了很大衝擊,雜誌的方針也從標榜賢妻良母到呼喚女性解放。可以預見,如果《中華婦女界》沒有因為「民六危機」而停刊,它也會隨著時代的變化而變化。更為有趣的是,兩本雜誌在發刊詞的作者都有一致性。在《婦女雜誌》第1卷第1期,署名為劉璸的作者在<發刊辭二>中指出:「近二十年中外大通,形見勢絀, 乃知歐美列強縱橫於世界, 非徒船堅礮利也,實由賢母良妻淑女之教主持于內為國民之後盾也。起視吾國婦女倚賴成性, 失養失教能不痛哭流涕而長太息也耶![59]」

這位劉璸女士其時年近七十,文章氣勢磅礴,《中華婦女界》還收錄了其多篇文章,而《婦女雜誌》也經常能夠見到她的作品。她是民國時期黑龍江著名教育家林傳甲的母親,于1914年來到黑龍江,被當時的黑龍江省護軍使兼民政長朱慶瀾聘任為黑龍江省立教養院第一任院長[60]。劉璸上任後,不顧年高,身體力行從頭創辦女校,事必躬親。教養院的帶有明顯的慈善性質,生源都是孤兒,主要來自關內受災地區。該教養院組織制度完善,經濟保障得利,教學內容分為文化課、職業課和遊藝課三類,取得了很好的成績[61]。《中華婦女界》第1卷第1期的第一篇正文,就是這位劉女士的<《中華婦女界》祝辭>,《中華婦女界》沒有發刊詞而置此文於前列,可見其人之重要。而商務印書館的《婦女雜誌》創刊號有四篇發刊詞,其中第二篇就是劉璸之作。除了劉璸,另一位女性作者對於這兩份雜誌也很重要,她就是梁啟超的長女梁思順。《婦女雜誌》第三篇開篇詞就是時年

---

[59] 劉璸:<發刊詞二>,《婦女雜誌》,1915,1(1)。

[60] 劉欣芳、王秀蘭:<黑龍江近代教育奠基人林傳甲一家對黑龍江教育的貢獻>,《教育探索》,1997(5):61-62。

[61] 王民:<試論朱慶瀾慈善事業的近代性>,《綏化學院學報》,2012,32(3):80-82。

22 歲的梁思順，她在這兩本刊物上都發表了很多文章。有趣的是，與梁啓超的開明包容宣導女權不同，梁思順對於婦女的觀點，始終還是沒有跳出良母賢妻的傳統定位，梁思順在這兩份雜誌中的文章署名爲「梁令嫻」。

第十一章 結語

一、中華雜誌的歷史價值

　　作為一種媒體，雜誌具備什麼樣的功能？對社會能夠產生什麼樣的影響？這是新聞學、傳播學理論和實踐都需要思考的問題。傳播學在形成的時候，對於傳播功能問題做了很深入的分析。傳播學的集大成者，被譽為傳播學奠基人的美國人威爾伯.施拉姆代表作《男人、女人、訊息和媒介——人類傳播概論》(本書被譯為《傳播學概論》而為國人所知曉)一書中對於傳播功能問題做了歷史性的回顧和自己闡述。《傳播學概論》中對於媒介功能的總結涉及到了拉斯韋爾和賴特，他們是早期思考大眾傳播媒介在社會中的功能和角色的學者。拉斯韋爾在 1948 年的《傳播在社會中的機構與功能》中把傳播的功能概況為三個方面：守望環境、協調社會以適應環境以及傳遞社會遺產。賴特在《大眾傳播：功能探析》中又增加了一項娛樂功能。施拉姆則是綜合了以上兩位學者的觀點，並在此基礎上納入了傳播的經濟功能。在他的分類體系中，傳播的社會功能分為政治功能、經濟功能和一般社會功能三個方面。政治功能體現在監視(收集情報)、協調(解釋情報；制定、傳播和執行政策)、以及社會遺產、法律和習俗的傳遞三點。經濟功能體現在三點，分別是：關於資源以及買和賣的機會的資訊；解釋這種資訊，制定經濟政策，活躍和管理市場；以及開創經濟行為。一般社會功能體現四點：一是關於社會規範、作用等的資訊，接受或拒絕這種它們；

二是協調公眾的瞭解和意願，行使社會控制；三是向社會新成員傳遞社會規律和作用的規定；四是娛樂功能(消遣活動，擺脫工作和現實問題，附帶地學習和社會化)。此後，拉斯韋爾和墨頓從別的角度給出了自己的觀點，他們強調大眾傳播具備的功能有：社會地位賦予功能，社會規範功能和作為負面功能的「負面效應」。他們特別強調了大眾傳播給社會大眾帶來的不僅是正面作用，也有消極的負面效應[1]。

　　有學者指出：「中國近代出版業的發展自始至終都融入以啟蒙為主題的近代思想文化的演進和中國思想文化的變局之中，成為近代思想精英進行思想、文化表達的重要陣地[2]」。總的來說，中華書局出版的雜誌代表了那個時代知識分子最高的見識和水準，他們議論時政、研討教育、思考各項經濟和社會議題，為中國的現代化鋪墊輿論、啟發民眾、指明方向。同時作為提供給普通民眾的文化產品，這些雜誌也實現了社會大眾學習知識、消遣時光、娛樂身心的需要。除此之外，中華系列的雜誌都堅持了正確的輿論導向，向國民灌輸正確的價值觀念，熱愛祖國，勇於擔當，為振興國家、民族而努力。由於中華系列雜誌種類繁多、內容豐富，從總體上看，這一系列的期刊所構成的期刊群構成了完整的期刊功能，完全可以從傳播學理論的角度來衡量其功能效用和對於當時中國社會的影響。中華系列雜誌體現出的社會功能主要有：

（一）構建知識分子的公共空間

　　公共領域的概念最早由漢娜·阿倫特提出，而哈貝馬斯在其著作《公共領域的結構轉型》對公共領域進行了深入的研究。哈貝馬斯把公共領域視為介於公共權力領域與私人領域之間的中間地帶，在這裡接近於公共輿論

---

[1] 威爾伯.施拉姆、威廉.波特作、何道寬譯：《傳播學概論》，北京：中國人民大學出版社，2010：31。

[2] 黃寶忠：〈中國近代民營出版業成長的社會生態分析〉，《浙江大學學報(人文社會科學版)》，2013，43(5)：103-121。

的東西能夠形成[3]。公共領域是公眾能夠進行自由表達和展開自由對話的空間，在這裡各種觀點和意見相互碰撞，人們展開理性討論，不受國家干預而間接參與公共事物，影響國家權利運作。在此公共領域之中，公共輿論能夠形成。成功的雜誌不可缺少優秀的編輯和作者，在中華書局雜誌的周圍彙集了一大批知識分子。他們以各種雜誌為平臺，關注時事、形成輿論、啓迪國民，在相對自由和包容的環境下，構建了一個個獨特的公共空間，展現了民國時期社會精英的情懷和抱負。這些空間相對獨立，刊載在雜誌媒體的話語作為一種重要權利干預國家的政治、經濟、文化、教育，體現了輿論監督的作用。比如時政類的《大中華》和《新中華》雜誌環聚著一大批優秀的知識分子評議時事。雜誌重點本在記言不在記事，對於時事內容報導有限，更擅長發表議論，針對國內外相關領域發生的事件和思潮展開討論和分析。在這個方面，時政類《大中華》和《新中華》雜誌都是以言論獨立、堅持進步、名家彙集而聞名。這兩本雜誌把握了時代的脈搏，用冷靜睿智的眼光審視國內外的重大歷史事件，不盲從、不屈服地發出自己的聲音。

　　除此之外，中華書局雜誌還為知識分子們提供了一個在學術交流方面的舞臺，他們在雜誌中闡釋道理、推廣西學、發表議論，並對各種問題展開學術爭鳴。謝無量的《中國哲學史》作為學術文章連載于《大中華》多期，其後集結出版，此書為中國第一部中國哲學史。《新中華》中的經濟論文也是豐富多彩，代表了那個時代的最高理論水準。在存續時間長的《中華教育界》則更為明顯，這本雜誌幾乎彙集了民國所有的教育精英，包含了民國教育改革的幾乎所有努力和嘗試。

（二）傳播訊息和科學文化知識

　　媒介的資訊功能指的是大眾媒介收集情報，並將在環境中發生的消息通知給大眾，對於外在威脅發出警報並提供社會活動所需的資訊。雜誌

---

[3]　熊光清：<中國網絡公共領域的興起、特徵與前景>，《教學與研究》，2011（1）：42-47。

選取的事件和問題往往具有典型性意義，其用意是透過這些選題使得讀者把握當下的形勢，瞭解深層次的內容。除此之外，刊載的內容也有時事訊息和行業動態。比如時政類雜誌《新中華》帶有很強的新聞屬性，這本雜誌不僅發表議論，在它的「半月要聞」欄目中，還專門開闢了新聞板塊，刊載國際國內最重要消息。在《中華實業界》中，刊載了大量以商品價格為主的商情資訊。在《中華教育界》中也闢出專欄來刊載教育動態和教育法令，《中華教育界》還一度也出現過「教育新聞」的欄目，關注國內外教育界的發展動態。以《教育界》第 16 卷第 2 期為例，該期雜誌教育新聞分為「國內教育新聞」和「國外教育新聞」，國內部分有<北大研究所國學門之成績>、<教育界實驗改進農村生活計畫>、<中華教育文化基金董事會之報告>、<廈門大學優待教職員之辦法>、<京師教育概況>；國外部分有<汎擊黨與義大利之教育>、<法國大學之人數>、<法國大學之暑期學校>、<美國天主教學校之人數>、<美國大學化學教育會議>、<英語在美國生活上之位置及功能>、<德國大學生之德奧聯邦運動>、<加拿大全國公民教育會議>》。其他刊物，比如《少年週報》也有時事的內容。在《新中華》中還刊載了刊登時事新聞的標準：半月出版一次的雜誌與每日發行的新聞紙，其「後者的主要目的，在報告國內外各重要事變的經過，而前者對於這些事變，只能就比較重要的，分析其發生的背景與所及的影響。《新中華》選登時事論文的標準，就是如此。」「國內外各重要事變的經過，我們在『半月要聞』內酌量記載。我們想使這有限寶貴的篇幅儘量多刊載幾篇能抓住問題的中心而較少實踐性的論文。[4]」《新中華》雜誌半月出版一次，時效性不如報紙，其刊載的時事是經過選擇的重要事件。

除了少量雜誌專門開闢的新聞和信息欄目，更多的雜誌則是起到了普及科學文化知識，促進東西方文化交流的作用。比如中華書局的少兒類雜誌普遍都側重知識性，廣為介紹自然和文化知識。《中華教育界》則是把介紹和推廣現代教育理念作為中心任務，大力宣傳西方的教育思想和教學方

---

[4] <編輯室談話>，《新中華》，1933，1(6)。

法,並研究和探討在中國的教育實踐。《中華實業界》的除了實業信息之外,其主要內容還體現在實業知識,包括現代經營管理知識,還有國內外先進實業實踐經驗的推廣和普及。

(三)提供休閒娛樂平臺

中華書局編輯的雜誌,內容普遍比較嚴肅,但這並不表示媒介的娛樂功能沒得到重視。中華書局的雜誌建設對民國民眾的文化娛樂生活影響同樣巨大,主要體現在其創辦的小說類雜誌、婦女類雜誌和琳琅滿目的少兒類雜誌上。這些雜誌不僅滿足了普通星斗市民的通俗文化享受,而且往往具有美育功能,能夠給讀者帶來別樣的精神滿足。對於少年兒童,其娛樂內容不僅帶給了少兒輕鬆愉悅的心情,在內容設計上還偏重灌輸知識,培養兒童正確的人生觀和世界觀,達到教化的作用。除了這些雜誌,其他中華雜誌中往往也有小說、隨筆等文學性欄目,這些內容往往由名人名家擔當,包括包天笑、嚴獨鶴、周瘦鵑、林紓、錢歌川等知名文人都曾經為中華雜誌寫稿,給民國時期的普通民眾生活帶來了許多亮色。

(四)教化和引導國民

媒體同樣肩負著引導輿論,教育國民的使命。堅持愛國主義是中華系列雜誌比較突出的一個特點。這種宣傳思想針對了幾乎所有的讀者物件,甚至包括兒童讀者。中華書局的畫報,比如《小朋友畫報》是面向小學低年級及幼稚園和學齡前兒童的讀物,甚至都含有愛國主義教育的內容。國家主義派曾經把持過《中華教育界》,他們的理論更是在社會中興盛一時,他們主張以教育為突破口,把愛國主義的宣導發揮到了極致。作為時政類雜誌,《大中華》雜誌面對日本逼迫北洋政府的行為積極回應,呼籲國人積極維護國家主權。在政治上《大中華》雜誌堅持進步,把握了世界的主流方向,在民國初年旗幟鮮明地反對尊孔的社會思潮,反對袁世凱復辟。此後的《新中華》雜誌面對「九一八」之後國土淪喪的局勢,堅決駁斥社會

上的消極輿論，向國人宣傳備戰並探討抗敵的對策。在雜誌的定位上，中華雜誌普遍把開啓民智、增進國民人格作爲中心任務，以陸費逵爲代表的中華人希望以雜誌中的言論作爲工具重整河山，改革社會風氣，增加國家實力。

二、傳播影響

　　中華雜誌不乏名人名篇。在民國初年，《大中華》雜誌因爲網羅了一批知名作者打造明星陣容而聲勢浩大，尤其是聘請梁啓超爲撰述主任更是讓雜誌有了質的飛躍。梁啓超在《大中華》雜誌發表的文章數量眾多，體裁多樣，其中尤以<異哉所謂國體問題者>一文而著名，這篇文章對袁世凱稱帝計畫打擊甚大，在當時社會產生了巨大的反響。《中華教育界》是中國近代史上刊行時間最長，影響最大的教育雜誌之一，對於各種教育思想和新式教學法的傳播產生了重大的影響。以《中華教育界》雜誌爲平臺更是彙集了民國時期幾乎所有的教育精英，他們撰寫、翻譯的文章直接干預了民國時期的教育進程。《中華實業界》是當時實業救國思潮下的產物，在這本雜誌中連載了陸費逵的《實業界之修養》，並很快於 1914 年集結成書在社會上流傳，到 1929 年已出版了八版，當時風靡一時的《實業致富新書》還在上卷以首篇收錄，足見其地位。而陸費逵在文中所蘊含的實業家修養論是中外經濟思想史上最早的企業家理論[5]。

　　舊時的雜誌銷量也是很不好統計，研究者往往通過當事人的回憶、相關的廣告宣傳數位和企業的檔案記錄來還原當時的發行數量。然而，現實情況則是一些雜誌爲了標榜自己的業績贏得讀者的重視，或是爲了刺激廣告主的廣告投放熱情，往往在數字上誇大事實。筆者則是通過統計讀者回饋的方式來探求這一問題。表 10-1 是根據 1915 年至 1916 年 16 期《中華婦

---

[5] 鐘詳財：《中國經濟思想述論》，上海：東方出版中心，2006：354，357。

女界》雜誌中「成績」或「國文成績」作者來源的匯總，表格裡面的豎欄是各地作者的所屬學校，橫欄是對應刊期中該學校作者出現的次數。通過這個表格可以看出兩個特點，一個是作者來源的學校大多位於江浙廣東等沿海地帶，二是這些學校往往都位於中華書局分局所在地，或所在地周邊。這個表格很好的概況了中華書局創立雜誌的傳播影響範圍。

表 11-1《中華女子界》「成績」欄目作者來源[6]

刊期	1	2	3	4	5	6	7	8	9	10	11	12	13	14	15	16
奉天女子師範	1															
山西公立女校	2															
奉天義縣女子師範	4															
浙江崇宗女學	3															
江寧縣立第一女學	1															
常熟淑琴女師範	1															
廣東順德鳳群女學	3	7	4													
上海務本女塾		1														
廣州公益女學		5	11				7	2	1	1	1	2	2	1	2	2
上海私立城東女學		2														
奉天遼陽女子師範		1														
上海複蘭女子小學		1	1													
同裡麗則女師範			2							3						
曲阜培基小學			1													
福建女子中學			1													
山西第一女師範			1		1											
泰縣女子國文專修				4	2		1	2								
江蘇省立第一女子師範學校				4	1	6	1	2	5	1	3	5	2	1	2	1

---

[6] 筆者根據《中華女子界》第 1 卷 1-12 期至第 2 卷第 6 期「成績」或「國文成績」欄目統計。

刊期	1	2	3	4	5	6	7	8	9	10	11	12	13	14	15	16
奉賢尚志女學校				2												
武進縣立第一女學校				2	2	1										
無錫涇皋女子職業學校				2	1	1		2								
海門尚平女學				1		1										
諸暨三都鎮寰漪學校				1		1										
吳江同裡麗則女學校				1	3			2			1		2	6	3	4
河南南陽初等女校				1	1											
桐鄉縣立初等女校				1	1	3	3									
仁普小學校				1												
江都韓氏女學校				2												
上海光華女校						1					1		1			
四德女子職業學校						1										
江南吉安縣立兩等女小學校						1			1				1			
義烏仁普小學校							5									
直隸女校							1	2	1							
澳門子褒學塾								2	2	1	3		2		1	
雙城縣立女子師範							2						1			
大名女子師範學校								1			1					
廣東順德自立初等小學								1								
崇明尚志女校									2					2		
浙江女子職業學校									2	1	1					
廣東揭陽平權女學													1			
江西女子蠶業講習所										1	1		1	1		
嘉善女高小學										5						1
上海私立女子中學										1						

刊期	1	2	3	4	5	6	7	8	9	10	11	12	13	14	15	16
湖南第二聯合縣立女師範											2					
上海民生女學											1				1	
當陽縣兩等女學												1			1	
奉天鳳城女子師範學校												1	1	2	1	
巴彥高等女學校														1	1	
上海女學校														2		
新加坡養正學校															2	4
廣州立本女子師範學校															2	2

　　據中華書局自己在《申報》上的廣告，1931 年《小朋友》每月發行數已逾十餘萬冊，發行的範圍，國內交通便利的地方且不說，就是偏僻的地方，如陝西、甘肅、西康、西藏等地，國外如南洋、日本、歐美等處，都有《小朋友》的讀者。[7]這個銷量也是民國雜誌發行量之冠。

　　20 世紀 30 年代中期的出版業因為整體經濟環境的不好而顯得不太景氣，書業競爭慘烈利潤微薄，甚至出現了「一折八扣」的圖書。而當時的雜誌，因為價格低廉深受讀者歡迎，1934 年甚至還被稱為是「雜誌年」。在這種情況下，張靜廬開辦上海雜誌公司，專門負責全國雜誌的代理販賣，也為雜誌的銷售拓展了一條門路。民國 25 年(1936 年)12 月 10 日《大公報》有一篇《上海航信》，記載著張靜廬談論全國雜誌的情況。張靜廬說：

　　據告在過去二個月裡，雜誌公司曾搜羅一千二百多種，除裡面有五百多種是專門出學術刊物和含有地方色彩的外，其餘都是一般的讀物。這裡有幾種每期可銷二、三萬份，如《國聞週報》、《東方雜誌》、《世界知識》、《生活星期刊》等；有幾種每期可銷一萬多份，像《論語》、《新中華》、《中學生》等。……十分之五是在上海出版，十分之二是在南京，北平十分之一[8]。

[7] <廣告>，《申報》，1931-06-09。

[8] 張靜廬：<上海通信>，《大公報》，1936-12-10。

從這段話中可以看到全國雜誌的發行狀況和中華雜誌的位置。在本論文第 3 章還引用過畢樹棠的說法，熟悉雜誌的畢氏將《新中華》和《東方雜誌》都歸入品質最好的雜誌[9]。

除了發行總量、覆蓋範圍等資料，讀者的回憶對於勾勒出期刊的傳播歷史也具有典型意義。《小朋友》刊物是中華系列刊物中行銷時間最長，銷量最大的一本，而讀者又是普通少年兒童，在社會上影響大、範圍廣就不足為奇了。根據吳小如的回憶：「當我讀小學時，我曾連續幾年把中華書局編輯出版的《小朋友》當做『課外必讀書』。現在只記得這套雜誌主編者名吳翰雲，撰稿人中有陳伯吹。當時出《小朋友》外，商務印書館也出版了一套少兒雜誌名《兒童世界》，我曾讀過幾本。但我對《小朋友》情有獨鍾，後來對別的少兒雜誌就不大愛看了。[10]」劉保康回憶在當小學生的時候，從形式到內容，《小朋友》都十分可愛。每週一次準時寄送，裝在印有綠色的薄牛皮紙封套裡。「至於它的內容，多年給我的啟迪和教育，那就說不勝說了。對我思想影響最深刻的，是愛國主義思想。」「再者，是《小朋友》潛移默化中，加深了我積極奮進的精神。它選取材料，不僅故事性強，也具有思想內涵。」劉保康對於雜誌中的「懸賞」欄目和插圖尤其印象深刻[11]。地質學家、科普作家陶世龍對《少年週報》很有感情。他回憶自己在兒童時代時，從《少年週報》上讀到舒新城寫的《讀一本大書》時突然恍然大悟，這本「大書」就是大自然，如果用科學的眼光去看待自然，就能看到許多別人看不到的東西[12]。

---

[9] 畢樹棠：〈中國的雜誌界〉，《獨立評論》，1933，64。

[10] 吳小如：〈我與中華書局的深情厚誼〉，《我與中華書局》，北京：中華書局，2002：6-9。

[11] 劉保康：〈我仍懷念《小朋友》〉，《我與中華書局》，北京：中華書局，2002：276-277。

[12] 轉引自〈搶購風波曝民眾科學素養低下，科普發展遇重重困難〉，中國新聞網 [EB/OL].[2019-05-16]http://www.chinanews.com/gn/2011/04-21/2988726.shtml

三、中華雜誌的成功與思考

　　民國時期的出版環境，決定了出版人和出版機構的各種便利。比如出版准入門檻的寬鬆和問責機制的缺失。在這種競爭環境下，像中華、商務這樣的出版集團始終不出壞書，作為出版人堅持道義擔當是非常難得的。在中華書局前期出版的雜誌中，尤其是時政類的雜誌，不乏尖銳批判時政的文章，但雜誌運營並沒有受到影響反而大受歡迎，也正是由於當時國家組織的缺乏完善而導致整體政治環境的寬鬆，而民國激烈的競爭環境促使出版機構不斷銳意進取和完善自我。中華書局從早期的合夥變成股份有限公司邁出了成為現代企業的重要一步。在制度建設上，中華書局不斷完善財務、管理、人事等制度，使得企業越來越成熟，在穩固市場建設品牌的同時不斷增加抗拒風險的能力。為了企業發展，中華書局積極拓展業務，堅持多元化戰略，不僅出版圖書期刊，自己還兼營印刷業務，自辦發行點，形成了編、印、發一體的局面，還積極開拓其他方面的業務，建立了龐大的出版帝國。民國出版業的輝煌，少不了出版人的努力。陸費逵素來重視人才的修養，對於出版業而言，人才的能力和見識更是重要。正是因為中華雜誌能夠集合社會上的文化精英，才能辦出大批品質上乘，社會影響力大的雜誌。中華書局人事制度完備，領導層知人善任，尊重編輯作者，重視讀者需求。正是因為中華書局的以人為本，其雜誌建設才能取得成功。

　　1949 年之後，中國大陸開始了社會主義改造的進程，對於資本主義工商業採取了贖買和公私合營的措施，從此以後曾經叱吒風雲的民營出版業消失於歷史塵埃之中。從 50 年代開始大陸的出版組織基本上沿襲的是蘇聯的制度，逐漸成型。表現為結構單一，而又高度同一，按照國際標準大都屬於中小型企業，功能是極不健全和相當單一的，而且被限制在一定區域

內，不具備跨地區經營的能力[13]。這就導致國內的出版集團普遍市場競爭力不足。

當今世界，國際化巨型傳媒集團都是涉足多個媒介形式，形成上下產業鏈的整合。而中國大陸地區各種媒介各自為戰的情況至今沒有被打破。近年來，文化體制改革呼聲不斷提高，新的措施也不斷試水。對於出版業，各項改革已經展開多年，其中一個趨勢就是從 1999 年起開始的出現的出版集團化，在當年 2 月中國大陸地區第一家出版集團——上海世紀出版集團成立，隨後集團化在各地開花，湧現了一批出版集團推動了中國出版業的發展。

但是我們也應該看到，現在的出版集團化，其實是出版相關機構按區域化的一次整合，這種整合包括了出版社、雜誌社、書店和發行公司的融合。而這種以行政為主導的強行整合，究竟效果如何還有待時間的檢驗。出版業的集團化，其精髓不是形式上的簡單聯合和規模變大，而是希望集團化能為出版機構帶來整合資源和規模優勢的作用。出版產業集團化的目的是為了是吸納系統或區域內出版發行資源的規模效應，實現內部資源的有效配置和抵禦國際傳媒集團的衝擊。如何塑造新的品牌，如何整合資源發揮優勢體現出集團化的規模效應，還得需要時間去探索。如何在中國國情下整合現有不同媒介形態，更是一個很有挑戰性的問題。

1912 年元月，中華書局創始於上海。在民國波瀾起伏的大環境中，書局歷經風雨變遷而屹立不倒，始終在規模上穩居出版機構排名的第二，和中國的現代化進程發生了密切的聯繫。中華書局的出版物百科兼收，其前期出版的雜誌品種豐富、品質上乘，並不乏生存時間長、影響範圍廣的精品。梳理中華雜誌對於民國歷史的做出的貢獻，可以發現這些雜誌參與了民國時期的教育、政治、社會、文化發展，不僅為知識分子提供了自由表達的公共空間，也為普通民眾起到了傳播訊息和科學文化知識，提供休閒娛樂平臺以及教育、引導的作用。對雜誌傳播影響的評估，除了資料中體

---

[13] 陳昕：〈中國出版業集團化建設的探索與實踐〉，《編輯之友》，2008(6)：16-21。

現的有形發行數量和少數當事人回憶，更多的還有無法統計的眾多讀者的收穫和感受。中華書局創立的雜誌，其歷史價值和傳播影響在學術史上被嚴重低估。作為成功的出版機構，書局的經營策略和雜誌戰略對於今天出版業的發展仍然有著重要的參照意義。

　　這些林林總總的雜誌，其命運也和書局的整體發展有關，往往是企業蓬勃則雜誌興旺，企業困頓則雜誌衰敗。本研究關注於中華書局前期雜誌出版，在時間段上集中於 1912-1937 年，也即是從書局創立至抗戰爆發的時期，這段時間是中華書局發展勢頭最好的時期，抗戰結束後至 1949 年再也沒有恢復到戰前的輝煌，而後又經歷了公私合營所有制發生變化。從出版史的角度，選取 1912-1937 年進行雜誌出版研究屬於階段性研究，中華書局在抗日戰爭期間，戰後至 1954 年公私合營期間，以及 1954 年之後的時間段都值得關注。筆者日後如果還有機緣，會繼續開展後續性的研究。

參考文獻

一、雜誌

1. 《中華教育界》(1912-1937)
2. 《中華小說界》(1914-1916)
3. 《中華實業界》(1914-1916)
4. 《中華童子界》(1914-1917)
5. 《大中華》(1915-1916)
6. 《中華婦女界》(1915-1916)
7. 《中華學生界》(1915-1916)
8. 《中華英文週報》(1919-1937)
9. 《進德季刊》(1921-1922)
10. 《中華書局月報》(1921)
11. 《小朋友》(1922-1937)
12. 《小朋友畫報》(1928-1937)
13. 《中華書局圖書月刊》(1931)
14. 《新中華》(1933-1937)
15. 《少年週報》(1937)
16. 《出版月刊》(1937)

二、圖書

1. 巴勒特作、趙伯英、孟春譯：《媒介社會學》，北京：社會科學文獻出版社，1989。
2. 上海出版志編纂委員會編：《上海出版志》，上海：上海社會科學院出版社，2000。
3. 小朋友編輯部：《長長的列車——《小朋友》七十年》，上海：少年兒童出版社，1992。
4. 包天笑：《釧影樓回憶錄》，北京：中國大百科全書出版社，2009。

5. 畢苑：《建造常識：教科書與近代中國文化轉型》，福州：福建教育
出版社，2010。

6. 陳東原：《中國婦女生活史》，上海：商務印書館，1937。

7. 陳景磐：《中國近代教育史》，北京：人民教育出版社，1979。

8. 陳旭麓：《近代中國的新陳代謝》，上海：上海人民出版社，2006。

9. 陳學恂：《中國近代教育史教學參考資料(中冊)》，北京：人民教育
出版社，1987。

10. 陳勇勤：《中國經濟思想史》，鄭州：河南人民出版社，2008。

11. 程謫凡：《中國現代女子教育史》，上海：中華書局，1936。

12. 丁淦林：《中國新聞事業史》，北京：高等教育出版社，2007。

13. 丁守和：《辛亥革命時期期刊介紹(4)》，北京：人民出版社，1986。

14. 丁文江、趙豐田：《梁啓超年譜長編》，上海：上海人民出版社，2009。

15. 杜恂誠：《中國近代經濟史概論》，上海：上海財經大學出版社，2011。

16. 方漢奇：《中國新聞傳播史》，北京：中國人民大學出版社，2002。

17. 方衛平、王昆建：《兒童文學教材》，北京：高等教育出版社，2009。

18. 馮春龍：《中國近代十大出版家》，揚州：廣陵書社，2005。

19. 高信成：《中國圖書發行史》，上海：復旦大學出版社，2005。

20. 戈公振：《中國報學史》，北京：生活.讀書.新知三聯書店，2011。

21. 龔維忠：《現代期刊編輯學》，北京：北京大學出版社，2007。

22. 郭慶光：《傳播學教程》，北京：中國人民大學出版社，2001。

23. 何黎萍：《西方浪潮影響下的民國婦女權利》，北京：九州出版社，
2009。

24. 計榮：《中國婦女運動史》，長沙：湖南出版社，1992。

25. 蔣風、韓進：《中國兒童文學史》，合肥：安徽教育出版社，1998。

26. 黎遂：《民國風華——我的父親黎錦暉》，北京：團結出版社，2011。

27. 李炳炎：《中國新聞史》，臺北：臺北中華書局，1984。

28. 李慶華：《戰略管理》，北京：中國人民大學出版社，2009。

29. 梁啓超：《梁啓超選集》，石家莊：河北人民出版社，2004。

30. 梁啓超：《梁啓超自述 (1873-1929) 》，北京：人民日報出版社，2011。

31. 劉巨才：《中國近代婦女運動史》北京：人民出版社，1988。

32. 劉紹唐：《民國人物小傳(第一冊) 》，臺北：傳記文學出版社，1987。

33. 劉紹唐：《民國人物小傳(第八冊) 》，臺北：傳記文學出版社，1987。

34. 劉哲民：《近現代出版新聞法規彙編》，上海：學林出版社，1992。

35. 呂達：《陸費逵教育論著選》，北京：中華書局，2002。

36. 錢炳寰：《中華書局大事紀要：1912—1954》，北京：中華書局，2002。

37. 邱沛篁等：《新聞傳播百科全書》，成都：四川人民出版社，1998。

38. 璩鑫圭、唐良炎：《中國近代教育史料彙編.學制演變》，上海：上海教育出版社，1991。

39. 商務印書館：《商務印書館九十年》，北京：商務印書館，1987。

40. 舒新城：《我和教育——三十五年來教育生活史》，上海：中華書局，1946。

41. 舒新城：《狂顧錄》，上海：中華書局，1936。

42. 宋素紅：《女性媒介：歷史與傳統》，北京：中國傳媒大學出版社，2006。

43. 宋應離、袁喜生、劉小敏：《20 世紀中國著名編輯家出版家研究資料匯輯(全 10 輯) 》，開封：河南大學出版社，2005。

44. 宋原放：《中國出版史料.現代部分(上、下) 》，濟南：山東教育出版社，2001。

45. 孫繼南：《黎錦暉評傳》，北京：人民音樂出版社，1993。

46. 孫培青：《中國教育史》，上海：華東師範大學出版社，2010。

47. 唐振常：《近代上海繁榮錄》，北京：商務印書館，1993。

48. 童兵：《理論新聞傳播學導論》，北京：中國人民大學出版社，2007。

49. 王檜林、朱汗國：《中國報刊辭典(1815-1949)》，太原：書海出版社，1992。

50. 王建輝：《1935-1936：中國出版的高峰年代.出版與近代文明》，鄭州：
    河南大學出版社，2006。

51. 王建輝：《老出版人肖像》，南京：江蘇教育出版社，2003。

52. 王潤澤：《北洋政府時期的新聞業及其現代化(1916-1928)》，北京：
    中國人民大學出版社，2010。

53. 王余光、吳永貴、阮陽：《中國新圖書出版業的文化貢獻》，武漢：
    武漢大學出版社，1998。

54. 王余光、吳永貴：《中國出版通史.民國卷》，北京：中國書籍出版社，
    2008。

55. 王余光：《中國新書出版業初探》，武漢：武漢大學出版社，2002。

56. 汪楚雄：《啟新或拓域：中國新教育運動研究(1912-1930)》，濟南：
    山東教育出版社，2010。

57. 威爾伯.施拉姆、威廉.波特作、何道寬譯：《傳播學概論》，北京：中
    國人民大學出版社，2010。

58. 吳永貴：《民國出版史》，福州：福建人民出版社，2011。

59. 吳永貴：《中國出版史(下冊)》，長沙：湖南大學出版社，2008。

60. 肖東發：《中國編輯出版史》，瀋陽：遼寧教育出版社，1996。

61. 熊培安：《中華民國教育史》，重慶：重慶出版社，1997。

62. 許正林：《中國新聞史》，上海：上海交通大學出版社，2008。

63. 楊德才：《中國經濟史新論(1840-1949)》，北京：經濟科學出版社，
    2004。

64. 楊建華：《20 世紀中國教育期刊史論》，杭州：浙江工商大學出版社，
    2012。

65. 俞筱堯、劉彥捷《陸費逵與中華書局》，北京：中華書局，2002。

66. 張傳燧：《中國教育史》，北京：高等教育出版社，2010。

67. 張惠芬、金忠明：《中國教育簡史》，上海：華東師範大學出版社，
    2001。

68. 張靜廬：《中國近現代出版史料》，上海：上海書店出版社，2003。

69. 梁啓超：《梁啓超全集》，北京：北京出版社，1999。

70. 張衛波：《尊孔思潮研究》，北京：人民出版社，2006。

71. 張永久：《民國三大文妖》，北京：東方出版社，2010。

72. 張元濟：《張元濟全集》，北京：商務印書館，2008。

73. 張元濟：《張元濟日記》，北京：商務印書館，1981。

74. 趙津：《中國近代經濟史》，天津：南開大學出版社，2006。

75. 趙曉雷：《中國經濟思想史》，大連：東北財經大學出版社，2010。

76. 鄭逸梅：《書報話舊》，北京：中華書局，2005。

77. 鄭子展：《陸費伯鴻先生年譜》，臺北：文海出版社有限公司，1973。

78. 中華書局編輯部：《守正出新——中華書局》，北京：中華書局，2008。

79. 中華書局編輯部.《中華書局圖書總目(1912-2012)》，北京：中華書局，2012。

80. 中華書局編輯部：《我與中華書局》，北京：中華書局，2002。

81. 中華書局編輯部：《中華書局百年圖書總書目(1912-2011)》，北京：中華書局，2012。

82. 中華書局編輯部：《回憶中華書局》，北京：中華書局，2001。

83. 中華書局編輯部：《中華書局收藏現代名人書信手跡》，北京：中華書局，1992。

84. 周夢：《傳統與時尚：中西服飾風格解讀》，北京：生活.讀書.新知三聯書店，2011。

85. 朱聯保：《近現代上海出版業印象記》，上海：學林出版社，1993。

三、學位論文

1. 安靜：《陸費逵編輯出版思想研究》，開封：河南大學，2007。

2. 陳莉：《陸費逵出版經營思想研究》，蘭州：蘭州大學，2008。

3. 孔祥東：《《大中華》雜誌與民初的政治文化思潮》，長沙：湖南師範大學碩士論文，2007。

4.　李旻：《清末民初實業救國思潮研究》，西安：陝西師範大學，2010。

5.　劉蘭：《商務印書館館辦期刊研究》，開封：河南大學，2003。

6.　劉偉：《大中華》雜誌研究》，開封：河南大學，2008。

7.　劉相美：《陸費逵出版經管理念與策略研究》，保定：河北大學，2009。

8.　吳芳芳：《《小朋友》1922-1937》，上海：上海師範大學，2010。

9.　吳永貴：《中華書局與中國近代教育：1912-1949》，武漢：武漢大學，2002。

10.　夏慧夷：《陸費逵的出版思想及其實踐》，長沙：湖南師範大學，2008。

11.　喻永慶：《《中華教育界》與民國時期教育改革》，武漢：華中師範大學，2011。

12.　張爲剛：《《中華小說界》研究》，上海：華東師範大學，2010。

四、論文、報紙和學術會議論文

1.　曹芸：〈我國早期的少年兒童報刊〉，《江蘇圖書館工作》，1983（2）：65-67。

2.　曾景忠：〈古德諾與洪憲帝制關係辨析〉，《歷史檔案》，2007（3）：111-119。

3.　陳方競：〈民初上海文學「甲寅中興」考索〉，《汕頭大學學報（人文社會科學版》，2004，20（5）：55-60，90。

4.　陳鋼：〈近代中國郵政述略〉，《歷史檔案》，2004（1）：70-73

5.　陳江：〈從《大中華》到《新中華》——漫談中華書局的兩本雜誌〉，《編輯學刊》，1994（2）：83-85。

6.　陳鳴：〈上海印刷出版產業的近代化〉，《上海大學學報（社科版）》，1993（1）：44-50。

7.　陳嘯、姚遠：〈《留美學生季報》及其初期科學救國思想再探〉，《西北大學學報》，2010，41（4）：747-752。

8.　陳昕：〈中國出版業集團化建設的探索與實踐〉，《編輯之友》，2008（6）：16-21。

9. 陳原：〈三家書店的雜誌和我〉，《中國出版》，1992（10）：25-27。

10. 陳子善：〈錢歌川和他的散文〉，《書城》，1995（4）：33-34。

11. 程燎原：〈論「新法家」陳啟天的「新法治觀」〉，《政法論壇》，2009，27(3)：3-18。

12. 丁偉：〈從《中華教育界》廣告看中華書局附設函授學校的英文科〉，《煤炭高等教育》，2009（6）：48-53。

13. 丁偉：〈民國時期中華書局附設函授學校辦學經歷概述、特點總結與其啟示〉，《蘭州學刊》，2012（7）：62-72。

14. 范軍：〈陸費逵的書刊廣告藝術〉，《編輯學刊》，2003（4）：32-36。

15. 范軍、歐陽敏：〈論近現代傑出出版人的企業家精神〉，《華中師範大學學報(人文社會科學版)》，2013，52(6)：154-160。

16. 馮祖貽：〈試析梁啟超參加反袁護國的原因〉，《貴州社會科學》，1984(1)：54-60。

17. 傅寧：〈中國近代兒童報刊的歷史考察〉，《新聞與傳播研究》，2006(1)：2-9。

18. 龔維忠，唐興年：〈湘籍出版家舒新城的出版實踐與理念略探〉，《現代出版》，2011(4)：55-59。

19. 谷長嶺：〈晚清報刊的兩個基本特徵〉，《國際新聞界》，2010（1）：69-74。

20. 韓石山：〈舒新城的氣度〉，《讀書》，1990（10）：142-143。

21. 黃寶忠：〈中國近代民營出版業成長的社會生態分析〉，《浙江大學學報(人文社會科學版)》，2013，43(5)：103-121。

22. 胡鵬：〈余家菊與國家主義教育思潮〉，政黨與近現代中國社會研究——「中國政黨與近現代社會的變遷」學術研討會，天津，2006：513-519。

23. 胡正強：〈中國現代媒介批評視閾中的新聞檢查制度批評〉，《淮北師範大學學報(哲學社會科學版)》，2011，32(4)：28-34。

24. 賈熟村：〈梁啟超與袁世凱的恩怨〉，《湖南科技學院學報》，2011，32(5)：1-4。

25. 黎澤渝：〈著名音樂家黎錦暉先生對國語運動的貢獻〉，《北京師範學院學報(社會科學版)》，1992 (6)：50-52，68。

26. 李本友：〈《教育雜誌》與《中華教育界》——教育媒體與教育發展的個案研究〉，《集美大學教育學報》，2000 (4)：9-13。

27. 李剛、張厚生，〈《學衡》雜誌初探〉《東南大學學報(哲學社會科學版)》，2002 (3)：11-14，24。

28. 李剛：〈論《學衡》的作者群〉，《南京曉莊學院學報》，2002 (1)：76-82。

29. 李忠：〈近代中國「教育救國」與「實業救國」的互動〉，《西南大學學報(社會科學版)》，2011，37(4)：141-148。

30. 劉國強：〈民國時期《出版法》述評〉，《中國出版》，2011(21)：66-70。

31. 劉蘭：〈商務印書館的期刊群〉，《出版史料》，2012 (3)：105-108。

32. 劉娜：〈淺析南京國民政府時期(1927-1937)的出版政策〉，《山東省農業管理幹部學院學報》，2009，23(1)：107-109。

33. 劉曙輝：〈啟蒙與被啟蒙：《婦女雜誌》中的女性〉，《山西師大學報(社會科學版)》，2007，34(2)： 126-129。

34. 劉心語：〈《辭海》主編舒新城在圖書館事業上的貢獻〉，《圖書館》，1984 (1)：55。

35. 劉欣芳、王秀蘭：〈黑龍江近代教育奠基人林傳甲一家對黑龍江教育的貢獻〉，《教育探索》，1997 (5)：61-62。

36. 陸費銘中、陸費銘琇：〈《陸費逵年譜》讀後感〉，《出版史料》，1992 (4)：88-90，97。

37. 呂平：〈民國時期的郵資〉，《上海檔案》，1999 (2)：57-58。

38. 馬光仁：〈舊中國新聞立法概述〉，《上海社會科學院學術季刊》，1990(3)：89-95。

39. 毛為勤：〈《留美學生季報》及其相關情狀——解讀民國時期留美學生創辦的刊物〉，《嘉興學院學報》，2006，18(S1)：243-244。

40. 邱陵、張生：〈以「書生名士」出現的政治人物——記左舜生〉，《民國春秋》，1994（1）：27-28，41。

41. 阮桂君：〈民國時期國語的傳播〉，《長江學術》，2007(3)：112-120。

42. 申作宏：〈陸費逵的同業競爭策略〉，《出版發行研究》，2005（4）：69-74。

43. 聖野：〈《小朋友》創刊七十年的回顧〉，《浙江師大學報》，1993（2）：67-72。

44. 盛巽昌：〈陳伯吹結緣《小朋友》〉，《世紀》，2009（2）：75。

45. 史偉：〈民國初期中華書局的「八大雜誌」〉，《圖書情報工作》，2011（19）：26-29，96。

46. 舒池：〈舒新城和《辭海》〉，《辭書研究》，1982（1）：178-182。

47. 舒紹祥：〈舒新城傳略〉，《懷化師專學報》，1990（5）：48-50，113。

48. 宋建軍：〈中國近代教育史的分期與發展新論〉，合肥師範學院學報，2009（2）：50-54。

49. 宋石男：〈梁啟超與中國早期新聞思想啟蒙〉，《社會科學研究》，2009（5）：150-154。

50. 孫繼南：〈黎錦暉年譜〉，《齊魯藝苑》，1988（1）：52-55。

51. 陶菊隱：〈同舟風雨話當年——憶舒新城先生〉，《新聞研究資料》，1982（1）：134-142。

52. 汪曉莉：〈《少年中國》：少年中國學會的機關刊物〉，《中國社會科學報》，2010-10-12。

53. 王建輝：〈老《辭海》主編和中華書局編輯所長舒新城〉，《出版廣角》，2001，7：67-68。

54. 王美秀：〈中國近代社會轉型與女子教育的發展〉，《北京大學學報(哲學社會科學版)》，2001，38(3)：87-94。

55. 王民：〈試論朱慶瀾慈善事業的近代性〉,《綏化學院學報》, 2012,
    32(3)：80-82。

56. 王銘：〈論民國時期對檔的標點、分段〉,《檔案學研究》, 2002, 6：
    30-32。

57. 王學珍：〈清末報律的實施〉,《近代史研究》, 1995（3）：78-91。

58. 王震、王荔芳：〈舒新城對我國圖書館事業的貢獻〉,《圖書館》,
    1996(6)： 31-34

59. 王志洋：〈李璜〉,《民國檔案》, 1994（2）：135-137。

60. 魏勵：〈《中華大字典》述評〉,《辭書研究》, 2008（6）：85-94。

61. 吳春玲：〈清代及民國時期普通話的推廣〉,《教育評論》, 2009(5)：
    152-155。

62. 吳洪成：〈近代中國國家主義教育思潮〉,《河北大學學報(哲社版)》,
    2007(4)：59-65。

63. 吳燕：〈傳奇人生的不平凡開章——中華書局創始人陸費逵早歲經歷
    〉,《出版科學》, 2008（4）：86-90。

64. 吳永貴：〈《小朋友》的編輯特點〉,《編輯之友》, 2002（6）：77-79。

65. 吳永貴：〈《中華教育界》對我國近代教育科研的貢獻〉,《中國編輯》,
    2003（2）：64-67。

66. 吳永貴：〈一舉成名天下知——中華書局創業經過及成功因素分析
    〉,《出版科學》, 2002（3）：65-67。

67. 吳永貴：〈音樂家黎錦暉在中華書局做編輯的日子〉,《出版史料》,
    2008（4）：88-92。

68. 吳永貴：〈中華書局的成功經營之道〉,《編輯學刊》, 2002(3)：59-62。

69. 武志勇：〈論鄭振鐸主持的《兒童世界》的編輯特色〉,《編輯學刊》,
    1996（3）：71-78。

70. 夏慧夷：〈陸費逵的公關理念及其踐履〉. 湖北廣播電視大學學報,
    2009（11）：78-79。

71. 肖朗、陸秀清：〈舒新城與《中華教育界》新探〉，《天津師範大學學報(社會科學版)》，2019（2）：43-53。

72. 肖友：《小朋友》發展簡歷，《編輯學刊》，1987（1）：61-62。

73. 謝本書：〈梁啟超與《哉所謂國體問題者》〉，《昆明師範學院學報(哲學社會科學版)》，1984（2）：49-55。

74. 熊光清：〈中國網路公共領域的興起、特徵與前景〉，《教學與研究》，2011（1）：42-47。

75. 熊賢君：〈黃炎培與陸費逵職業教育思想之比較〉，《華中師範大學學報(哲學社會科學版)》，1995（3）：77-82。

76. 行龍：〈略論中國近代的人口城市化問題〉，《近代史研究》，1989（1）：27-42。

77. 徐蒙：〈曾朴的編輯出版活動〉，《山東圖書館學刊》，2010（2）：62-65。

78. 徐躍、姚遠：〈《中華實業界》實業救國思想的傳播初探〉〉，《西北大學學報(自然科學版)》，2012，42（1）：163-168。

79. 許軍娥：〈略論《學衡》的辦刊特色〉，《咸陽師範專科學校學報》，1998，13（4，5）：50-53。

80. 楊思信：〈對 20 世紀 20 年代國家主義教育學派的歷史考察〉，《學術研究》，2008（7）：110-116。

81. 楊思信：〈試論清末民初國家主義教育思潮及其影響〉，《江漢大學學報(人文科學版)》，2008，27（2）：80-86。

82. 余子俠、鄭剛：〈余家菊國家主義教育思想論析〉，《江漢大學學報(社會科版)》，2006，23（4）：83-87。

83. 余子俠：〈綜析余家菊在中國近代教育史上的貢獻〉，《華中師範大學學報(人文社會科學版)》，2007，46（5）：114-120。

84. 俞筱堯、沈芝盈：〈陸費逵創辦中華書局一百周年〉，《出版史料》，2011（4）：4-10。

85. 喻永慶：〈《中華教育界》創刊日期考辨〉，《大學教育科學》，2010（1）：77-80。

86. 袁進：〈論「小說界革命」與晚清小說的興盛〉，《社會科學》，2011（11）：168-173。

87. 張彩霞、吳燕通：〈從解放前的中華書局看上海現代出版制度〉，《編輯之友》，2011（6）：116-118。

88. 章雪峰：〈供給足而呼應靈——概說中華書局的分局〉，《出版史料》，2005（3）：88-95。

89. 趙慧峰：〈簡析民國時期的國語運動〉，《民國檔案》，2001（4）：99-103。

90. 趙豔紅、黃少英、趙豔玲：〈舒新城與道爾頓制在中國的傳播〉，《河北大學學報(哲學社會科學版)》，2008（4）：72-75。

91. 鄭大華、高娟：〈《改造》與五四時期社會主義思想的傳播〉，《求是學刊》，2009，36(3)：124-131。

92. 宮玉松：〈中國近代人口城市化研究〉，《中國人口科學》，1989（6）：10-15。

93. 周國清、夏慧夷：〈陸費逵的出版人才觀及其踐履〉，《出版發行研究》，2007（9）：9-12。

94. 周其厚：荊世傑：〈論民國中華書局教科書之特點〉，《廣西師範大學學報(哲學社會科學版)》，2007(3)：106-112。

95. 周其厚：〈陸費逵與商務印書館〉，《山東科技大學學報(社會科學版)》，2007（3）：78-82。

96. 周其厚：〈陸費逵與中華書局史實辨析〉，《首都師範大學學報》，2010（3）：131-136。

97. 周頌棣：〈懷念舒新城先生〉，《辭書研究》，1988（5）：58-60。

98. 朱守芬：〈與《學衡》雜誌〉，《史林》，2003（3）：104-106。

99. 莊藝真：〈陸費逵的選題跟蹤超越策略研究——以《辭海》《四部備要》的出版為例〉，《中國出版》，2015（23）：59-61。

100. 左克己：〈中華書局的「八大雜誌〉，《鐘山風雨》，2007，1：39。

五、網路文獻

1. 章雪峰：〈絕大之恐慌——中華書局史上的「民六危機」〉，出版學術網[EB/OL]. [2009-02-24]http：//www.pubhistory.com/img/text/3/1003.htm

2. 〈《東方雜誌》簡介〉，商務印書館官網[EB/OL].[209-07-09] http：//cpem.cp.com.cn/Home/AboutTEM

3. 轉引自〈搶購風波曝民眾科學素養低下，科普發展遇重重困難〉，中國新聞網[EB/OL] .[2019-05-16]http：//www.chinanews.com/gn/2011/04-21/2988726.shtml

附錄 1：1914 年《中華教育界》和《中華實業界》廣告比較[1]

中華教育界						
第 1 期	《中華實業界》廣告	《中華教育界》章程	《中華教育界》訂單	新制中華初等小學國文教科書	新制中華初等小學算數教科書	中華書局春季始業用教科書	中華書局秋季始業用教科書
第 2 期	中華書局儀器文具廣告	《中華教育界》章程	新編春季始業中華小學教科書	中華書局《初等小學縫紉教科書》			
第 3 期	本社徵文、中華《英華商業必攜》	《中華教育界》訂單	中華書局秋季始業《新制中華小學教科書》				
第 4 期	本社徵文、中華《日用指南》	中華書局春季始業《新制中華小學教科書》	中華書局秋季始業《新制中華小學教科書》				
第 5 期	東亞公司商品	《京師教育報》	本社徵文、中華《孔教大綱》				

[1] 資料來源：根據北京大學圖書館館藏 1914 年 12 期《中華教育界》和《中華實業界》雜誌中廣告統計。每一欄是一個版面中廣告的內容。

第 6 期	醫藥廣告「胃活」	中華書局「大贈品」優惠券	中華書局「學校證書」			
第 7 期	醫藥廣告「胃活」	本社第三次徵文	《中華童子界》	《留美學生季報》	中華書局「學校證書」	上海開智出版社《舊小說叢書》	新制單級小說實行法
第 7 期	《京師教育報》	《教育研究》雜誌	中華書局出版英文讀本類	中華書局《生活教育設施法》			
第 8 期	醫藥廣告「胃活」	本社第一次徵求各學校成績品	本社第三次徵文	中華書局《新制修身教本》、《新制國文教本》	中華書局尺牘類廣告	中華書局《歐洲戰紀》	中華書局英文書類
第 9 期	醫藥廣告「胃活」	本社第一次徵求各學校成績品	本社第三次徵文	中華精益眼鏡公司	《中華教育界》、《中華實業界》、《中華小說界》、《中華童子界》、《中華兒	中華書局《文明結婚證書》	中華書局《清史纂要》

					童畫報》五種雜誌廣告		
第 10 期	醫藥廣告「胃活」	中華書局大徵文	中華書局《最近中華地圖》、儀器文具	本社第一次徵求各學校成績品	本社第三次徵文	中華書局《中華地理全志》	文明書局《博物學雜誌》
第 11 期	眼藥水「日月水」	中華書局《中華初等、高等小學珠算教科書》	中華書局《清史纂要》				
第 12 期	眼藥水「日月水」	民國四年第一期要目預告	中華書局《新制中學師範教科書》	中華書局《慈禧外紀》	中國書局日記本、日曆廣告	中華書局小說：《情競》、《情鐵》、《盧山花》、《竊中竊》、《心獄》	中華書局《實用小學教員講義》
第 12 期	中華書局《中華地理全志》	《中華學生界》、《中華婦女界》、徵文	中華書局《清史纂要》	中華《新編中華小學教科書》	中華精益眼鏡公司		

中華實業界						
第 1 期	中華書局圖書廣告：《中華民國公文程式》和《中國民國司法程式》	中華小說界	中華書局圖書廣告：《中華童話》、《世界童話》			
第 2 期	中華書局儀器廣告廣告	《中華教育界》	春季始業新編中華小學教科書			
第 3 期	中華書局儀器廣告廣告	春季始業新編中華小學教科書	秋季始業新制中華小學教科書	中華書局圖書：《中華民國公文程式》、《中國民國司法程式》	《中華教育界》	
第 4 期	中華小說界	《中華實業界》招登廣告	中華教育界			
第 5 期	仁丹	中國雙妹老牌化妝用品(雪	中華精益眼鏡公司			

		花膏、花露水、牙粉)				
第 6 期	《中華教育界》、《中華實業界》、《中華小說界》廣告	中國雙妹老牌化妝用品(雪花膏、花露水、牙粉)	中華書局儀器廣告廣告			
第 7 期	仁丹	清快丸	中華精益眼睛公司	中華書局特別贈品(購書刊贈送書券的促銷廣告)	留美學生季報	中華書局《紅樓夢索隱》	上海寶成裕記銀樓
第 7 期	中華書局製作的學校證書	上海開智社《舊小說叢書》	中華書局《新制單級小學實行法》	中華書局《古文辭類纂精華》	中華書局《春季始業中華小學教科書》	中華書局《中華縫紉教科書》	秋季始業新制中華小學教科書
第 7 期	中華書局《單級小學教科書》	中華書局《小學教員講習教科書》	中華書局《中學修身教科書》	中華書局《中學國文教科書》	中華書局《中學歷史教科書》	中華書局《中學地理教科書》	中國雙妹老牌化妝用品(雪花膏、花露水、牙粉)

第 7 期	利康洋行廣告、中華圖書《孔教大綱》	中華《世界童話》和《中華童話》叢書	中華書局《英文讀本類》（英文讀本和英文教科書）	中華書局《生活教育設施法》	《中華教育界》	《中華小說界》	中華書局《國際條約要義》
第 7 期	中華《最新英華會話大全》和《華英商業必備》	《中華實業界》招登廣告	《中華教育界》、《中華實業界》、《中華小說界》投稿簡章	中華書局廣告			
第 8 期	清快丸	仁丹	中華書局特別贈品（購書刊贈送書券的促銷廣告）	雜誌廣告 The National View	《中華單級小學科授科書》	上海老鳳祥和上海寶成裕記銀樓	秋季始業新制中華小學教科書
第 8 期	中國精益眼睛公司	《留美學生季報》	《中華童子界》	中華書局日記簿冊證書	中華圖書《孔教大綱》、利康洋行廣告	中華英文書類（教輔類）	上海開智社《舊小說叢書》
第 8 期	中華書局《古文辭類纂精	中華書局《最新英華會話大	中華書局《中華縫紉教科	中華書局《國際條約要義》	中華書局《生活教育設施	中華書局《中華現行六法要	《中華教育界》、《中華實

	華》	全》、《華英商業必攜》	書》		法》	義》	業界》、《中華小說界》廣告
第 8 期	中華書局《歐洲戰績》						
第 9 期	仁丹	清快丸	中華書局中學師範《新制修身教本》、《新制國文教本》	《中華童子界》和《兒童畫報》特別優待證	*The National Review*	五種雜誌廣告《中華教育界》、《中華實業界》、《中華小說界》、《中華童子界》、《中華兒童畫報》	中華書局《文明結婚證書》
第 9 期	中國精益眼鏡公司	新制中華書局《中華單級小學教授科科書》	中華書局《師範教習所教科書》	中華書局《日記薄冊證書類》	中華書局《英文書類》	《留美學生季報》	上海開智社《舊小說叢書》
第 9 期	中華書局《古文辭類纂精	中華書局《中華現行六法要	中華書局《發售儀器文具》	中華書局《慈禧外紀》			

	華》	義》					
第 10 期	仁丹	清快丸	*The National Review*	中華書局《中華地理全志》	中華書局小說《心獄》、《廬山花》、《竊中竊》	中華書局小說《情鐵》、《情競》	中華書局《中華婦女界徵文》《中華學生界》徵文
第 10 期	中華雙妹老牌化妝品	中華書局《尺牘類》	上海寶成裕記銀樓、上海老鳳祥裕記銀樓	《教育界》、《實業界》、《小說界》、《童子界》、《兒童畫報》五種雜誌	中華書局《清史纂要》	中國精益眼鏡公司	中華書局《文明結婚證書》
第 10 期	中華書局《中華女子高等小學教科書》	中華書局《慈禧外紀》	中華書局《公民模範》	中華書局《新制中學師範教科書》	中華書局《新編中華小學教科書》	中華書局《紅樓夢索引》	上海開智出版社《舊小說叢書》
第 10 期	中華書局《華英商業必攜》	中華書局《中華書局大徵文》					

第 11 期	仁丹	清快丸	*The National Review*	中華書局《中華地理全志》	中華書局《中華婦女界》徵文、《中華學生界》徵文	中華雙妹老牌化妝品	中華書局五類雜誌《中華教育界》、《中華實業界》、《中華小說界》、《中華童子界》、《中華兒童畫報》
第 11 期	上海寶成裕記銀樓、上海老鳳祥裕記銀樓	中華書局《文明結婚證書》	中華書局《慈禧外紀》	中華書局《紅樓夢索引》	新中華出版預告	中華書局日曆、日記本廣告	中華書局《實用小學教員講義》
第 11 期	中國精益眼鏡公司	中華書局《華英商業必攜》	中華書局大徵文				
第 12 期	中將湯	清快丸	*The National Review*	中華書局《商業指南》	中華書局《公民模範》《勤儉論》	中華書局《蒙鐵梭利女史新教育法》+《生活教育設施法》	中華雙妹老牌化妝品

第 12 期	上海寶成裕記銀樓、上海老鳳祥裕記銀樓	《大中華》出版預告	中華書局《近世英文選》、《袖珍英字用法辭典》	《中華童子界》、《兒童畫報》雜誌廣告	中華書局小說心獄》、《廬山花》、《竊中竊》、《情鐵》、《情兢》	中華書局日曆、日記本廣告	中華書局《中華地理全志》
第 12 期	中國精益眼鏡公司	中華書局《實用小學教員講義》	中華書局《古今筆記評議》	中華書局《文明結婚證書》	中華書局《慈禧外紀》	上海開智社《舊小說叢書》	古文辭類纂精華
第 12 期	中華書局懸賞徵集教授案	中華書局尺牘類	中華書局《華英商業必攜》				

附錄 2：中華書局主要自辦雜誌價目表[1]

刊名\信息來源	1914 年，《中華實業界》第 1 卷第 5 期廣告	1915 年 8 月，《大中華》第 1 卷第 8 期廣告	1926 年，《中華教育界》第 15 卷第 7 期廣告	1933 年，《新中華》第 1 卷第 1 期廣告	1937 年，《新中華》第 5 卷第 5 期
中華實業界	每月一冊定價二角，預定全年價洋二元	每冊洋二角，全年洋二元，郵費每冊二分。			
中華小說界	每月一冊定價二角，預定全年價洋二元	每冊洋二角，全年洋二元，郵費每冊二分。			
大中華		每冊洋四角，全年洋四元，郵費每冊四分。			
中華學生界		每冊洋二角，全年洋二元，郵費每冊二分。			
中華婦女界		每冊洋三角，全年洋三元，郵費每冊三分。			

---

[1] 資料來源：根據北京大學圖書館館藏整理。

刊名\信息來源	1914 年，《中華實業界》第 1 卷第 5 期廣告	1915 年 8 月，《大中華》第 1 卷第 8 期廣告	1926 年，《中華教育界》第 15 卷第 7 期廣告	1933 年，《新中華》第 1 卷第 1 期廣告	1937 年，《新中華》第 5 卷第 5 期
中華童子界		每冊洋一角，全年洋一元，郵費每冊一分。			
中華兒童畫報		每冊洋一角，全年洋一元，郵費每冊一分。			
中華教育界	每月一冊定價一角，預定全年價洋一元。	每冊洋一角，全年洋一元，郵費每冊分半。	每期一角五分，郵費一分半，預定全年一元五角。	全年十二冊，零售每冊一角，預定全年一元二角，半年六角五分。	全年十二冊，零售每冊一角，預定全年一元二角，半年六角五分。
小朋友			每期六分郵費半分，預定半年一元三角半，預定全年二元半。（一個月後進一步大促銷，半價一年，原定價六分現在三分，預定全年五十二冊，之	全年五十二冊，零售每冊五分，預定全年二元五角，半年一元三角。	全年五十二冊，零售每冊五分，預定全年二元五角，半年一元三角。

刊名\信息來源	1914 年，《中華實業界》第 1 卷第 5 期廣告	1915 年 8 月，《大中華》第 1 卷第 8 期廣告	1926 年，《中華教育界》第 15 卷第 7 期廣告	1933 年，《新中華》第 1 卷第 1 期廣告	1937 年，《新中華》第 5 卷第 5 期
			收一元五角六分，預定半年隻收七角八分)		
中華英文週報			每期四分郵費半分，預定半年一元一角，預定全年二元。	分初高級兩種，零售每冊三分，預定全年一元五角，半年八角。	分初高級兩種，零售每冊各三分，預定全年各一元五角，半年各八角。
新中華				全年二十四冊，零售每冊一角，預定全年二元四角，半年一元二角五分。	全年二十四冊，零售每冊一角，預定全年二元四角，半年一元二角五分。
小朋友畫報					零售每冊八分，預定

刊名\信息來源	1914年，《中華實業界》第1卷第5期廣告	1915年8月，《大中華》第1卷第8期廣告	1926年，《中華教育界》第15卷第7期廣告	1933年，《新中華》第1卷第1期廣告	1937年，《新中華》第5卷第5期
					全年一元八角，半年九角五分

後 記

這是一本關於民國出版史的書，屬於學科史的範疇，講述了中華書局前期雜誌出版的往事。

歷史在英文裡的單詞是 history，也即是「他的故事」。故事可以口耳相傳，也可以借助圖書、媒體塑造和傳播，故事建構、連接了人們對於過去、現在和未來的記憶與想像，讓很多人和事成為不朽。某種角度上，學科史的工作主要也是在追尋故事，並在特定的社會結構、文化背景、人際關係和人物特徵中給出相應的解讀。

我一直很喜歡「故事」。本人出生於上個世紀 80 年代，故鄉位於內蒙古東部，是一個人口幾萬人的小縣城，算得上是一處「塞北苦寒之地」。少年時代娛樂活動極為匱乏，難得的樂事是聽廣播，尤其癡迷袁闊成、單田芳和田連元先生播講的評書，嚮往其中的俠義江湖、恩怨情仇。後來電視普及，晚上一家人聚攏一起，在僅有的兩個頻道裡尋找歡樂。十歲左右，母親工作發生變動，開始負責郵電局的報刊發行，家裡也突然多了若干雜誌。這些雜誌給我枯燥的生活帶來了許多樂趣，也開啟了我認識世界的大門。彼時正值第一次海灣戰爭，有一本《海外星雲》雜誌應時而動，每期都介紹大量的軍事內容，讓我這樣一個躁動的男孩每天摩拳擦掌，激動不已。至今還記得有篇文章介紹美國的戰斧導彈如何厲害，可以遠距離擊中一個足球門那麼大的目標。從那個時候開始，在各種傳統媒體中我最偏愛雜誌。十幾年後，在北大圖書館又遇此刊，頓時有種老友重逢的感覺。

本人資質愚鈍，且性情疏懶，求學之路非常坎坷。高考遭遇調劑，本科就讀于北京林業大學材料學院，專業為林產化工。可惜實在是應付不來艱澀的自然科學，最後以非常慘澹的成績勉強畢業。在本科彷徨的日子裡，除了輔修法律專業之外，我最大的樂趣是在林大圖書館瀏覽各種不成體系的圖書和雜誌。本科畢業在社會上流浪，之後僥倖先後考入北京大學人口

研究所和信息管理系攻讀碩士和博士學位。現在想來，能夠在幾個專業之間換來換去還都能如期畢業，那些龐雜的閱讀內容功不可沒。研究方向方面，得碩士導師陳功老師指點，學了一些量化研究的皮毛。之後跨專業考博，受博士導師王余光老師影響，對於出版史產生了很大興趣。求學期間發表過一些不成熟的論文，終於成為了學術圈一個初級研究者或者說是初級故事講述者（量化研究是通過科學的方式講故事，出版史是通過人文的方式講故事）。或許冥冥中自有註定，博士論文選擇了中華書局前期雜誌出版的題目並將之完成，而這也是本書的雛形。永遠難忘那一段為完成畢業論文而奮發圖強的日子，每天泡在圖書館，瀏覽那些紙質和數字化的舊雜誌，每天逼著自己按計劃寫作並幾度崩潰。在那個時候我經常在想，民國時代的人們閱覽那些中華書局的雜誌，是不是也有我幼年時的那種興奮和滿足。

回顧求學生涯，首先要感謝我的博士導師王余光教授。正是王老師的諄諄教導，才讓我的研究和學習得以順利進行。導師在治學態度、研究方法等方面對我進行了嚴格訓練，使我獲益良多。導師樂觀、淡定而且包容，他提倡自由而嚴謹的學術氛圍和研究方式，給予我很大的空間來培養和發展自己的研究興趣。永遠感謝王老師！飲水思源，我同樣要感謝碩士導師陳功教授。從進入北大以來，陳老師在生活和學業上就對我關懷備至，甚至在我離開人口所之後仍然十分照顧。感謝陳老師對我的理解和信任，陳老師的見識、判斷和信任一次次幫助我渡過難關。除此之外，還要感謝在求學歷程中遇到的所有老師，願老師們一生平安。同時也要感謝各位朋友、同門的支持和扶助。

最美好的青春永遠留在了燕園。至今仍然記得畢業在即，許多思緒湧上心頭。漫步在林蔭道，看著處處花紅柳綠的校園，看著一張張朝氣蓬勃的笑臉，心中的那份各種留戀和不捨。總感覺還有太多太多想做的事兒，想說的話，想見的人，想聽的課還沒有開始或是做完，就這麼結束了。畢業後，定居于「人間天堂」的蘇州，至今已有六年，感受著江南的文采風流、山溫水暖，也組建了自己的小家庭，生活逐漸安定。但另外一方面，

作為青年教師，我深深感受到工作並不輕鬆。學生不好教，科研不易做，想成為一名好老師和好學者需要不斷地奮鬥，還要保持一顆平常心。幸而我得到了學院各位領導和同事的關懷和幫助，在此也一併致謝！

　　近幾年來，本人對於學科史的興趣日增。另外一方面，迫於職業升遷壓力，也想把之前的一點研究拿出來整理出版。這就是本書出版的初衷。國學大師黃侃曾言「五十之前不著書」，本人一貫有自知之明，深知自己才疏學淺，積累有限。本書仍然存在很多疏漏，還請大家多批評指正，以促進我的進步。

徐蒙

2019 年 7 月于蘇州金雞湖畔

國家圖書館出版品預行編目(CIP) 資料

中華書局雜誌出版與近代中國(1912-1937) / 徐
　蒙著. -- 初版. -- 臺北市：元華文創, 2020.02
　面；　公分

　　ISBN 978-957-711-156-2 (平裝)

　　1.中華書局 2.出版業 3.期刊 4.歷史

487.78　　　　　　　　　　　　　　108023210

中華書局雜誌出版與近代中國(1912-1937)

徐　蒙　著

發 行 人：賴洋助
出 版 者：元華文創股份有限公司
公司地址：新竹縣竹北市台元一街 8 號 5 樓之 7
聯絡地址：100 臺北市中正區重慶南路二段 51 號 5 樓
電　　話：(02) 2351-1607　　　　傳　　真：(02) 2351-1549
網　　址：www.eculture.com.tw　　E - m a i l：service@eculture.com.tw
印　　刷：百通科技股份有限公司
規　　格：開本/170x230mm
字　　數：213 千字
出版年月：2020 年 02 月 初版
定　　價：新臺幣 420 元

ISBN：978-957-711-156-2 (平裝)

總經銷：聯合發行股份有限公司
地　址：231 新北市新店區寶橋路 235 巷 6 弄 6 號 4F
電　話：(02)2917-8022　　　　傳　真：(02)2915-6275